Alle Checklisten aus diesem Buch erhalten Sie kostenlos zum Download auf

www.cashvertising.de

Drew Eric Whitman

»CASHVERTISING: 100 Geheimnisse der Werbepsychologie, um alles an wirklich jeden zu verkaufen und das GROSSE GELD zu machen«

Mit einem Vorwort von Robert Klipp
Aus dem Amerikanischen von Melle Siegfried

Dieses Buch wurde auf FSC®-zertifiziertem Papier gedruckt. FSC® (Forest Stewardship Council®) ist eine nicht staatliche, gemeinnützige Organisation, die sich für eine ökologische und sozialverantwortliche Nutzung der Wälder unserer Erde einsetzt.

Covergestaltung: Beate B. Köhler
Lektorat: Eva Harker
Korrektorat: Helga Loser-Cammann
Satz, Lithografie und Herstellung: Robert B. Osten

Der Verlag dankt Herrn Robert Klipp für seine zahlreichen inhaltlich wertvollen Anmerkungen und Hinweise.

Printed in Germany

ISBN 978-3-98584-233-9
3. Auflage KM

www.klarsicht-verlag.de · www.cashvertising.de

Inhalt

Vorwort zur deutschen Erstausgabe

Es ist und bleibt eine Kunst, zu erkennen – gerade in dieser mit Dopamin durchfluteten Welt –, wie sehr wir wirklich beeinflusst werden und auch selbst beeinflussen. Durch Gespräche, Nachrichten, E-Mails, die zahllosen Worte, die wir täglich miteinander wechseln. Worte, mit denen wir unsere eigenen Stärken und die unserer Produkte hervorheben, mit denen wir ein Auto zum günstigsten Preis kaufen oder die wir beim Abendessen mit dem Date über das stilvolle Blumengesteck fallen lassen. Alles nur, um am Ende des Tages mit einem ehrlich gemeinten Kompliment zu beeindrucken. Life is a sales talk.

Erlaube dir selbst, deine Geschichte groß zu machen.

Es gibt sie wirklich, diese Zitate und Bücher, die das Leben verändern können. Gerade bist du im Begriff, eines davon zu lesen. Und ja, mir ging es (auch) so. Dieses Buch, das du jetzt in den Händen hältst, hat meinen Lebensweg in eine neue, positive Richtung gelenkt. Zu einem Zeitpunkt, da ich dachte, dass es nur noch abwärtsgeht.

Ich hatte damals meinen Vertrag zur anstehenden Promotion in einem Fachbereich des Maschinenbaus fast schon auf meinem Schreibtisch liegen, es stand nur noch diese eine Prüfung zwischen mir und meinem Abschluss. Und so kam es, wie es kommen musste: Ich vergeigte durch eine dämliche Aktion um nur einen Punkt die Prüfung, ich war meinen Studentenjob los, wurde lethargisch, verlor meine Ziele aus den Augen. Ich widmete mich in der Zeit eigenen Website-Projekten, die – du ahnst es schon, lieber Leser – alle nicht profitabel waren. Ich saß ahnungslos und frustriert in meinem kleinen Studentenzimmer an meinem PC und suchte nach dem einen Funken Inspiration. Wie wir das wohl alle sehr gern tun, öffnete ich dazu YouTube. Nein, nicht das, was du jetzt denkst. Bei meiner Suche nach großen Worten und inspirierenden Gedanken stieß ich auf ein Video von Dirk Kreuter[1]. Ich war gefesselt. Ein Zitat aus diesem sehr dichten und unglaublich faszinierenden Verkaufstrainings-Video ließ mich aufhorchen:

**Wenn du dein Produkt nicht verkaufen kannst,
ist es nichts wert.**

Bemüht, dieser Aussage eine Sinn für mich zu entlocken, rotierten die Worte wie ein Hurricane in meinem Kopf herum und wirbelten meine Glaubenssätze durcheinander.

Meine Gedankenspiele wurden jäh unterbrochen durch eine Person, die mir damals und heute noch sehr viel bedeutet. Ich werde diesen Moment – in dem ich begann, das Zitat zu verstehen – und auch unser folgendes Gespräch nie vergessen.

»Sag mal, woher kennst du eigentlich Dirk?«

Ihre Frage holte mich aus meiner Blase. Ich stand plötzlich nicht mehr an Dirks Seite auf der großen Bühne, sondern saß wieder an meinem Schreibtisch und starrte auf den schwarzen Bildschirm der mir ein »Erneut ansehen« entlocken wollte. Dirk? Ich blickte sie ungläubig von der Seite an: »Wie, woher kenne ich *Herrn Kreuter?*«[1]

Sie schaute mich schelmisch an, fuchtelte mit einer Kaffeetasse und einem Spültuch vor meinen Augen herum und erklärte mir dabei, dass sie doch Dirks Frau Nachhilfe geben würde und dass ich das doch wohl wissen müsse. Die Welt ist klein. Sehr klein. Ich hatte damals keine Ahnung, wie klein sie doch ist. Meine Freundin gibt Dirks Frau Nachhilfe? Dirk Kreuter hat ein Büro in meiner Stadt? Wie bitte?

Was nachfolgend geschah und wie diese zuckersüße Person mir damals half, ein Kaffeetrinken mit Dirk zu arrangieren, darüber hüllen wir lieber den Mantel des Schweigens. Mir kommt dabei ein weiteres Zitat in den Sinn:

Du musst die Treppe von oben kehren.

So kam es. Fakt ist: Am Ende jenes Gesprächs holte ich überraschend meine Bewerbung aus der Tasche und sagte entschlossen: »Ich will für dich arbeiten« – der Rest ist Geschichte.

Mit Dirks finanziellen Mitteln wurde zusammen mit einem weiteren Partner aus Dubai eine Online-Agentur gegründet. Wir begannen zu viert. Alex, Mara, Jay und ich. Ein tolles Team. Zunächst startete ich als Praktikant, kurze Zeit darauf wurde ich Projektverantwortlicher und anschließend COO. Letztes Jahr bekam ich die Chance, Partner der Agentur zu werden und schlug zu.

---

1 Falls Du, liebe Leserin und lieber Leser, Herrn Kreuter nicht kennen solltest, hier das Wichtigste in Kürze zu Deutschlands Verkaufstrainer Nummer 1: Dirk Kreuter, in Neuss geboren, lebt heute in Dubai und ist Coach, Autor und einer der einflussreichsten Vordenker zu den Themen Vertrieb, Verkauf und Akquise, sowohl online wie auch offline.

Ich war damals bereit, gemeinsam mit meinem Team der Kelly Slater der Internet-Wellenreiter und der Tony Hawk der Landingpages zu werden.

Doch, wie bei allen guten Geschichten, hatte der Held eine wirklich total unbedeutende Kleinigkeit nicht bedacht: Er war Maschinenbaustudent. Er – also ich – hatte zwar fundierte Kenntnisse in Automatisierungstechnik und Thermodynamik, aber – du erinnerst dich vielleicht – meine Webseiten haben allesamt nicht konvertiert und schrieben damals rote Zahlen. Und nun stand ich da, vor diesem rasant wachsenden jungen Team aus wilden Tonys und Kellys und fühlte mich wie vor einem Rudel Wölfe, die mir nahezu jeden Moment an den Hals springen konnten, um danach einfach alles Online-Marketing-Wissen aus mir herauszusaugen und mich als leere Hülle zurückzulassen. Meine Aufgabe, dieses Team »aufzuschlauen« und Strukturen und Prozesse zu entwickeln, die wirklich funktionieren, entpuppte sich als meine größte Herausforderung und meine beste Entscheidung gleichermaßen.

Mein Ziel war es immer, einen Meter weiter zu sein als das Team. Mehr brauchte es nicht. Nur diesen einen Meter. Denn – lass mich hier kurz vorgreifen, lieber Leser, damit du die Spannung nicht mehr so lange ertragen musst – heute besteht das Team nicht mehr aus vier, sondern aus 36 Mitgliedern, die gemeinsam mit Hard Skills, Soft Skills, Fleiß, Liebe, Leidenschaft (gut, auch Blut, Schweiß und Tränen waren dabei) in nur drei Jahren bis dato 312 Projekte zum Erfolg geführt haben. Heute ist jeder aus dem Team in seiner Spezialisierung so viele Meter weiter als ich selbst. Das ist der Grund für den Erfolg dieser Agentur. Walk the Talk.

Aber zurück zum Thema: Das Buch, welches ein Meilenstein für meinen Erfolg war und einen wichtigen Grundstein für meine Karriere legte, ist eben dieses Buch, was dich jetzt so fesselt.

Möglicherweise bist du aber auch gar nicht gefesselt und sagst jetzt vielleicht: »*Es ist ja nur ein Buch!? Was können so ein paar geschriebene Worte denn schon groß bewirken?*«

Dann denke daran, was Dirk (Herr Kreuter) so trefflich sagte über den Wert eines Produkts.

Lange habe ich über diese Aussage nachgedacht. Die Kernaussage liegt für mich darin: Wenn niemand über dein Produkt Bescheid weiß, oder du die Vorteile dessen einem potenziellen Kunden nicht erklären kannst, dann wird das auch mit dem Verkauf und dem Umsatz nichts.

Und wie schlaust du deine potenziellen Kunden auf, wie überzeugst du sie, dass dein Produkt ihr Leben verbessert? Genau, mit Worten und Emotionen. Mit dem Text auf einer Verkaufsseite. Mit einem Expertenartikel. Einem E-Book auf einer Landingpage. Einem Posting bei Instagram oder einer anderen Social-Media-Plattform. Life is a Sales Talk.

Ich verrate dir jetzt noch etwas, was du vielleicht schon bei dir selbst festgestellt hast. Du klickst dich morgens durch deine Social-Media-Profile, du swipst bei TikTok oder Tinder, mittags isst du kohlenhydratreich, am Nachmittag zockst du eine Runde auf deinem Smartphone das neueste Rennspiel (und gewinnst) und abends steht Binge-Watching bei Netflix an. Egal, ob das jetzt zu 100 Prozent auf dich zutrifft, eines trifft auf uns alle zu: Wir sind süchtig. Süchtig nach Dopamin. Das hält uns bei Laune und vertreibt die Langeweile. Mal überrascht uns Tinder mit unserer Traumfrau, mal ist es doch nur die Nachbarin, die ja eigentlich verheiratet ist und die uns unweigerlich an einen Song von Fettes Brot denken lässt: »*Bettina, pack deine Brüste ein! Bettina, zieh dir bitte etwas an!*«

Wir alle sind triebgesteuert, wir suchen immer den Dopamin-Kick. Zuckerhaltiges Essen, Social Media, Netflix, Computerspiele, aber auch ein guter Text wissen diesen Kick auszulösen. (Vielleicht hast du dich ja eben dabei erwischt, wie du im Kopf die Melodie zum Song mitgesummt hast …?)

Und mal ganz unter uns: J. K. Rowling hat nicht so viele Bücher verkauft, weil sie so auf den Punkt schreiben kann, sondern weil ihre Geschichten uns fesseln, überraschen und die Langeweile vertreiben. Kurz gesagt: Dopamin ausschütten. »Ascendio!«, würde Harry Potter sagen. Oder, wie ich es als Maschinenbaustudent mit meinem Elektrotechnik-Vokabular formulieren würde: Das Gehirn funktioniert wie ein Schaltkreis: Ein Auslöser von außen, etwa der Anblick oder der Duft des leckeren Schokokuchens – und zack, wir haben keine Wahl mehr! Das limbische System generiert den Drang, den die Großhirnrinde als bewusstes Verlangen erfasst, und gibt dem Körper daraufhin die Anweisung, dieses Verlangen zu stillen. Der Schokokuchen wird definitiv den Besitzer wechseln. Diesen biologischen Prozess, der tief in unserer Genetik verankert ist, den solltest du dir auch für dein Copywriting zunutze machen. Gute Texte lösen den gleichen Effekt aus wie der Besuch im Casino. Das Prinzip der variablen Belohnung.

Dein Produkttext kann also lauten: Schokokuchen aus eigener Herstellung. 200 Gramm – 2,99 €.

Oder aber: Saftiger Schokotraum nach Omas Geheimrezept mit cremiger Kakaofüllung – 200 Gramm – 2,99 € (auch warm ein Genuss!). Na, welcher Kuchen ist es wert, gekauft zu werden?

I got 99 problems, but headline is none

Dass du jetzt hier meine Worte in diesem Buch liest, hast du vielleicht nur einer Tatsache zu verdanken – wenn du nicht gerade eine/n Freund/in hattest, der oder die es dir empfohlen hat: Dich hat das Cover überzeugt. Deckblatt und Titel haben dich dazu gebracht zu kaufen.

Vielleicht kennst du den Spruch: »Don't judge a book by its cover«? Und genau das hast du gemacht. (Was nicht schlimm ist, denn wir alle tun es.)

Wir kaufen den Kuchen mit dem Produkttext »Schokotraum« und wir kaufen das Buch mit dem Titel *Cashvertising*. Auch hier spielt unsere Genetik die erste Geige, denn es gibt diese Trigger im Kopf, die Whitman »Life-Force 8« nennt, und denen wir uns nicht entziehen können. Koste es, was es wolle.

Und ich kann dir zusätzlich dazu von meiner operativen Arbeit in meiner Agentur berichten: Es funktioniert wirklich – das Cover bzw. die Headline entscheidet. In so vielen A/B-Tests haben wir ausschließlich die Headline eines E-Books oder einer Salespage geändert – der Inhalt blieb gleich – und wir bemerkten dennoch große Veränderungen bei den Downloads oder Verkäufen. Wusstest du schon, dass die perfekte Headline aus drei Wörtern besteht? Das war nur einer meiner Aha-Momente. In diesem Buch findest du noch 99 weitere.

Auch wenn der Autor selbst nur den amerikanischen Markt betrachtet, der deutsche Konsument gleicht doch in vielen Charakteristiken dem US-Kunden. Whitmans Methoden sind universell anwendbar, weil sie sich die menschliche Psychologie zunutze machen, seine Methoden greifen hier wie dort. Zum Beispiel, dass Angst oft der beste Freund eines Copywriters ist. Oder warum Longcopys deine Kunden nicht vergraulen werden.

Ist dieses Buch also ein Buch für Copywriter? Jein. Du weißt, ich bin auch kein Copywriter, und dennoch hilft mir dieses Buch nicht nur bei meinen täglichen Aufgaben in der Agentur, sondern öffnet mir auch im Alltag die Augen. (Wenn mir z. B. im Supermarkt mal wieder eine schlechte Produktwerbung auffällt.) Whitman erteilt dir in diesem Buch einen Crashkurs in puncto Verkaufspsychologie und gibt dazu noch Tipps und Tricks aus der Copywriting-Praxis. Er serviert das Handwerkszeug quasi auf dem Silbertablett – du musst dich nur trauen zuzugreifen. Vielleicht denkst du auch: »Schreiben kann ja jeder. Was kann man da schon lernen?«

Richtig schreiben? Einfach die falschen Wörter weglassen!

Ich muss mal eine Lanze brechen für all die Marketeers dieses Planeten, die alle schon zu hören bekommen haben: »Das schreib ich schnell selbst – schreiben kann ja jeder! Ich hab hier das Produkt, das will ich verkaufen, also mache ich jetzt Werbung. Dazu schreibe ich ein bisschen was über mein Produkt, das ich verkaufen möchte, und dann werfen mir die Leute schon ihr Geld hinterher.«

Was ist das für ein Mindset?! Aber oftmals läuft es leider so, das kann ich dir aus meiner eigenen Erfahrung sagen.

Schreiben ist ein Handwerk – und das musst du lernen, wie jedes andere Handwerk auch. Lass uns die Analogie zu einem Beruf herstellen, bei dem Präzision, Geschick, Wissen und spezielle Fachkenntnisse ebenso wichtig sind, wie Belastbarkeit und Ausdauer: dem Beruf des Chirurgen.

Niemand würde als Chirurg mit einem ähnlichen Mindset arbeiten: »Ich bin Chirurg. Chirurgen nehmen große Messer und schneiden Dinge auf. Mein Freund Stefan, der hat Herzprobleme …

Morgen nach dem Abendessen werde ich Stefan zu Hause besuchen und ihn am offenen Herzen operieren.«

Gutes Copywriting und eine Herz-OP haben nichts mit einem Ratespiel zu tun. Es ist ein Lernprozess, der dich über viele Erfahrungen (ja, auch bittere) hinweg begleitet.

Wenn du Yoga erlernen möchtest, dann beginnst du nicht mit Svarga Dvijasana, sondern lernst erst mal richtig zu atmen. Und wenn du Taucher bist, dann gehe nie ohne deine Sauerstoffflasche ins Wasser. Wenn du dich nicht dem Lernprozess stellst und diesen sogar mit offenen Armen empfängst, dann wirst du weder deinen Yogalehrer noch die Navy Seals je beeindrucken. Und ein erfolgreicher Chirurg wirst du dadurch ebenfalls nicht.

Embrace the suck!

Also, auf geht's, denn auf den nachfolgenden Seiten erfährst du nicht nur die 100 angekündigten Geheimnisse, sondern ich verrate dir jetzt das 101. und das 102. ganz exklusiv schon im Vorwort.

Was möchtest du zuerst hören – die gute oder die schlechte Nachricht? Fangen wir mit der schlechten Nachricht an, das ist den meisten Menschen lieber.

Okay, halte dich fest.

Sitzt du?

Achtung, hier kommt sie:

Dieses Buch wird dich nicht erfolgreich machen.

Daher mein erster Rat an dich: Embrace the suck! Wann immer du die Möglichkeit hast, etwas zu lernen, lerne nicht nur, sondern setze das Erlernte auch unbedingt sofort um.

Die gute Nachricht ist nämlich: Dieses Buch kann dein Leben verändern, wenn du etwas mit diesem Buch machst. Wenn du es verwertest und wenn du es in die Praxis umsetzt, um deine Marketing-Fähigkeiten zu schulen, um deine Kunden besser zu verstehen und deine Produkte mit noch mehr Leidenschaft zu bewerben.

Aus diesem Buch kannst du lernen – wenn du es durcharbeitest –, wie du mit einfachen praxisnahen Tipps das Maximum aus deiner Werbung herausholst. Und wenn deine Werbung deine Kunden nicht überzeugt, dann verkaufst du dein Produkt auch nicht. Und wenn du dein Produkt nicht verkaufst, dann ist es nichts wert. Du erinnerst dich, das war der Dreh- und Angelpunkt meiner Geschichte damals. Und es kann auch deiner sein.
Life is a Sales Talk.

Robert Klipp
Chief Operating Officer und Gesellschafter der
MBC My Best Concept GmbH
Bochum, im September 2020

Vorwort

Müll, Müll, Müll! Das ist meine Meinung zu 99% der heutigen Werbung. Sie ist dumm. Langweilig. Schwach. Nicht das Papier wert, auf dem sie gedruckt ist.

Bin ich verärgert? Nein. Realistisch? Ja. Aber glauben Sie nicht nur dem, was *ich* sage. Schauen Sie in Ihren Papierkorb. Wie viel von dem Unsinn, den Sie in der Post haben, landet dort, ohne dass Sie ihn öffnen? Wie viel von dem, was Sie dann doch öffnen, landet am gleichen Ort, noch bevor Sie die ersten paar Zeilen zu Ende gelesen haben? Wie viele TV-Spots haben Sie überzeugt, etwas zu kaufen? Wie viele E-Mails haben Sie dazu gebracht, Geld auszugeben? Wie viele Websites haben Sie zu Tode gelangweilt? Ich schließe meine Beweisführung ab.

Ziel der Werbung ist es, die Menschen zum Handeln zu bewegen

Ganz gleich, ob Sie möchten, dass sie nach weiteren Details fragen, Ihnen über PayPal etwas Bargeld rüberschießen oder ihre Visa Card zücken, es ist die *Handlung*, durch die sich Werbung bezahlt macht. Denn Werbung ist *kein* Journalismus. Es ist keine Nachrichtenberichterstattung. Als Journalist ist es Ihre Aufgabe, darüber zu berichten, was passiert ist. Sie brauchen nicht die Reaktion von anderen, um erfolgreich zu sein. Ihr Hauptinteresse besteht darin, dass die Menschen vernünftig informiert und etwas unterhalten werden.

Demgegenüber besteht Ihr Interesse, wenn Sie *Werbung* schreiben, darin, dass die Leute mehr tun als nur zu lesen. Sie wollen, dass sie mehr tun, als nur zu sagen: »Wow … tolle Anzeige!«, und sie anschließend direkt in den Küchenabfall auf die Grapefruitschalen zu werfen. Nein. Sie wollen, dass die Leute direkt handeln und eine Bestellung aufgeben oder Informationen anfordern, die sie dazu bewegen, zu bestellen. Machen wir uns nichts vor, wir werben aus einem Grund: um Geld zu verdienen. Punkt.

Wissen Sie, warum die meiste Werbung heute so lausig ist? Weil die meisten Leute, die heute in der Werbung tätig sind, nicht die geringste Ahnung davon haben, was die Menschen zum Kauf veranlasst. Ob Sie es glauben oder nicht, es ist wahr. Werber mögen es, affektiert und clever zu sein. Sie mögen es, Awards für ihre Kreativität zu gewinnen, die nichts anderes leisten, als ihr Ego aufzublasen und Tausende von Euro ihrer Kunden zu verschwenden. Die meisten Werbetreibenden (und ihre Agenturen) wissen nicht, wie sie die Fantasie der Menschen anregen und sie dazu bringen können, ihre Brieftaschen öffnen zu *wollen* und Geld auszugeben. Als ich meinen Mentor, den großen Werbefachmann Walter Weir, fragte: »Warum ist die meiste Werbung heute so lausig – selbst die Werbung, die von riesigen und erfolgreichen Unternehmen geschaltet wird?«, antwortete er mit seiner tiefen, an einen Radiosprecher erinnernden Stimme: »Drew, sie wissen es einfach nicht besser.«

Deshalb habe ich dieses Buch geschrieben. Um den Schleier aus albernem Unsinn und kostspieligen Mythen zu lüften. Um die Scheuklappen abzureißen, die so viele wohlmeinende, aber furchtbar falsch informierte Geschäftsleute tragen, die sich am Kopf kratzen und sich fragen, warum ihre lahmen Gäule – ihre schlecht gemachten Anzeigen, Broschüren, Verkaufsbriefe, E-Mails und Websites – keine Rennen gewinnen.

> **99% der Werbung verkauft rein gar nichts.**
>
> Davic Ogilvy,
> Gründer der Ogilvy & Mather Advertising Agency

Wie man dieses Buch liest: Ratschläge von den Meistern

Vor einiger Zeit reiste ein amerikanischer Journalist nach Tibet, um einen weisen, alten Zen-Meister zu interviewen. Als die beiden sich zum Tee zusammensetzten, begann der Journalist, anstatt den Zen-Meister reden zu lassen, damit zu prahlen, was er alles über das Leben wisse.

Der Kerl palaverte weiter und weiter, während der Meister ihm Tee einschenkte. Während er endlos plapperte, stieg der Tee schnell bis zum Rand seiner Tasse und begann, sich über den ganzen Boden zu ergießen. Der Reporter stoppte sein Gequassel und sagte überrascht: »Was machst du da? Du darfst nicht mehr eingießen. Die Tasse läuft über!«

»Ja«, antwortete der weise Meister. »Diese Teetasse ist, wie dein Geist, so voller Ideen, dass kein Platz für neue Informationen bleibt. Du musst erst deinen Kopf leeren, bevor neues Wissen einfließen kann.«

Seien Sie offen für neue Ideen, aber *glauben* Sie nicht einfach, was ich Ihnen sage.

Es ist am besten, wenn Sie das, was Sie in diesem Buch lesen, weder *glauben* noch daran *zweifeln*. Ich möchte nicht einmal, dass Sie das, was ich sage, als *den* besten Weg akzeptieren. Und vor allem: Bitte lesen Sie dieses Buch nicht und sagen dann: »Wow! Drew Eric Whitman kennt sich wirklich aus!«, um sich dann mit einer Tüte Chips hinzusetzen und die Wiederholungen von Seinfeld anzuschauen.

Der bloße Glaube an diese Ideen bringt Ihnen kein Geld in die Tasche. Glaube allein reicht nicht aus, um Essen auf den Tisch, Kleidung an den Körper oder ein neues Auto in die Einfahrt zu bekommen. Stattdessen möchte ich, dass Sie *erfahren,* wie sich die Ergebnisse anfühlen, die sich einstellen, wenn Sie die Techniken *anwenden,* die ich mit Ihnen teile. Erleben Sie, wie Ihr Geschäft und Ihr Bankkonto wachsen. Erleben Sie, wie aufregend es ist, wenn immer mehr Menschen Ihnen Bargeld geben, Ihnen Schecks ausstellen, ihre Kreditkarten belasten und Ihr PayPal-Konto auffüllen. Wie? Indem Sie diese Prinzipien in die Tat umsetzen.

Egal, was Sie verkaufen, ich hoffe, dass dieses Buch Ihnen zum Erfolg verhilft. Wenn Sie eines Tages auch nur einen winzigen Prozentsatz Ihres Erfolgs auf das zurückführen können, was ich Ihnen beigebracht habe, werde auch ich Erfolg gehabt haben.

Einleitung

Möchten Sie Dutzende weitestgehend unbekannter Prinzipien und Techniken der Werbepsychologie kennenlernen, wie sie von den bestbezahlten Werbetextern und Designern der Welt verwendet werden?

Wenn Sie Ja gesagt haben, wird dieses Buch Ihnen eine ganz neue Welt eröffnen. Es wird Geheimnisse für Sie lüften, die nur den Meistern der Überzeugungskraft bekannt sind, den Agentur-Experten, die wissen, wie sie die innersten Wünsche der Menschen anzapfen und sie dazu bringen, Geld auszugeben. Es wird Ihnen beibringen, was Sie tun und wie Sie es tun sollen.

Unterm Strich:
Dieses Buch wird Ihnen helfen, mehr Geld zu machen.

Dabei spielt es keine Rolle, ob Sie Erdferkel oder Zwieback verkaufen, denn ich werde Ihnen beibringen – gleich hier auf diesen kurzweiligen Seiten –, wie Sie die Köpfe Ihrer Interessenten erobern, wie ein hochbezahlter Verbraucherpsychologe oder ein überaus geschickter Werbetexter, der alle Tricks der Branche kennt (und anwendet), um die Verbraucher so zu beeinflussen, dass sie seine Angebote lesen und darauf reagieren, indem sie ihre Brieftaschen zücken.

Überzeugung und Einfluss

Wenn Ihnen diese beiden Wörter Angst machen, *hören Sie jetzt auf zu lesen*. Wirklich. Das bedeutet, dass dieses Buch nichts für Sie ist. (Ich habe gerade eine Technik bei Ihnen angewandt. Lesen Sie weiter und ich werde Ihnen beibringen, wie auch Sie sie anwenden können.) Sie merken, für viele beschwören diese Worte Gedanken von Übeltätern herauf, die die arme, ahnungslose Öffentlichkeit ausnutzen wollen.

> **Werbung ist nur böse, wenn sie böse Dinge bewirbt.**
>
> David Ogilvy

In Wahrheit werden sowohl Sie als auch ich tagtäglich von diesen Techniken beeinflusst. Und wenn sie richtig eingesetzt werden, um für Qualitätsprodukte und -dienstleistungen zu werben, ist das völlig legal sowie ethisch und moralisch einwandfrei.

Frage: Wenn Sie ein Autohaus betreten, glauben Sie wirklich, dass Sie einfach nur einen Alltagsplausch mit dem Verkäufer führen? Tut mir leid, das tun Sie nicht. Ein erfahrener Verkäufer ist ein Meister der psychologischen Kommunikationsstrategie. Es kann gut sein, dass *Sie* es nicht sind. Und es ist immer das Ziel des Verkäufers, Sie vom Gucker zum Käufer zu machen.

Während Sie also entspannt plaudern, die schöne, glänzende Farbe bewundern, den Duft der Lederpolster einatmen und über den 550-PS-Motor sabbern, liest der nette Verkäufer Sie wie ein Buch. Ob es Ihnen gefällt oder nicht, er zieht Sie durch eine Reihe wunderbar überzeugender Schritte, die schnell und kontinuierlich auf jede Ihrer Reaktionen zugeschnitten sind – und Sie merken es nicht einmal! (Warum habe ich gerade gesagt, er *ziehe* Sie, anstatt Sie zu *führen*? War das absichtlich? Oh ja. Ich werde Ihnen das später noch im Detail erklären.) Wenn Sie A sagen, wird er B sagen. Wenn Sie stattdessen C sagen, springt er zu D. Sie können kaum etwas tun, um ihn zu überraschen. Er hat das alles schon erlebt.

Hören Sie zu: Sein Ziel ist es nicht, Ihr Freund zu sein. Es geht auch nicht darum, seinen Tag mit angenehmen Plaudereien zu versüßen. Sein Ziel ist es, dass Sie einen knallharten, rechtsverbindlichen Vertrag unterschreiben – einen Vertrag, der ihm Geld in die Tasche und Essen auf den Tisch bringt.

Aber lassen Sie sich nicht beunruhigen. Darum geht es natürlich beim Verkauf! Und wenn Sie mit Ihrem Kauf zufrieden sind, kaufen Sie vielleicht auch Ihr nächstes Auto bei ihm. (Die Chancen stehen gut, dass er beim zweiten Mal nicht mehr so hart arbeiten muss.)

Ebenso wenig ist es Zweck der Werbung, zu unterhalten, sondern vielmehr die Verbraucher dazu zu bewegen, sich tagtäglich, im Austausch gegen Produkte und Dienstleistungen, von Milliarden von Euro zu trennen. Und genau wie Sie in diesem Autohaus, wissen die meisten Verbraucher nichts über die intensive Forschung und die psychologische Methodik, die hinter dieser Werbung steht! Raten Sie mal: Das sollen sie auch nicht.

Die Werbespots, die Sie im Fernsehen sehen und im Radio hören, sind mehr als nur eine Sammlung von Wörtern und Tönen. Sie sind elegante Mischungen von Kommunikationsstrategien, die darauf abzielen, Sie von Ihrer derzeitigen Einstellung als Betrachter zu der eines Käufers zu bewegen.

Wussten Sie, dass sich Teams erfahrener Verbraucherpsychologen regelmäßig mit Werbeagenturen beraten, um ihnen zu helfen, Werbung zu konstruieren, die die Verbraucher auf psychologischer, ja sogar unterbewusster Ebene stark beeinflusst? Das ist die Wahrheit! Aber seien Sie nicht beunruhigt … das ist es, worum es in der Werbung geht! Und wenn Sie mit Ihrem Kauf zufrieden sind, werden Sie vielleicht wieder kaufen.

Sie sehen, Werbung ist eine Teilmenge der Kommunikation.
Verkauf ist eine Teilmenge der Werbung.
Überzeugungsarbeit ist eine Teilmenge vom Verkauf.
Und Psychologie ist eine Teilmenge der Überzeugungsarbeit.
Jedes ist eine Form des anderen, und alles führt zurück zur Psychologie: dem Studium des menschlichen Geistes.

»Aber ich will die guten Bürger doch nur auf dem Laufenden halten, Drew! Ich will niemanden beeinflussen oder überreden!« Papperlapapp! Und ich werde es beweisen.

Nehmen wir an, Sie besitzen eine Pizzeria. (Dasselbe gilt für jede andere Art von Business, das Sie betreiben: Immobilien, Medizin, Anwalt, Dachdecker, Web-Berater, Bauunternehmer, was auch immer.) Wenn Sie wirklich niemanden überzeugen wollen, warum inserieren Sie dann nicht einfach, was Sie verkaufen, den Preis und Ihre Adresse, Website und Telefonnummer, wie hier:

GIUSEPPE VERKAUFT PIZZA: 9,99 Euro
Mozzarella-Straße 123
www.MitGanzVielKaese.de
(040) 1234567

Das würden Sie nie im Leben tun! Warum nicht? Ich werde es Ihnen sagen: Weil Sie sich nicht trauen, es den Interessenten *selbst* zu überlassen sich zu entscheiden, ob sie Ihre Pizza kaufen wollen oder nicht. Sie würden viel lieber für sie entscheiden! (Das ist Überzeugung.) Sie sagen ihnen lieber, was sie von Ihrer Pizza halten sollen. (Das ist Einfluss.) Das Ergebnis ist, dass sie kaufen, kaufen, kaufen. (Das ist das Endergebnis dieser Überzeugung und dieses Einflusses.)

Die Psychologie des Menschen zu studieren, um die Wirksamkeit Ihrer Anzeigen zu steigern, ist nicht böse.

Es lehrt Sie einfach:

1. Was die Menschen wollen.
2. Wie sie über das, was sie wollen, denken.
3. Warum sie so handeln, wie sie es tun.

Wenn Sie das erst einmal wissen, können Sie …

➡ besser verstehen, wie Sie Ihre Kunden zufriedenstellen können.
➡ mehr Menschen zum Kauf bewegen.
➡ Ihre Qualitätsprodukte mehr Menschen in die Hände geben.
➡ dazu beitragen, mehr Zufriedenheit in deren Leben zu bringen.

Sehen Sie? Es ist doch gar nicht so schlimm, oder? Nicht, wenn man mit einem Qualitätsprodukt beginnt. Natürlich ist es etwas anderes, mehr Menschen dazu zu bewegen, ein lausiges Produkt zu kaufen, das sich innerhalb der ersten Woche des Besitzes selbst zerstört. Sie brauchen keine Psychologie. Sie brauchen einen Schuss Ethik.

Überhaupt: Sollten Sie darunter leiden, in Ihrer Werbung zu zaghaft zu sein – wie die meisten Werbetreibenden heute –, wird Ihnen dieses Buch einen ordentlichen Tritt in den Hintern verpassen. Bereit, reinzuhauen? Los geht's!

– 1 –
Was die Menschen wirklich wollen

Daniel Starch, geboren 1883, galt als der führende Werbe- und Marketingpsychologe der USA. Seine Publikation *Starch Advertising Readership Reports* öffnete den Menschen weit die Augen. Warum? Weil seine Schriften den Werbetreibenden zeigten, wie viel Geld sie die Toilette hinunterspülten.

»Glauben Sie, Ihre Anzeige sei großartig?«, fragte er große Zeitschrifteninserenten im ganzen Land. »Ihre ›ach-so-großartigen‹ Anzeigen werden von mehr als der Hälfte aller, die die Zeitschriften lesen, ignoriert«, putzte er sie herunter. »Wie kann das sein?«, rätselten die Werbefachleute. »Unsere Anzeigen sind wunderbar … sie zeigen unsere gesamte Fabrik und all unsere wunderbaren Gerätschaften aus mehreren wirklich ungewöhnlichen Kamerawinkeln und erzählen von unseren unglaublichen Produkten!«

Starch blaffte sie erneut an: »Wisst ihr was, Leute? Die Menschen könnten sich nicht weniger für eure rauchenden Fabriken interessieren! Es ist ihnen scheißegal, wie viele Leute ihr beschäftigt oder wie viele Quadratmeter euer Unternehmen misst. Und es kratzt sie nicht im Geringsten, wie schick eure Ausrüstung ist, oder eure – keuch! – ›ungewöhnlichen Kamerawinkel‹ oder irgendein anderer eigennütziger Mist!«

Stattdessen zeigten die Untersuchungen von Starch, dass, das, was den Menschen am wichtigsten ist, … (machen Sie sich auf diese weltbewegende Offenbarung gefasst) … *sie selbst* sind! Ihnen ist wichtig, was die Produkte *für sie* tun, wie sie ihr Leben besser, glücklicher und erfüllter machen können. Was für eine Offenbarung! Aber ist das nicht einfach gesunder Menschenverstand? Weiß das heute nicht *jeder* Werber? Ha! Wie dämlich von uns, das zu denken.

Sehen Sie sich einfach um. Schauen Sie sich die aktuellen Zeitungs- und Zeitschriftenanzeigen an. Nehmen Sie die TV- und Radiowerbung unter die Lupe. Surfen Sie im Internet und schauen Sie in Ihren E-Mail-Posteingang. Sie werden feststellen, dass das, was Sie und ich für gesunden Menschenverstand gehalten haben … offensichtlich keiner ist.

Jahrzehnte sind vergangen, seit Daniel Starch seine ersten Ergebnisse veröffentlicht hat. Vermutlich schreien die Werbeforscher von gestern heute aus ihren Gräbern: »Habt ihr denn gar nichts gelernt?! Wir haben Jahre damit verbracht, zu ergründen, wie ihr eure Bankkonten wachsen lassen könnt wie Hans' komische Bohnenranke. Öffnet die Augen!«

Seufz. Es ist frustrierend. Die Wahrheit ist, dass sie nichts gelernt haben. Die meisten (ja, die meisten) der heutigen Werbetreibenden haben die grundlegende Lektion noch immer nicht gelernt: Die Menschen interessieren sich nicht für sie, sondern zuerst für sich selbst.

Im Jahr 1935 schrieb S.E. Warren einen Artikel mit dem Titel »How to Understand Why People Buy«, den jeder Werber und Verkäufer zweimal lesen sollte. Er sagte:

> Um zu verstehen, warum Menschen kaufen, sollten wir […] die Menschen kennen und ein feines Gespür für die menschliche Natur haben. Wir sollten wissen, wie die Menschen denken […]

wie sie leben, und wir sollten mit den Sitten und Bräuchen vertraut sein, die ihr tägliches Leben beeinflussen …

Wir sollten ihre Bedürfnisse und ihre Wünsche genau kennen und in der Lage sein, zwischen beidem zu unterscheiden. Ein Verständnis dafür, warum Menschen kaufen, gewinnt man durch die Bereitschaft, sich bewährte und erprobte Prinzipien der Wirtschaftspsychologie für den Verkauf anzueignen.

Okay, genug Hintergründe. Lassen Sie uns loslegen. Zuerst werde ich Ihnen die 17 Grundprinzipien der Verbraucherpsychologie vermitteln. Sobald Sie verstanden haben, wie sie funktionieren, werde ich Ihnen 41 einfach anzuwendende, wenig bekannte Response-steigernde Werbetechniken beibringen. Viele dieser Techniken beinhalten eines oder mehrere der 17 Prinzipien, und andere führen Sie in psychologische Theorien ein, die speziell für das Schreiben und Gestalten von Werbung gelten. Und das Beste von allem: Ich werde Ihnen sagen, wie Sie sie in Ihren eigenen Werbeaktionen einsetzen können, um ein Feuer unter Ihrer Verkaufskurve zu entfachen.

Vergessen Sie alles andere. Das ist das, was die Leute *wirklich* wollen. Verbraucherforscher und Psychologen wissen, was die Menschen wollen. Das sollten sie auch – sie haben das Thema schließlich jahrelang studiert. Und obwohl nicht alle Forscher mit jedem Ergebnis völlig übereinstimmen, gibt es acht grundlegende Wünsche, die allen gemein sind.

Ich nenne sie die *Life-Force 8* (kurz LF8). Diese acht mächtigen Bedürfnisse sind für mehr Verkäufe verantwortlich als alle anderen menschlichen Wünsche zusammen. Hier sind sie. Erlernen Sie sie. Benutzen Sie sie. Profitieren Sie von ihnen.

Die Life-Force 8

Der Mensch ist *biologisch programmiert* mit den folgenden acht primären Wünschen:

1. Überleben, Lebensfreude, Lebensverlängerung
2. Genuss von Speisen und Getränken
3. Freisein von Angst, Schmerz und Gefahr
4. Nach sexuelle Beziehungen
5. Angenehme Lebensumstände
6. Überlegenheit gewinnen, mit den Nachbarn mithalten
7. Pflege und Schutz seiner Lieben
8. Nach gesellschaftlicher Akzeptanz

Wer könnte diesen Dingen widersprechen? Wir alle wollen sie, oder? Aber in wie vielen Ihrer Anzeigen appellieren Sie unverblümt an einen oder mehrere Wünsche der LF8? Ich wette in wenigen, wenn überhaupt. Warum bin ich so ein ungläubiger Thomas? Ganz einfach, weil es unwahrscheinlich ist, dass Ihnen jemals jemand beigebracht hat, es zu tun.

Hören Sie zu: Wenn Sie einen Werbeappell auf der Grundlage eines der LF8 erstellen, zapfen Sie die Kraft von Mutter Natur selbst an. Sie zapfen die Essenz dessen an, was den Menschen ausmacht. Sie sehen, Sie können Ihrem Verlangen nach den LF8 nicht entkommen. Sie wurden mit ihnen geboren, und sie werden Sie bis zu dem Tag, an dem Sie sterben, begleiten. Ein Beispiel:

- Können Sie Ihr Verlangen zu essen abschütteln? (LF8 Nr. 2)
- Können Sie Ihren Überlebenswillen verdrängen? (LF8 Nr. 1)

- Wie leicht können Sie Ihren Wunsch nach körperlichem Wohlbefinden unterdrücken? (LF8 Nr. 5)
- Können Sie aufhören, sich darum zu sorgen, ob Ihr Kind vor dem Überqueren der Straße in beide Richtungen schaut oder nicht? (LF8 Nr. 7)

Sie brauchen keine Studien durchzuführen, um diese Fragen beantworten zu können; die Antworten sind offensichtlich. Diese Bedürfnisse sind in jedem von uns biologisch programmiert. Sie sind ein Teil dessen, was uns zum Menschen macht. Sie sind mächtige Motivatoren. Und kluge Werber können sie anzapfen, als würden sie einen Stecker in eine Steckdose stecken.

Was können Sie von einem meisterhaften Buchverkäufer über das Begehren lernen?

Als es darum ging, mit dem Verkauf von Büchern großes Geld zu verdienen, zeigte der Versandhandelsguru Haldeman-Julius, wie so etwas geht. In den 1920er- und 30er-Jahren verkaufte er mehr als 200 Millionen Bücher, mit fast 2.000 verschiedenen Titeln. Es waren einfache kleine Bücher, und sie kosteten alle nur 5 Cent pro Stück. Um seine Bücher zu bewerben, schaltete er Anzeigen, die nur aus den Titeln der Bücher bestanden. Verkaufte sich ein Buch nicht gut, änderte er die Anzeige, allerdings nicht so, wie man es erwarten würde. Genau genommen änderte er nämlich die Titel der Bücher! Dann lehnte er sich zurück und beobachtete die Resonanz. Wie schlau.

Schauen Sie, was geschah, als die Titel auf der Grundlage des LF8 geändert wurden.

alter Titel	jährliche Verkäufe	neuer Titel	Jährliche Verkäufe und entsprechender LF8
Zehn Uhr	2.000	Was Ihnen Kunst bedeuten sollte	9.000 (LF8 Nr. 8)
Das goldene Vlies	5.000	Jagd nach einer blonden Geliebten	50.000 (LF8 Nr. 4)
Die Kunst der Kontroverse	0	Wie man logisch argumentiert	30.000 (LF8 Nr. 6)
Casanova und seine Geliebten	8.000	Casanova, der größte Liebhaber der Geschichte	22.000 (LF8 Nr. 4)
Apophthegma	2.000	Die Wahrheit über das Rätsel des Lebens	9.000 (LF8 Nr. 1)

Laut Haldeman-Julius waren die beiden stärksten Appelle Sex und Selbstverbesserung. Überrascht? Ich auch nicht. Also frage ich Sie noch einmal: Wie viele Ihrer aktuellen Anzeigen enthalten diese beiden Appelle? Wenn Sie diese angeborenen Begierden anzapfen, machen Sie sich die unaufhaltsame Dynamik der Emotionen zunutze, die den Menschen jede Sekunde eines jeden Tages antreiben.

Menschen kaufen aus Gefühl und rechtfertigen das mit Logik. Forcieren Sie eine emotionale Reaktion, indem Sie ein Grundbedürfnis oder ein Verlangen berühren.

»Seven Principles of Stopping Power«,
The Young & Rubicam Traveling Creative Workshop

Die neun erlernten (sekundären) menschlichen Wünsche

Vielleicht haben Sie die Liste der acht primären Wünsche gelesen und gedacht: »Verdammt, ich will mehr als nur diese acht Dinge!« Natürlich wollen Sie das. Wir haben viele andere Wünsche. Wir wollen gut aussehen und gesund, gut ausgebildet, effektiv sein und so weiter. (Nicht wahr?) Diese Bedürfnisse werden als *sekundäre* oder *erlernte Wünsche* bezeichnet, und es wurden neun davon identifiziert:

1. informiert zu sein
2. Neugierde
3. Sauberkeit von Körper und Umgebung
4. Effizienz
5. Komfort
6. Zuverlässigkeit/Qualität
7. Ausdruck von Schönheit und Stil
8. Wirtschaft/Gewinn
9. vorteilhafte Geschäfte

Diese sekundären Wünsche sind stark, kommen aber nicht einmal annähernd an die LF8 heran. Sie stehen weit im Hintergrund, völlig eingetrübt durch den Staub Ihrer LF8. Wir wurden nicht mit diesen sekundären Bedürfnissen geboren. Wir haben sie *erlernt*. Sie sind in unseren Gehirnen nicht fest verkabelt, wie es die LF8 sind. Als Instrumente der Einflussnahme eingesetzt, sind sie nicht so profitabel wie die LF8, weil wir nicht biologisch getrieben sind, sie zu befriedigen. (Lesen Sie das noch einmal.) Wenn es um menschliche Wünsche geht, ist die Biologie nun einmal König. Es gibt nichts Mächtigeres, als ein Verlangen anzuzapfen, an dem man nicht rütteln kann. Es ist, als würde man auf einen rasenden Zug aufspringen:

Wenn Sie einmal drinsitzen, brauchen Sie keinen Finger zu rühren, um ihn in Bewegung zu setzen – Sie sausen bereits mit!

Denken Sie darüber nach. Auf welchen Wunsch würden Sie zuerst reagieren: ein neues Shirt zu kaufen oder aus einem brennenden Gebäude zu rennen? Wenn Sie alleinstehend sind, hätten Sie dann eher das Bedürfnis, Ihren Schreibtisch aufzuräumen oder Sex mit dem heißen Feger zu haben, der jeden Tag beim Mittagessen mit Ihnen flirtet? Würden Sie zuerst Ihren Ehepartner vor einem durchgeknallten Angreifer beschützen oder den Angriff ignorieren und stattdessen Tapeten für Ihr Gästebad einkaufen gehen? Die Antworten liegen auf der Hand. Das Spannende an den LF8 ist, dass wir diese Wünsche nicht einmal kennen – oder jemals infrage stellen. Wir *wollen* sie einfach – nein, wir *müssen* sie haben. Wir können sie nicht abschütteln, egal was wir tun. Noch einmal: Sie sind fest in uns verkabelt. Diese Beispiele sollen Ihnen eine bessere Vorstellung davon vermitteln, warum die LF8 so powervoll sind und warum ihr Einsatz in Ihrer Werbung so effektiv sein kann: Sie zapfen die menschliche Psyche an, die Kernprogrammierung des menschlichen Gehirns selbst.

Aber was genau *ist* ein Wunsch? Was *ist* Verlangen? Es ist eine Art Spannung, die man spürt, wenn ein Bedürfnis nicht erfüllt ist. Wenn Sie beispielsweise hungrig sind, entsteht eine Spannung zu essen und das Verlangen nach Nahrung (LF8 Nr. 2) meldet sich. Wenn Sie einen gruselig aussehenden Mann mittleren Alters sehen, wie er online mit Ihrer achtjährigen Tochter chattet, entsteht die Spannung, Ihr Kind zu schützen, und der Wunsch, seine Internetnutzung zu überwachen (LF8 Nr. 7), setzt ein. Wenn Ihr Bürostuhl Ihnen schon nach zehn Minuten Benutzung das Rückgrat bricht, entsteht die Spannung, es sich bequemer zu machen, und Ihr Wunsch kommt auf, einen neuen Stuhl zu kaufen (LF8 Nr. 5).

Hier ist also die einfache Formel für den Wunsch und das Ergebnis, das er in Gang setzt:

Spannung ➡ Wunsch ➡ Aktion zur Befriedigung des Wunsches

Kurz gesagt, wenn Sie an die LF8-Wünsche der Menschen appellieren, erzeugen Sie einen Antrieb, der sie zu einer Handlung motiviert, diesen Wunsch so schnell wie möglich zu erfüllen.

Hier kommt noch eine besonders interessante Tatsache, die für uns Werber von besonderer Bedeutung ist. Es ist nicht nur angenehm für uns, unsere acht primären Wünsche zu befriedigen, es ist auch angenehm für uns zu *lesen*, wie *andere* sie befriedigt haben. Es ist eine Form der stellvertretenden LF8-Wunscherfüllung. Faszinierend, nicht wahr?

Wenn man zum Beispiel liest, wie der Verbraucher George Vincent all seine Schulden mit einem radikal neuen Ansatz der Immobilieninvestition begleichen konnte, sehen wir – Sie und ich auf der riesigen Leinwand unseres Geistes –, eine brillant klare, äußerst detaillierte Darstellung von uns selbst, wie *wir* all unsere Rechnungen begleichen, wie *wir* lachen, während *wir* unseren Gläubigern Schecks in einer »Nach mir die Sintflut«-Methode ausstellen, wie *wir* uns in unserem großen Ledersessel zurücklehnen, unsere Füße auf unseren Schreibtisch legen und einen schuldenfreien, haufenweise-Kohle-auf-der-Bank-Lebensstil genießen.

Klingt großartig, nicht wahr? Aber haben Sie bemerkt, was ich gerade getan habe? Durch die Verwendung einer *spezifischen* und *bildhaften* Sprache konnte ich einen mentalen Film in Ihrem Kopf verankern. Wir werden diese mentalen Filme in Kapitel 3, in Agentur-Geheimnis Nr. 18: »Regie bei Kopfkino«, genauer unter die Lupe nehmen.

Aber fürs Erste brauchen Sie nur zu wissen, dass Sie Ihrer Zielgruppe durch die Verwendung spezifischer bildhafter Worte ein Gefühl dafür vermitteln können, wie es ist, mit Ihrem Produkt zu interagieren oder die Vorteile Ihrer Dienstleistung zu genießen – um den Nutzen in ihren Köpfen zu demonstrieren, lange bevor sie tatsächlich kaufen. Mit diesem stellvertretenden Vergnügen beginnt die Überzeugungsarbeit, denn die erste Verwendung eines Produkts findet im Kopf des Verbrauchers statt. (Stopp. Lesen Sie den letzten Satz noch einmal.) Stellen Sie sich vor, der Gebrauch von etwas, das Sie anspricht, steigert Ihr Verlangen danach.

Nehmen wir zum Beispiel an, Sie lieben Eiscreme. Wenn Sie den ganzen Nachmittag darüber nachdenken, beim Abendessen einen riesigen Eisbecher mit heißer Karamellcreme zu bestellen, mit drei riesigen Kugeln Guittard-Minz-Schokoladensplittern, zwei großen Portionen dampfender, extradunkler heißer Schokoladencreme, gehackten, gerösteten Nüssen, alles in eine Wolke luftiger Schlagsahne gehüllt, mit einer Maraschinokirsche oben drauf, werden Sie das natürlich mehr wollen, als wenn Sie nicht darüber nachgedacht hätten. Und schließlich werden Sie – wenn dieser Wunsch stark genug ist – irgendeine Form von Handlung ausführen, die dazu führt, dass Sie Minz-Schoko-Chip-Eis, heißes Karamell, gehackte Nüsse und eine Maraschino-Kirsche im Magen herumschwimmen haben (und vielleicht auch etwas davon auf Ihrem Schoß, wenn Sie beim Essen besonders überschwänglich sind.)

Beachten Sie auch hier wieder, wie meine Wortwahl Sie dazu bringt, sich vorzustellen, wie Eiscreme, Nüsse, dampfend heißes Karamell und eine leuchtend rote Kirsche in Ihrem Magen herumschweben. Wenn ich stattdessen sagen würde: »Sie werden irgendeine Handlung ausführen, die dazu führt, dass Sie es gegessen haben«, wäre Ihre geistige Leinwand – PUFF! – leer. Und – und das ist entscheidend – je weniger Bilder Sie vermitteln, je weniger Ihre Botschaft das Gehirn der Verbraucher beschäftigt, desto weniger wahrscheinlich ist es, dass Sie sie beeinflussen. Lassen Sie mich diesen Punkt mit einem anderen Beispiel verdeutlichen.

Schauen wir uns an, wie wir einen faden Satz ohne bildhafte Kraft in einen Hollywood-Blockbuster verwandeln können. Der fade Satz lautet: »Gehen Sie irgendwohin und tun Sie irgendwas.« Gähn. Jede nachfolgende Variation dieses Satzes baut eine visuelle Intensität auf, nicht einfach, weil wir Wörter und Sätze hinzufügen, sondern weil die Wörter, die ich benutze, absichtlich so ausgewählt wurden, dass in Ihrem Kopf mentale Filme – Bilder – entstehen.

- Gehen Sie irgendwo hin und tun Sie etwas. (Dies ist eine leere Filmleinwand. Keine Bilder.)

- Gehen Sie irgendwo hin und *holen* Sie etwas. (*Tun* kann alles bedeuten. *Holen* ist spezifischer.)

- Gehen Sie in die *Küche* und holen Sie etwas. (Immer noch vage, aber jetzt wissen Sie, wohin Sie gehen müssen.)

- Gehen Sie in die Küche und holen Sie sich *etwas zu essen.* (Ahh, jetzt kommen wir voran. Merken Sie, wie durch das Ausfüllen der Details Bilder entstehen?)

- Gehen Sie in die Küche, öffnen Sie den Backofen und holen Sie das Essen (Beachten Sie, wie Sie sich vorgestellt haben, eine Ofentür zu öffnen. Bestimmte Formulierungen implantieren Bilder. Aktionswörter erzeugen bewegte Bilder.)

➡ Gehen Sie in die Küche, öffnen Sie die Ofentür und *ziehen Sie die Pizza heraus.* (Sehr visuell. Ein Bild von einer Pizza schießt Ihnen durch den Kopf, ob Sie es wollen oder nicht! Sehen Sie, welche Kraft das hat? Sie können nicht anders, als sich vorzustellen, was ich beschreibe, wenn ich bestimmte visuelle Worte verwende.)

➡ Gehen Sie in die Küche, öffnen Sie die Ofentür und holen Sie die frischeste, knusprigste und leckerste heiße Pizza heraus, die Sie je gegessen haben. Los, schneiden Sie sich ein großes, herzhaftes Stück ab. Vorsicht, es ist heiß! Jetzt nehmen Sie einen großen Bissen. Apropos knusprig! Der Teig wurde heute Morgen frisch zubereitet und in einer mit nativem Olivenöl überzogenen schwarzen Pfanne gebacken, um eine dicke, tiefe Kruste nach Chicagoer Art zu erhalten. Und die Soße? Natürlich von Grund auf neu zubereitet, aus saftigen Datteltomaten, die heute Morgen gepflückt und mit ausgewählten frischen Kräutern aus unserem eigenen Garten vermischt wurden. Der Käse? Darauf können Sie wetten! Jede Menge dick geschnittener Mozzarella aus Vollmilch, natürlich aus feinster Büffelmilch, und die gesamte Pizza wird in einem 750 Grad heißen, holzbefeuerten Backsteinofen, der aus Genua in Italien importiert wurde, bis zur Perfektion gebacken. (Okay, ich habe dieses Beispiel wirklich ausgereizt, um meinen Standpunkt zu beweisen. Und die Chancen stehen gut, dass Sie eine reichhaltige und detaillierte Bilderserie erlebt haben, indem Sie einfach meine Worte gelesen haben.)

Wir werden mehr über diese ganze Angelegenheit der Verwendung positiver visueller Adjektive sprechen, wenn wir zu Agentur-Geheimnis Nr. 17: »PVAs – die einfache Art, die Power Ihres Copytexts anzukurbeln« kommen. Aber für den Moment, um dieses Kapitel zusammenzufassen, sollten Sie sich nur dieser fünf Dinge bewusst sein:

1. Menschen haben acht grundlegende Wünsche – die LF8 (Überleben; Essen und Trinken; Freisein von Angst, Schmerz und Gefahr; sexuelle Beziehungen zu haben; bequeme Lebensbedingungen; Überlegenheit; Fürsorge und Schutz von geliebten Menschen; und gesellschaftliche Anerkennung).

2. Die stärksten Werbeaufrufe basieren auf diesen acht Grundbedürfnissen.

3. Der effektivste Weg, einen Anreiz auf der Grundlage dieser acht Wünsche zu schaffen, besteht darin, Werbetexte zu schreiben, die Ihre Zielgruppe dazu veranlasst, Ihr Produkt oder Ihre Dienstleistung *bildhaft* in ihren Köpfen vorzuführen, und zwar ausreichend genug, um den Wunsch nach der Befriedigung der Wünsche zu wecken, die Ihr Produkt zu erfüllen verspricht … und dann Ihr Produkt auszuwählen, um sie zu erfüllen.

4. Jetzt, wo Sie sie dazu gebracht haben, Erfüllung zu wünschen, besteht Ihre nächste Aufgabe darin, sie dahingehend zu beeinflussen, dass sie glauben, dass Ihr Produkt wirklich das liefert, was Sie sagen. Es ist Zeit für Glaubwürdigkeit, die wir im Kapitel Agentur-Geheimnis Nr. 15: »Die Psychologie des sozialen Beweises« und in Werbeagentur-Technik Nr. 33: »Garantien, die eine höhere Response gewährleisten« diskutieren werden.

5. Sie glauben Ihnen. Sie wollen es. Jippieh! Zeit, Ihr Geld zu zählen, oder? *Falsch!* Jetzt müssen Sie sie dazu bringen zu *handeln*. Wie man das macht, besprechen wir in »Werbeagentur-Technik Nr. 19: Die menschliche Trägheit bekämpfen«. Und ich gebe Ihnen in den folgenden Abschnitten von Kapitel 4 der Hot List eine Reihe von schnellen Tipps: »22 Response-Supercharger«, »13 Wege, das Kaufen leicht zu machen« und »11 Wege zur Steigerung des Coupon-Returns«.

Betrachten wir nun die 17 Grundprinzipien der Verbraucherpsychologie. In Kapitel 2 zeige ich Ihnen, worum es geht, warum sie funktionieren und wie Sie sie nutzen können, um Ihre Produkte und Dienstleistungen zu verkaufen.

– 2 –
Wie Sie in ihre Köpfe hineinkommen: Die 17 Grundprinzipien der Verbraucherpsychologie

Prinzip Nr. 1: Der Angstfaktor – Schrecken verkaufen

Tatsache: Ihr Zuhause ist eine Jauchegrube, gefüllt mit Hunderten von Stämmen böser Bakterien, die darauf warten, Ihr unschuldiges Kind zu infizieren, während es auf dem Küchenboden herumkrabbelt und Plastikspielzeugklötze in den Mund steckt. Lachen Sie nicht. Wussten Sie, dass eine einzige Bakterienzelle in weniger als 24 Stunden in mehr als acht Millionen Zellen explodiert? Und dass unsichtbare Mikroben aller Art alles Mögliche verursachen können, von Fußpilz über Durchfall, Erkältung bis hin zu Grippe, Meningitis, Lungenentzündung, Nasennebenhöhlenentzündung, Hautkrankheiten, Halsentzündung, Tuberkulose, Harnwegsinfektionen und vielem mehr?

Die Lösung? Lysol® Desinfektionsspray. Es tötet schnell 99,9% der Keime auf häufig berührten Oberflächen im ganzen Haus ab. Und es kostet nur etwa $5 pro Dose.

Tatsache: Ganz gleich, wie oft Sie Ihre Bettwäsche waschen, Ihr Bett ist ein Brutplatz für Spinnentiere. In ihm wimmelt es von Tausenden scheußlicher, krebstierchenartiger Hausstaubmilben, die aggressiv Eier in Ihr Kissen und Ihre Matratze legen und bei Ihnen und Ihrer Familie jahrelange Allergieattacken auslösen. In der Tat, während Sie schlafen, wachen sie auf und beginnen zu krabbeln, Ihre Hautschuppen zu fressen und Ihre Körperausdünstungen zu trinken. Es wird schlimmer. Wussten Sie, dass 10% des Gewichts eines zwei Jahre alten Kissens in Wirklichkeit tote Milben und deren Kot sind? Das bedeutet, dass Sie und Ihre Familie jede Nacht im Äquivalent einer Spinnentoilette schlafen, genau genommen bedeckt mit einer Mischung aus deren lebenden und toten Körpern und Ozeanen ihrer bitteren Exkremente.

Die Lösung? Bloxem® Anti-Milben-Matratzenbezüge und Kopfkissenbezüge helfen, Allergiesymptome im Zusammenhang mit Hausstaubmilbenbefall zu reduzieren. Die eng gearbeiteten Poren des Spezialgewebes verhindern, dass mikroskopisch kleine Milben in Ihre Matratze eindringen, sich einnisten und vermehren können. Ihre Familie genießt eine friedlichere Nachtruhe. Und sie sind so erschwinglich: Bloxem-Milbenschutz-Matratzenbezüge kosten nur $60, Kissenbezüge sogar weniger als $10 pro Stück. Sie sind bei Dutzenden guter Internethändler erhältlich.

Tatsache: Ihr Hund könnte das nächste Opfer der schrecklichen Schlinge des Hundepflegers sein! Dieser galgenartige Apparat soll Fluffy auf dem Tisch halten, während ihm die Haare geschnitten werden. Es ist absolut sicher – das heißt, wenn Ihr Hund nicht über die Kante tritt! Ein falscher Schritt, und er würde sich das Genick brechen wie ein Wildwestbandit, der an den Ästen des Henkerbaums baumelt.

Die Lösung? Rufen Sie *Vanity 'n' Fur Hundefriseur* an, wo wir liebevolle Freundlichkeit einsetzen, um Ihr Hündchen zu verschönern, niemals gefährliche mechanische Vorrichtungen – wie die Schlinge –, die weniger erfahrene Hundepfleger täglich zu benutzen wagen.

Unterm Strich: Angst verkauft. Sie motiviert. Sie drängt. Sie bewegt die Menschen zum Handeln. Sie treibt sie dazu, Geld auszugeben.

In der Tat untersuchen Sozialpsychologen und Konsumforscher ihre Auswirkungen seit mehr als 50 Jahren. Ob es sich um den Verkauf eines Brotlaibs handelt, der kaum beängstigend erscheint (bis man Ihnen Studien zeigt, die berichten, dass raffiniertes Weißmehl Krebs verursachen kann), oder ob man ein Bild des Untergangs und der Düsternis über die hinterhältige Charakter des geruchlosen Kohlenmonoxids malt, das durch die Lüftungsschlitze kriecht und Ihre Familie auslöscht (während Sie auf einer Geschäftsreise sicher in einem Hotel schlafen) – richtig konstruiert kann Angst Menschen dazu bewegen, Geld auszugeben.

Aber warum funktioniert das? Mit einem Wort: Stress. Furcht verursacht Stress. Und Stress verursacht den Wunsch, etwas zu tun. Einen großen Ausverkauf zu verpassen verursacht den Stress des Verlusts. Die Wahl der richtigen Reifen kann den Stress der Sorge um die persönliche Sicherheit verursachen. Wenn Sie sich nicht für die Seitenairbags in Ihrem neuen Auto entscheiden, verursacht dies den Stress des zukünftigen Bedauerns und der Vision körperlicher Verletzungen. Angst suggeriert Verlust. Furcht zeichnet ein Bild notwendiger Reaktion. Sie sagt Ihrem Kunden, dass er oder sie irgendwie beeinträchtigt werden könnte, was das ständige Streben des Egos nach Selbsterhaltung bedroht. Daher ist die Gefahr, beschädigt zu werden, heimtückisch und mächtig.

Können Sie sie für Ihre Produkte und Dienstleistungen verwenden? Ja… wenn Ihr Produkt die passende Lösung für eine angstbesetzte Situation bietet. Aber ist das ethisch vertretbar? Ja, aber nur, wenn das, was Sie verkaufen, eine wirklich effektive Lösung bietet. Bestimmte Produkte *können* Ängste unterdrücken. Und es ist nichts Falsches daran, sie zu bewerben – und davon zu profitieren.

»Oh, Drew... das ist so manipulativ! Leute zu verängstigen, damit sie kaufen! Wie können Sie nur?«

Wenn Sie das gedacht oder gesagt haben, lesen Sie bitte noch einmal meine Einleitung. Ich sagte, dass Sie mit dem Lesen aufhören sollten, wenn der Einsatz von Überzeugungskraft und Einflussnahme Ihnen Angst macht. Der Grund ist, dass es in diesem Buch nicht genügend Seiten gibt – und es auch nicht mein Anliegen ist, zu versuchen, Sie von der Moral des Einsatzes eines Angstappells zu überzeugen. Ich meine, was könnte ich sagen, um Sie davon zu überzeugen, dass es in Ordnung ist, Angst zu benutzen, wenn Sie Ihren Bremsbelag-Ersatzservice verkaufen? (Ist das nicht offensichtlich?) Oder eine Lebensversicherung? Rauchmelder für zu Hause? Eine Krebsversicherung? Die bloße Erwähnung dieser Dinge – für mich jedenfalls – beschwört ängstliche Situationen herauf, die irgendeine Form des Selbstschutzes erfordern. Wenn sich diese Form des Selbstschutzes über einen Werbetreibenden anbietet, der zufällig ein Produkt verkauft, das mein Leben retten, Schmerzen verhindern oder mir auf andere Weise helfen kann, mit einer unangenehmen Situation besser umzugehen, dann begrüße ich das. Ich habe kein Problem damit, informiert und schnell dazu bewegt zu werden, Vorsicht walten zu lassen. Haben Sie eins?

Fazit: Wenn es möglich ist, Angst zu nutzen, um ein Produkt oder eine Dienstleistung effektiv zu verkaufen, dann bedeutet das, dass dieses Produkt oder diese Dienstleistung die mögliche Lösung für das Gefürchtete darstellt. Wenn nicht, egal wie viel Angst Sie heraufzubeschwören versuchen, wird Ihr Appell kläglich scheitern. Ergibt das Sinn?

Das Vier-Schritte-Rezept für das Verursachen von Angst

Okay, Sie haben also festgestellt, dass Ihr Produkt oder Ihre Dienstleistung ein echtes, Angst erzeugendes Problem wirklich lindern kann und ein guter Kandidat für die Anwendung des Angstappells ist. Damit es funktioniert, gibt es ein spezielles Rezept mit vier Zutaten, das Sie befolgen müssen.

In ihrer Studie *Age of Propaganda* (2001) stellen Pratkanis und Aronson fest, dass der Angstappell am wirksamsten ist, wenn

1. er den Menschen eine Höllenangst macht,
2. er eine spezifische Empfehlung zur Überwindung der von Angst geprägten Bedrohung enthält,
3. die empfohlene Maßnahme als wirksam zur Verringerung der Bedrohung empfunden wird,
4. der Empfänger der Botschaft glaubt, dass er oder sie die empfohlene Aktion durchführen kann.

Der Erfolg oder Misserfolg dieser Strategie hängt von der Existenz *aller vier* Komponenten ab. Lässt man eine von ihnen aus, ist es, als würde man seinen eigenen Computer bauen und die Festplatte weglassen. Ganz gleich, wie sehr Sie wollen, dass er funktioniert, er wird einfach nicht arbeiten!

Mehr noch: Wenn Sie zu viel Angst erzeugen, könnten Sie tatsächlich jemanden bis zur Untätigkeit verschrecken, wie einen Hirsch, der wie paralysiert in die Scheinwerfer eines entgegenkommenden Geländewagens starrt. Angst kann lähmen. Und sie wird Ihren potenziellen Kunden nur dann zum Handeln motivieren, wenn dieser glaubt, dass er die Macht hat, seine Situation zu ändern. Das bedeutet, dass Ihre Werbung, um einen wirksamen Angstappell zu gestalten, konkrete, glaubwürdige Empfehlungen zur Verringerung der Bedrohung enthalten muss, die sowohl glaubwürdig als auch erreichbar sind.

Nehmen wir zum Beispiel an, Sie besitzen eine Karateschule und bieten Selbstverteidigungstraining an. Sie können den Menschen beibringen, selbst die rauesten Straßen mit dem Selbstvertrauen eines ausgebildeten Bodyguards entlangzulaufen, der bereit ist, selbst den bösartigsten Angriffen der furchterregendsten (und hässlichsten) Schläger, die auf Erden wandeln, entgegenzutreten. Tatsache ist, dass Sie mehr tun müssen, als nur schaurige Kriminalitätsstatistiken zu präsentieren. Sie müssen auch Ihre Interessenten davon überzeugen, dass es in ihrer Fähigkeit liegt – indem sie Ihr System benutzen –, einen Angreifer mit bloßen Händen abzuwehren. Ignorieren Sie diesen wichtigen Schritt, und alles, was Sie erreicht haben, ist, ihnen Angst zu machen. Sie müssen sie auch überzeugen, indem Sie Faktoren nutzen, die Ihre Glaubwürdigkeit erhöhen (Testimonials, Videobeispiele, Gratisstunden und andere Glaubwürdigkeitsförderer, die wir später besprechen werden), und in ihrem Geist die Möglichkeit eröffnen, dass Ihre Behauptung wahr ist und sie die von Ihnen versprochenen Vorteile wirklich genießen können. (Sie *möchten* Ihnen glauben, weil Sie eine ansprechende Behauptung aufstellen. Es ist Ihre Aufgabe, ihnen zu helfen, Ihnen zu glauben, und dazu gehört mehr als nur Buh! zu rufen.)

Der Angstappell ist zudem erfolgreicher, wenn die Ängste, auf die er abzielt, *spezifisch* und *allgemein anerkannt* sind. Es ist viel einfacher, seine Sonnencreme zu verkaufen, da jeder weiß, dass die Sonne einen wie Speck braten und die Haut in eine Melanomfabrik verwandeln kann. Es ist viel schwieriger, Waschmittel zu verkaufen, die helfen, UV-Schäden an der Kleidung zu verhindern. Warum? Weil sich nur wenige Menschen mit UV-Wäscheschäden befassen. Wann hat Sie dieses Thema das letzte Mal wach gehalten?

Obwohl die Angst spezifisch ist (Schäden an der Kleidung), ist sie sicherlich nicht allgemein anerkannt.

Hören Sie zu: Ihr Ziel ist es nicht, *neue* Ängste zu kreieren, sondern *bestehende* Ängste anzuzapfen, entweder diejenigen, die in den Köpfen der Verbraucher im Vordergrund stehen, oder diejenigen, bei denen man ein wenig graben muss, um sie aufzudecken. Nehmen Sie zum Beispiel das, was ich liebevoll »Keimgel« nenne. Sie kennen es vielleicht als Purell Instant Händedesinfektion, die führende Marke. Ich gehe nirgendwohin ohne. Wenn ich das Haus verlasse und meine kleine Flasche vergesse, gerate ich sogar ein wenig in Panik. Warum ist das so? GOJO Industries – das Unternehmen, das den keimzerstörenden Glibber herstellt – führte Purell 1988 in die Lebensmittel- und Gesundheitsindustrie ein. Wenn ich an diese Zeit – und die Zeit davor – zurückdenke, kann ich mich nicht erinnern, jemals das Gefühl gehabt zu haben, mich davor gefürchtet zu haben, Dinge in der Öffentlichkeit so anzufassen, wie ich es heute tue. Sicher, ich war immer gesundheitsbewusst; ich habe mir immer vor dem Essen und bei Bedarf auch zu anderen Zeiten am Tag die Hände gewaschen. Ich wusste, dass es überall Keime gab. Und doch war das Bedürfnis, meine Hände relativ keimfrei zu halten, damals einfach kein Thema. Es stand für mich nicht im Vordergrund.

Ein Sprung vorwärts in das Jahr 1997, als Purell den Verbrauchermarkt erreichte. Aha! Wussten Sie, dass ungewaschene Hände die Hauptursache für Lebensmittelverunreinigungen in Restaurants sind? Händewaschen? Was für ein Witz! Eine von der American Society of Microbiology (ASM) gesponserte Studie aus dem Jahr 2003 ergab, dass viele Menschen, die große US-Flughäfen passieren, sich nach der Benutzung der öffentlichen Einrichtungen nicht die

Hände waschen. Mehr als 30% der Personen, die Toiletten auf New Yorker Flughäfen benutzen, 19% der Personen auf dem Flughafen von Miami und 27% der Flugreisenden am O'Hare in Chicago halten nicht an, um sich die Hände zu waschen. In einer im selben Jahr von Wirthlin Worldwide durchgeführten Telefonumfrage geben nur 58% der Menschen an, sich nach dem Niesen oder Husten die Hände zu waschen, und nur 77% geben an, sich nach dem Wechseln einer Windel die Hände zu waschen.

1972 beschrieb das *Journal of the American Medical Association* eine Studie, in der sie Bakterien von 200 Münzen und Geldscheinen kultivierten und Fäkalbakterien und Staphylococcus aureus auf 13% der Münzen und 42% der Scheine fanden. Man kam zu dem Schluss: Geld ist wirklich schmutzig. Verdammt, besuchen Sie Purell.com und Sie werden ihre Liste der »99,99 keimigen Gründe Purell zu benutzen« sehen.

Listerine löste 1900 mit dem unangenehmen Wort »Halitosis« eine Schockwelle der Paranoia aus. Der Werbetexter des Deos *Odorno* (was für ein Name!) veranlasste die Damen mit der bahnbrechenden Headline im *Ladies Home Journal* von 1919, »In the curve of a Woman's Arm«, ihre Anmut infrage zu stellen. GOJO tat dasselbe für Bakterien. *Sie machten es zum Thema.* Etwas, worüber man nachdenken – und sich sorgen – musste. Sie flößten Angst ein. Und als Folge davon hat Listerine heute einen beeindruckenden Marktanteil von 53%. Odorno steigerte mit dieser poetischen Schlagzeile den Umsatz um 112% (obwohl es 200 Frauen dazu veranlasste, ihre Abonnements aus purer Abscheu vor der Andeutung, sie bräuchten ein solches Produkt, zu kündigen). Heute ist GOJO's Purell die meistverkaufte Marke für Instant-Handdesinfektionsmittel, die zahllose Keimphobiker dazu bringt, das Zeug in ihren handlichen Reiseflaschenhaltern, die sich bequem an ihren

Schlüsselanhängern befestigen lassen, mit sich herumzutragen. (Sehen Sie, wie leicht sie es machten, die Angst zu beseitigen?)

Eine übliche Art und Weise, wie Furcht benutzt wird, um Aktionen zu simulieren, ist die Verwendung von Deadlines und Knappheit. Phrasen und Slogans wie »begrenztes Angebot«, »Ein-Tages-Verkauf« und »solange der Vorrat reicht« bewirken, dass die Verbraucher glauben, dass sie, wenn sie nicht jetzt handeln, die fantastische Gelegenheit verpassen, Geld zu sparen – indem sie den menschlichen sekundären Wunsch Nr. 9 anzapfen. Die Deadline-Taktik folgt den Richtlinien, indem sie dem Verbraucher die Möglichkeit bietet, der »Bedrohung« entgegenzutreten, indem er zum Kauf eilt, bevor es zu spät ist.

Angst ist jedoch kein Zauberstab. Es reicht nicht aus, einfach jemanden zu erschrecken, ein paar nette Dinge über Ihr Produkt zu sagen und sich zurückzulehnen und auf einen Ansturm von Bestellungen zu warten. Angst ist einfach nur *eine* Möglichkeit, Ihre Interessenten zu motivieren, Ihr Produkt weiter zu untersuchen. Verstehen Sie? Sie müssen sie immer noch davon überzeugen, dass Ihr Produkt die Lösung für die Angst ist, die Sie gerade eingeflößt haben. Sie müssen sie immer noch überzeugen und *zum Handeln motivieren*: Nach ihre Brieftaschen zu greifen, Ihre Website zu besuchen oder Ihre 0800-Nummer anzurufen und ihre Bestellung aufzugeben. Keine Sorge! Ich werde Ihnen in Kapitel 3, in dem wir 41 werbespezifische Techniken besprechen, die viele der psychologischen Prinzipien beinhalten, die wir jetzt besprechen, zeigen, wie Sie all diese Dinge – und noch viel mehr – tun können.

Prinzip Nr. 2:
Ego-Morphing – sofortige Identifikation

Wenn Sie den Marlboro-Mann sehen, ist es Ihr *Ego* – nicht Ihr Verlangen nach mit Tabak gefüllten Papierhülsen –, das Sie zum Markenwechsel motiviert. Wenn Sie die Victoria's-Secret-Models mit ihren langen, seidigen Haaren und stechenden Augen in ihrer Spitzenwäsche herumschlendern sehen, ist es Ihr Ego – nicht Ihre Bewunderung für den Regiestil des Werbespots, der Sie zum Kauf der Unterwäsche motiviert.

Es ist eine Tatsache, dass Sie Ihrem Ego die Schuld für viele Ihrer hohen Kreditkartenrechnungen geben können.

Pratkanis und Aronson (*Age of Propaganda,* 1991) beschrieben die Grundlage für Ego Morphing und den Eitelkeitsappell-Appeal, als sie sagten: »Durch den Kauf des ›richtigen Stoffes‹ verstärken wir (die Konsumenten) unsere eigenen Egos und rationalisieren unsere Unzulänglichkeiten weg.«

Stellen Sie sich das vor! Wir können tatsächlich Dinge kaufen, um einen Mangel in unserer Persönlichkeit auszugleichen. Sie haben doch von der Einzelhandelstherapie gehört, oder? Könnte es sein, dass wir als Werbetreibende tatsächlich eine wichtigere Funktion haben, als die bloße Versorgung der Menschen mit Gütern und Dienstleistungen? Könnte es sein, dass wir unseren Kunden tatsächlich auch bei der psychologischen Entwicklung behilflich sind?

In Wirklichkeit ermöglicht es Ihnen diese Technik, ein bestimmtes Image oder eine bestimmte Identität für ein Produkt zu schaffen, um einen bestimmten Teil des Publikums anzusprechen, der das Gefühl hat, dass sein persönliches Image und sein Ego entweder dazu passen oder dadurch verbessert werden könnten.

Ihr Ziel ist es, die Verbraucher so eng mit dem Image des Produkts in Verbindung zu bringen, dass es beinahe zu einem Teil ihrer eigenen Identität wird; damit morphen Sie ihr Ego passend zu Ihrem Produkt. Indem Sie Ihr Produkt durch sorgfältig ausgewählte Bilder und Persönlichkeiten darstellen, können Sie Ihre Interessenten davon überzeugen, dass sie durch den Kauf oder die Verwendung Ihrer Waren sofort mit diesen Bildern und Einstellungen in Verbindung gebracht werden.

Es ist nicht schwer, auf diese Art und Weise zu überzeugen. Man muss nicht hart arbeiten, um eine Frau dazu zu bringen, dass sie sexyer und kontrollierter sein will, oder einen Mann davon zu überzeugen, dass er mächtiger, selbstbewusster und anziehender für Frauen ist. Diese Dinge sind in unser Wesen eingebaut und vorverkabelt. Und weil die Mehrheit der wahren Interessenten Ihres Produkts bereits glaubt, die damit verbundenen Ideen und Werte zu besitzen – oder den Wunsch hat, sie zu entwickeln (sonst wären sie keine wahren Interessenten) –, zapfen Sie diese tatsächliche Vorverkabelung an. Verstehen Sie nicht? Sie verkaufen einen einfachen Weg, um das zu erfüllen, von dem wir wissen, dass sie bereits mehr davon wollen. Und auch denjenigen, die glauben, dass sie es bereits haben, kann unser Produkt helfen, indem es ihnen eine Möglichkeit gibt, das, was sie gegenüber sich selbst empfinden, nach außen hin auszudrücken.

Was bedeutet das alles? Ganz einfach, dass Sie an die Eitelkeit und das Ego Ihres Publikums appellieren können, ohne überzeugende Ideen oder Beweise zu benötigen, indem Sie sich darauf konzentrieren, Ihren Interessenten die Bilder zu zeigen, die sie sehen wollen. Achten Sie einmal darauf, wie wenig überzeugender Text in Anzeigen für Luxusgüter verwendet werden. Es ist Wohlfühl-Werbung. Sie präsentiert ein Bild, das sorgfältig so gestaltet ist, dass es die emotionale Reaktion des Wunsches nach dem beworbenen Artikel hervorruft. Hier ist ein Beispiel für das ausgeklügelte und komplexe Kaufentscheidungsmuster, wenn eine solche Anzeige von einem wahren Interessenten betrachtet wird:

»Ooooooh, seht euch diese heiß aussehenden Mädchen an, wie sie auf den Kerl klettern, der diese coole Hollister-Jeans trägt. Ich will diese Jeans.«

Lachen Sie nicht. Mehr braucht es nicht. Und wenn es nicht funktionieren würde, würden Einzelhändler wie Hollister und Abercrombie & Fitch nicht ein Vermögen für solche Anzeigen ausgeben. (Ebenso wenig würden es Lexus, BMW, Jaguar und Werbetreibende für High-End-Produkte fast jeder Art tun. Oh, habe ich Rolls-Royce erwähnt? Ja, die auch.) Funktioniert es? Denken Sie an das Parfüm- und Eau-de-Cologne-Geschäft. Abgesehen davon, dass sie Papierstreifen mit ihrem Produkt imprägnieren, damit die Leute einen Hauch davon riechen können, ist das Einzige, was diese Werbetreibenden tun, um ihre Interessenten zum Kauf zu überreden, Fotos von heiß aussehenden Frauen und Männern zu zeigen, von denen wir glauben sollen, dass sie Kunden sind. Die Models tragen die Düfte nicht einmal während des Fotoshootings! Jetzt mal echt, 99,9% der Werbung hat nichts mit den beworbenen Produkten zu tun. Es ist reine Symbolik. Aber die Hersteller wissen anscheinend, dass es funktioniert: 2008 wird der Umsatz von Eau de Cologne voraussichtlich 1,6 Milliarden Dollar erreichen. Frauendüfte? Addieren Sie weitere 3,2 Milliarden Dollar.

An die Eitelkeit und das Ego der Menschen zu appellieren ist am erfolgreichsten, wenn sich auf Eigenschaften konzentriert wird, die die Gesellschaft für wünschenswert hält, wie körperliche Attraktivität, Intelligenz, wirtschaftlicher Erfolg und sexuelle Fähigkeiten. Die *Balance-Theorie* von Stec und Bernstein (1999) weist darauf hin: Wenn Konsumenten die richtigen Bilder präsentiert werden, werden Menschen, die diese Eigenschaften besitzen, sie kaufen, um ihr Ego zu präsentieren. Diejenigen, die das nicht tun, werden sie kaufen, um *den Anschein zu erwecken,* als besäßen sie sie. Interessant, nicht wahr?

Denken Sie also über Ihr Produkt nach. Deutet sein Besitz oder die Benutzung auf Qualitäten hin, die man gerne zur Schau stellen würde?

Besitzen Sie eine Karateschule? Dann werfen Sie einen Blick auf die Namen der großen Mixed-Martial-Arts-Stars, die dort trainieren. Dann drucken und verkaufen Sie T-Shirts mit der Aufschrift »Ich trainiere mit [hier den Namen des großen Stars einfügen]«. Sofortiger Ego-Appeal.

Sie sind der teuerste Hundefrisör in der Stadt? Zeigen Sie Fotos von den reichen Berühmtheiten, die ihre Hündchen vorbeibringen. Zeigen Sie, wie Herr oder Frau Promi mit einem sabbernden Köter aus einer Limousine steigt. »Oh, ja … es gibt noch viele andere Hundefriseure in der Stadt, aber pah! Ich vertraue meinen Fluffy nur den Karringtons an.« So rotzig, aber – BÄMM! – sofortiger Ego-Appeal.

Sie sind eine Druckerei, die sich auf hochwertiges Briefpapier und Hochzeitseinladungen spezialisiert hat? Prahlen Sie mit den bekannten Persönlichkeiten, die Ihren Service in Anspruch genommen haben. Hm? Sie sagen, es gibt keine bekannten Persönlichkeiten, die Ihre Dienste in Anspruch genommen haben? Das lässt sich leicht beheben. Bieten Sie zum Beispiel einigen Ihrer bevorzugten lokalen Prominenten – Nachrichtensprecher, Celebritys oder Politiker – einen kostenlosen Service an. Wenn sie das Angebot annehmen, schicken Sie ihnen 250 Briefbogen und Briefumschläge auf Ihrem besten Papier … und geben Sie dann einige

Namen an, deren Briefpapier Sie gedruckt haben. Voilà! Da haben Sie Ihren sofortigen Ego-Appeal.

Sie sind eine Sicherheitsfirma? Welche großen Unternehmen (die weitaus strengere Sicherheitsanforderungen haben als Ihr typischer potenzieller Kunde) vertrauen darauf, dass Sie sie schützen? Fragen Sie: »Warum entscheiden sich mehr lokale Bankpräsidenten für FortKnox Security, um ihr Eigenheim zu schützen, als irgendjemand anders? Und dann die Variation: »Warum entscheiden sich mehr lokale Juweliere für FortKnox Security, um ihr Zuhause zu schützen, als für irgendjemand anderen?«

Verstehen Sie das? Wenn Bankpräsidenten und Juweliere darauf vertrauen, dass Sie ihre Familie und ihre größte Investition (ihr Heim) schützen, dann würde ich als durchschnittlicher Interessent gut daran tun, Sie zu engagieren, um *mein* bescheidenes Heim zu sichern. Das zu tun bringt mich in die Gesellschaft dieser anspruchsvollen Führungskräfte. Nochmals, sofortiger Ego-Appeal.

Zurück zu Rolls-Royce.

Frage: Würde ein solch angesehener britischer Autohersteller – lange bevor sie von BMW und Volkswagen geschluckt wurden – so tief sinken, eine solche »manipulative« Masche anzuwenden?

Antwort: Ist ein Ochsenfrosch wasserdicht?

Stellen Sie sich eine ganzseitige Zeitschriftenanzeige vor, die aus wenig mehr als einem großen Foto von etwas besteht, das wie eine Kreuzung in Manhattan aussieht. Aus der Vogelperspektive sehen wir einen Fahrer, der geduldig darauf wartet, dass die Ampel umschaltet. Das absurd glänzende schwarze Rolls-Royce Cabriolet mit Sir Charles Sykes' international anerkanntem silberfarbenen Flügelmaskottchen *The Spirit of Ecstasy* erklärt den guten Geschmack des Besitzers und sein Beharren auf Exzellenz. Gut gekleidet in Businesskleidung, scheint er etwa 55 Jahre alt zu sein, salz- und pfefferfarbenes Haar, selbstbewusst und entspannt, zweifellos eine Art Führungskraft, die eine Unzahl von Gedanken vom Typ »Alles ist in Ordnung mit der Welt« denkt und geradeaus starrt. Links neben seinem Auto sehen wir einen weiteren Fahrer etwa gleichen Alters, der seinen Kopf mit seinem ganzen Gewicht in die linke Hand stützt und neidisch auf den Fahrer des Rolls schaut. Noch einen Augenblick zuvor fühlte er sich wie auf dem Gipfel der Welt, bis Herr RR vorfährt – nun rutscht er unbehaglich … in seinem *Mercedes*. Matchball, Spiel vorbei.

Nicht alle Unternehmen können einen solchen Ego-getriebenen Ansatz verwenden. Die Natur nicht aller Produkte und Dienstleistungen diktiert ein solches Rezept. Grämen Sie sich nicht. Es gibt viele andere Techniken, die gut zu Ihrem Produkt oder Ihrer Dienstleistung passen.

Wie ein Scharfschütze, der durch ein Zielfernrohr schaut, zielen die Techniken, die wir bisher diskutiert haben, auf die innere Einstellung Ihrer potenziellen Kunden und ihre angeborenen psychologischen Auslösemechanismen. Die folgende Technik beeinflusst das Verbraucherverhalten, indem sie Produkte und Dienstleistungen mit Symbolen der Autorität oder Ehrfurcht in Verbindung bringt.

Prinzip Nr. 3: Transfer – Glaubwürdigkeit durch Osmose

»Ich verstehe das nicht!«, rief der Werber. »Das ist die beste, verdammte Anzeige, die ich je geschrieben habe! Sehen Sie sich das schöne Layout an! Schauen Sie sich dieses herrliche Foto an! Mein Preis stimmt und ich mache es den Leuten leicht, zu bestellen. Diese Zeitung hat eine ausgezeichnete Auflage, sodass ich weiß, dass ich mein Publikum erreiche. Und«, fährt er fort, »es ist ein Produkt, das den Menschen wirklich helfen würde! Warum bestellt dann niemand?«

Das Problem? Niemand *glaubt* ihm.

Das ist richtig. Ganz gleich, wie wunderbar Ihre Anzeige, Ihre Broschüre, Ihr Mailing, Ihre Website, Ihre E-Mail oder Ihr Radio- oder TV-Spot sind, wenn Ihre Interessenten Ihnen nicht glauben, haben Sie Ihr Werbegeld im Klo hinuntergespült. Ihr Angebot *muss* glaubwürdig sein, oder Sie dürfen die gleichen lausigen Ergebnisse erwarten wie unser frustrierter Werbefreund hier.

Transfer ist eine Strategie, die die Verwendung von Symbolen, Bildern oder Ideen beinhaltet – Stichworten, wenn sie so wollen – die üblicherweise mit Personen, Gruppen oder Institutionen von Autorität oder Respekt assoziiert werden, um Ihre Interessenten davon zu überzeugen, dass Ihr Produkt oder Ihre Dienstleistung in irgendeiner Weise als zuverlässig bestätigt wird. Wenn etwas von einer Person oder Gruppe, die Sie respektieren, befürwortet wird – Lichter blinken, Glocken läuten –, spuckt Ihr Gehirn »sofortige Glaubwürdigkeit!« aus. Und wenn es etwas ist, das Sie wollen und sich leisten können, werden Sie anfangen, nach Ihrer Visa-Karte zu kramen.

Die Sozialisierung stellt sicher, dass die meisten Menschen Institutionen wie die Kirche, das medizinische Establishment, nationale Behörden und die Wissenschaft respektieren. Wenn Sie Bilder oder Symbole einer dieser Gruppen in Ihre Werbung einbauen, kann das gewonnene Vertrauen Ihr Bedürfnis kompensieren, rigoros Überzeugungsargumente zu präsentieren. Die ideale Strategie? Holen Sie sich die offizielle Unterstützung einer angesehenen Institution. Damit übertragen Sie sofort deren Autorität, Zustimmung und Prestige auf Ihr Produkt oder Ihre Dienstleistung.

Nehmen wir zum Beispiel an, Sie sind sich nicht sicher, wie Sie über ein kostspieliges neues Kriminalitätsgesetz abstimmen sollen, das zur Volksabstimmung ansteht. Es klingt gut, aber Sie wissen nicht, ob es auf der Straße, wo es am wichtigsten ist, wirklich etwas bewirken wird. Kurz darauf landet ein Flugblatt des F.O.P., des Berufsverbands US-amerikanischer Polizisten in Ihrem Briefkasten. Darin heißt es, dass sie den Gesetzesentwurf von ganzem Herzen unterstützen und Sie um Ihre Unterstützung bitten, wenn es darum geht, Ihre Staats- und Kommunalpolitiker aufzufordern, bei der Verabschiedung des Gesetzes mit Ja zu stimmen. Da Sie die Organisation immer respektiert haben und ihr sogar ein paar Dollar gespendet haben, ist die Wahrscheinlichkeit, dass Sie die Sache unterstützen, jetzt viel größer. »Wenn es der Polizei gefällt«, argumentieren Sie, »reicht das für mich.« Und Sie werden wahrscheinlich auch denken – bewusst oder anderweitig – »Ich respektiere das F.O.P., also bin ich sicher, dass sie das Thema gründlich geprüft haben. Ich werde mit Ja stimmen.«

Haben Sie gemerkt, was passiert ist? Menschliche Trägheit, eine Metapher für *Faulheit*, führt dazu, dass man rationalisiert, ohne selbst gründlich zu recherchieren. So einfach ist das.

Proactiv ist nur eines von Dutzenden von Akneprodukten, die heute verhökert werden. Es ist jedoch das einzige, dessen Wirksamkeit die Sängerin Jessica Simpson bezeugt. Für junge Mädchen, die an dieser Hauterkrankung leiden, ist dies die einzige Bestätigung, die sie brauchen.

Quaker Oats erfreute sich eines exzellenten Wachstums seines Produkts, seit es 1877 sein erstes lächelndes Quäker-Mann-Logo erhielt. Unglücklicherweise veröffentlichte das *New England Journal of Medicine* 113 Jahre später, 1990, die umstrittene Sachs-Studie, die die Behauptung bestritt, dass Hafer und Haferkleie den Cholesterinspiegel senken können. Glücklicherweise hatte Quaker bereits 1987 eine neue Kampagne mit dem Schauspieler Wilford Brimley gestartet. Sein entwaffnendes, bodenständiges, geradliniges und nüchternes, hochgradig glaubwürdiges Auftreten verkündete die Vorzüge der kernigen Haferflocken – und Quaker erfreute sich der Umkehrung eines fünfjährigen Umsatzrückgangs.

Wenn Sie keine *vollständige* Befürwortung – zum Beispiel ein Testimonial – erhalten können, können Sie einen ähnlichen Erfolg erzielen, indem Sie leicht erkennbare Symbole, die den Stellenwert der Befürwortung tragen, ins Rampenlicht rücken.

In Amerika zieht man in solchen Fällen gern das »Gütesiegel für gute Haushaltsführung« (Good Housekeeping Seal of Approval) in Betracht. Dieses unscheinbare Oval hat seit 1909 Millionen von Verbrauchern vor dem Kauf Vertrauen eingeflößt. Ein cleveres Konzept: Das Siegel wird nur an Produkte vergeben, deren Anzeigen geprüft und zur Veröffentlichung im *Good Housekeeping*-Magazin akzeptiert wurden. Der Verleger verspricht eine Rückerstattung oder Ersatz für fehlerhafte Produkte innerhalb von zwei Jahren nach dem Kauf. Dies ist nicht nur ein großartiger Anreiz zum Kauf von Anzeigenplätzen in *Good Housekeeping*, sondern auch ein ideales Beispiel dafür, wie das Symbol einer vertrauenswürdigen Gruppe Ihrem Interessenten ein Gefühl der Sicherheit geben kann, bevor er das Geld aus der Tasche zieht. Genau wie jede andere Garantie könnte es Ihnen tatsächlich helfen, den Verkauf abzuschließen, wenn Sie es richtig angehen. (Mehr über Garantien später.)

Vor Kurzem habe ich eine Jumbo-Postkarte für einen Hypnotiseur-Kunden erstellt. Seine Probanden kennen keine Organisationen der Hypnose-Branche, aber die bloße Hinzufügung des offiziell aussehenden Logos der *National Guild of Hypnotists* reicht aus, um anzudeuten, dass die Mitgliedschaft meines Klienten in der Organisation auf die Richtigkeit seiner Referenzen, Erfahrung und Wirksamkeit schließen lässt. Nun denken Sie nach. Bedeuten sie wirklich irgendetwas davon? Natürlich nicht. Ihre potenziellen Kunden benutzen oft einen peripheren oder unkritischen Denkstil. Bei unserer Arbeit ist es dieselbe »Abkürzung in der Überzeugungsarbeit«, wenn wir Symbole verwenden, die Autorität, Zustimmung, Akzeptanz oder Anerkennung implizieren oder bezeichnen. Interessanterweise könnte ich wetten, dass nicht eine von 100 Personen, die die Postkarte meines Klienten erhielten, jemals von der *National Guild of Hypnotists* gehört hat. Aber dank der peripheren Route[2] der Überzeugungsarbeit spielt das keine Rolle. Das ist alles, was die meisten Verbraucher für den zusätzlichen Vertrauensschub brauchen.

Vereinfachend geschieht Folgendes. Ihre Interessenten sehen 1.) ein Symbol der Glaubwürdigkeit (Logo, Befürwortung u. Ä.) und stellen dann 2.) Ihr Verkaufsargument weniger infrage.

Auch die Verwendung allgemein akzeptierter Bilder medizinischer und wissenschaftlicher Autoritäten könnte den Transfereffekt bewirken. Vom Institut für Werbeanalyse (Institute of Propagnda Analysis) durchgeführte Studien legen nahe, dass Werbetreibende mit dem einfachen Bild eines »Experten« in einem weißen Laborkittel, der medizinische Statistiken zeigt, die Akzeptanz von Ärzten in der Öffentlichkeit nutzen können, um das Verbraucherverhalten zu beeinflussen, sei es für oder gegen ein Produkt.

---

2 Prozess im Rahmen der Einstellungsänderung, bei dem ein Individuum nicht dazu angeregt wird, über inhaltsbezogene Argumente nachzudenken, sondern darüber, in welcher Form Aspekte in der Kommunikation wichtiger als der Inhalt sind (eine attraktive Quelle, die Anzahl der Argumente anstelle des Inhalts der Argumente, stimmungsvolles Bild). Siehe auch Prinzip Nr. 9 (Anm. d. Übers.).

Wundert es Sie da, dass in so vielen Anzeigen für Gesundheitsprodukte würdevoll aussehende Männer in weißen Laborkitteln gezeigt werden? Sofortige Glaubwürdigkeit! Diese Werbetreibenden wissen, dass wahrscheinlich ein Transfer Ihrer Gefühle gegenüber Ärzten auf ihr Produkt stattfindet. Es ist ein vorhersehbarer Doppelschlag, der fast jedes Mal funktioniert.

»Okay Drew, genug Beispiele. Was mache ich mit diesen Informationen?«

Ganz einfach. Überlegen Sie sich, welche Person, Personengruppen und Organisationen in Ihrer Branche einen Ruf haben, der genügend Respekt genießt, sodass Sie aus dem damit verbundenen Transfer von Glaubwürdigkeit Kapital schlagen könnten, wenn Sie sie dazu bewegen könnten, Ihr Geschäft, Produkt oder Ihre Dienstleistung zu unterstützen. Einzelheiten darüber, wie Sie dies tun können, finden Sie später in diesem Buch unter Agentur-Geheimnis Nr. 15: »Die Psychologie des sozialen Beweises«.

Wie die Transfertechnik zeigt, können Strategien, die ein breites Spektrum der Bevölkerung ansprechen, sehr erfolgreich sein. Als Nächstes wollen wir eine Technik der Gruppenüberzeugung untersuchen.

Prinzip Nr. 4: Der Mitläufer-Effekt – geben Sie ihnen etwas zum Aufspringen

Tatsache: Menschen sind soziale Wesen mit einem starken psychischen Bedürfnis nach Zugehörigkeit.

Vor langer Zeit haben unsere Vorfahren verstanden, dass es vorteilhaft war, Gruppen von Gleichgesinnten zu bilden, um die Überlebenschancen zu maximieren. Also lebten sie in Gruppen, jagten in Gruppen, beschützten sich gegenseitig in Gruppen. Jeder hatte eine wichtige Rolle, die zum Erfolg des gesamten Stammes beitrug. Wenn die Gruppe aß, aß man. Wenn sie schlief, schliefst du. Wenn sie zusammenpackte und umzog, zog man um. Wenn sie starb … nun, Sie verstehen schon.

Obwohl moderne Gesellschaften nicht mehr so leben, ist die Mitgliedschaft in und die Identifikation mit einer *bestimmten* Gruppe nach wie vor von entscheidender Bedeutung für unser Glück. Wir haben ein Bedürfnis nach Freunden, nach einer romantischen Beziehung und letztlich nach Ehe und Kindern. Wir schließen uns sozialen Klubs, Studierendenverbindungen an, nehmen an Gemeindeveranstaltungen teil, besuchen Gottesdienste und bilden Unternehmensorganisationen – und sogar Straßenbanden. Verdammt, wir tragen sogar oft Shirts und Mützen, die unsere Zugehörigkeit bekunden, wodurch wir uns akzeptiert, wertvoll und wichtig fühlen.

Tatsächlich ist nach der bekannten Bedürfnispyramide des Psychologen Abraham Maslow das Bedürfnis, dazuzugehören, nach unseren physiologischen Bedürfnissen (Nahrung, Kleidung und Obdach) und unserem Sicherheitsbedürfnis (Sicherheit, Stabilität und Freisein von Angst) nur an dritter Stelle. Wenn diese ersten beiden Bedürfnisse befriedigt sind, wird Zugehörigkeitsgefühl oder die Liebe – die gewöhnlich in Familien, Freundschaften, Vereinigungen und in unserer Gemeinschaft zu finden sind – zur obersten Priorität. Es ist ein weiteres LF8-Bedürfnis, das in uns fest verdrahtet ist. Und es ist eine weitere gute Gelegenheit, die der versierte Werber ergreifen kann, um zu überzeugen.

Drei Arten von Gruppen

Die Psychologen sagen, dass es – unabhängig von deren Zweck – drei Haupttypen von Gruppen gibt:

1. Aufstrebend – Gruppen, denen Sie angehören *möchten*.
2. Assoziativ – Gruppen, die Ihre Ideale und Werte *teilen*.
3. Dissoziativ – Gruppen, denen Sie *nicht* angehören wollen.

Indem Sie Produkte und Dienstleistungen mit einer dieser drei Referenzgruppen verknüpfen, können Sie Ihre Interessenten davon überzeugen, Entscheidungen auf der Grundlage der Gruppe zu treffen, mit der sie sich identifizieren oder identifizieren *wollen*.

Diese Strategie nutzt die periphere Route – oberflächliche Gedankengänge – zur Überzeugungsarbeit. (Erinnern Sie sich, dass wir das bereits diskutiert haben?) Das liegt daran, dass der Kauf des Verbrauchers in erster Linie auf seinem Zugehörigkeitsgefühl beruht und nicht ausschließlich auf den Vorzügen Ihres Produkts. Die Notwendigkeit einer Gruppenmitgliedschaft ist ein starker psychologischer Antrieb, und während sie diesen verfolgen, werden die meisten Verbraucher auf die Notwendigkeit einer aktiven, tiefgreifenden Analyse dessen, was Sie ihnen verkaufen, verzichten. Aha! Wir haben noch eine weitere Abkürzung hin zur Überzeugungsarbeit gefunden.

Und das ist mehr als etwas, das einfach nur gut *klingt*. Es wird durch fundierte Forschung unterstützt. Stec und Bernstein (1999) vertreten diese Strategie in ihrer Konsens-impliziert-Korrektheit-Heuristik, die behauptet, dass dieses psychologische Konzept einen Mitläufer-Effekt verursache, der dafür sorgt, dass, wenn eine ausreichend große Gruppe eine positive Meinung über ein Produkt hat, diese Meinung auch richtig sein muss. Wir werden diese Erkenntnis in Prinzip Nr. 17 diskutieren.

Aber mit welcher Gruppe wollen Sie Ihre Interessenten in Verbindung bringen? Hier ist eine Faustregel: Wenn Sie den Einfluss der Aufstrebenden suchen – Leute, denen Ihre Interessenten ähnlich sein wollen –, müssen Sie sicherstellen, dass sich Ihre Interessenten leicht mit ihnen identifizieren können.

Zum Beispiel: Nehmen wir an, Sie verkaufen einen neuartigen Fahrradsitz für Rennsport-Enthusiasten, der das Gefühl vermittelt, auf einem Luftkissen zu schweben, anstatt auf einer knallharten, kantigen Plattform mit Reibeisenoberfläche zu sitzen. Untersuchungen haben ergeben, dass das Durchschnittsalter Ihres Zielmarktes bei 34 Jahren liegt. Das sagt Ihnen sofort, dass es nicht klug wäre, eine Gruppe alter Männer oder Frauen in Ihrer Anzeige zu zeigen. Sie möchten auch keine hemdsärmeligen Otto-Normalradler auf dem Weg zum Familienpicknick zeigen. Ebenso wenig sollte Ihr Hauptfoto einen unbekannten Radfahrer zeigen – auch wenn er oder sie Ihr bester Kunde ist, der zufällig jeden Monat $1.000 für Ersatzteile und Service ausgibt.

Warum? Erinnern Sie sich an das Gruppenlabel »aufstrebend«? Das sind einfach nicht die Leute, denen Ihre Kernzielgruppe nacheifern möchte. Ihr Publikum will nicht der Typ oder das Mädchen von nebenan sein. Sie streben danach, den Tournee-Legenden Lance Armstrong, Miguel Indurain oder Eddy Merckx ähnlich zu sein – drei der besten Radfahrer aller Zeiten. Solche Profis zu präsentieren, bestärkt Ihre Interessenten darin zu glauben, dass sie ihren zweirädrigen Helden ähnlicher sein können, wenn sie Ihren gemütlich-weichen Sitz benutzen.

Erfolgreiche Gewinnung von *assoziativem* Gruppeneinfluss ist komplexer. Diese Strategie setzt voraus, dass Sie Ihr Produkt mit einer bestimmten gesellschaftlichen Gruppe in Verbindung bringen, während Sie andere oft verprellen. Dies kann auf zweierlei Weise geschehen. Entweder 1.) indem Sie Ihr Produkt durch Werbung, die speziell an die Einstellungen und Werte dieser Gruppe appelliert, eng mit der Zielgruppe in Verbindung bringen, oder 2.) indem Sie Ihr Produkt von anderen Gruppen innerhalb der Gesellschaft abgrenzen, um es akzeptabler, oder, im Falle eines jüngeren Publikums, einfach cooler erscheinen zu lassen.

Die Jugendbekleidungsindustrie wendet erfolgreich beide Methoden an, wobei einige Werbung Kids direkt dazu auffordert, zur Jugendkultur zu gehören, während andere sie dazu auffordert, die Kultur der Oldies abzulehnen.

Zum Beispiel öffnete 1969 der Textileinzelhändler *The Gap* in San Francisco seine Türen, und schon sein Name deutete auf eine Generationslücke hin, und dass die Artikel im Laden anders waren als die, die die Eltern trugen. Derzeit 3.100 Geschäfte – darunter Banana Republic, Old Navy und Piperlime – und ein Umsatz (2007) von mehr als 15,8 Milliarden Dollar, lassen vermuten, dass die Assoziativ-Dissoziativ-Strategie offenbar funktioniert hat.

Der Mitläufer-Appell hat bei vielen Unternehmen funktioniert, darunter auch bei:

- Walgreens: »Die Apotheke, der Amerika vertraut.«
- Jif Erdnussbutter: »Wählerische Mütter wählen Jif.« (Wollen nicht auch Sie wählerische Eltern sein?)
- Eucerin: »Die von Dermatologen empfohlene Marke Nr. 1 für trockene Haut.«
- British Airways: »Die beliebteste Fluggesellschaft der Welt.«
- Glacial Water (Gletscherwasser): »Die Nr.-1-Marke im Verkauf von Wasser.«

- Mr Heater: »Amerikas beliebteste Marke tragbarer Heizgeräte.«
- Camel: » Ärzte rauchen öfter Camel als jede andere Zigarette.« (Pfui Teufel!)
- Rinso: »Wer noch wünscht sich eine weißere Wäsche – ohne harte Arbeit?«

Sie können erfolgreich an den Wunsch Ihrer Interessenten appellieren, in verschiedene Kategorien zu gehören: Alter, Klasse, Geschlecht, Geografie, Politik und Bildung zum Beispiel. Wie von Cialdinis Studien über Vergleichssignale (*Influence: Science and Practice,* 1980) belegt wird, können Sie, indem Sie Ihre Produkte und Dienstleistungen mit einer oder mehreren dieser Gruppen in Verbindung bringen, eine ganze Gesellschaftsgruppe erfolgreich dazu bewegen, sich sofort mit den Einstellungen und Werten dieser Gruppe zu identifizieren und sie zum Kauf Ihres Produkts zu zwingen, um der Welt zu zeigen, dass sie jetzt dieser Gruppe angehören. Faszinierend, dieses »Psychologie-Zeug«, nicht wahr?

Denken Sie nach. Eignet sich Ihr Produkt dazu, den *Das menschliche Bedürfnis nach Zugehörigkeit*-Appell zu nutzen? Wenn ja, denken Sie nicht nur darüber nach, wie Sie seine Vorzüge und Vorteile beschreiben können. Geben Sie sich mindestens ebenso viel Mühe, Ihren Interessenten zu erklären, wie der Kauf Ihres Produkts sie zu etwas *macht* (aufstrebend), sie in diesem *Status hält* (assoziativ) oder ihnen hilft, der Welt zu zeigen, dass sie *nicht* Teil einer bestimmten Gruppe sind (dissoziativ).

Aber bevor Ihre Interessenten bereit sind, etwas zu kaufen, müssen sie erst einmal motiviert genug sein, dies zu tun! Die nächste Technik basiert auf einer der klassischen psychologischen Motivationstheorien.

Prinzip Nr. 5:
Die Mittel-zum-Zweck-Kette – Der kritische Kern

»Kaufen Sie mein Produkt nicht für das, was es *heute* für Sie tut – kaufen Sie es für das, was es *morgen* für Sie tun *wird!*«

Das ist es, was dieses Prinzip besagt. Und die Strategie basiert auf der Theorie, dass viele Entscheidungen der Verbraucher nicht zur Befriedigung eines sofortigen Bedarfs, sondern eines zukünftigen Ziels getroffen werden. Für Bernd, Ihren Käufer, ist das Produkt oder die Dienstleistung, die er gekauft hat, lediglich ein Mittel zum Zweck.

Luxusgüter und -dienstleistungen werden häufig über die Mittel-zum-Zweck-Kette beworben. Die Strategie besteht darin, Ihre Interessenten davon zu überzeugen, dass Ihr Produkt – obwohl an sich schon wünschenswert – ihnen oder ihrer Familie zusätzliche sekundäre Vorteile bietet.

Wenn man z. B. Blumen, Schokolade oder sexy Unterwäsche als Geschenk für den Partner kauft, kann man sich an den sekundären Vorteilen erfreuen, nicht wahr?

Der Kauf eines neuen Autos ist ein wunderbares Gefühl, nicht wahr? »Vergessen Sie das!«, rät Ihnen Herr Lexus-Verkäufer. Es ist, weil Sie als Makler durch den Kauf dieses heißen neuen Lexus Ihren Hauskäufern erfolgreicher erscheinen werden und sie viel eher ihre Häuser bei Ihnen listen werden. Sie werden denken: »Er oder sie muss wohl Häuser verkaufen … wie sonst könnten sie sich diesen neuen Lexus leisten?«

Als Werbetreibender ist es selbstverständlich Ihr Ziel, Ihr Produkt oder Ihre Dienstleistung zu verkaufen. Mithilfe der Mittel-zum-Zweck-Kette erreichen Sie dies ganz einfach, indem Sie den Fokus des Verbrauchers auf den ultimativen Wert oder Nutzen Ihres Produkts verlagern. Ich nenne es den »Nutzen des Nutzens«.

Um es auf den Punkt zu bringen, frage ich mein CA$HVERTISING-Seminarpublikum: »Warum sollte ich ein Schild für mein neues Einzelhandelsgeschäft kaufen? Sagen Sie mir den Kernnutzen, der damit verbunden ist.« Und so läuft die Interaktion normalerweise ab:

Publikum: »Das Schild sagt den Leuten, wer Sie sind.«
Ich: »Okay, aber was ist der *Nutzen,* den Leuten zu sagen, wer ich bin?«
Publikum: »Sie werden dann mit Ihnen Geschäfte machen.«
Ich: »Stimmt, aber was ist der *Nutzen* für die Leute, mit mir Geschäfte zu machen?«
Publikum: »Damit Sie Ihre Produkte verkaufen können, natürlich!«
Ich: »Natürlich. Aber was ist der *Nutzen,* wenn ich meine Produkte verkaufe?«
Und schließlich, nachdem man noch ein paar mehr Zähne gezogen hat, schreit jemand förmlich …
Publikum: »Damit Sie Geld verdienen können!«

Halleluja!

Die Formel für die Aktivierung des Mittel-zum-Zweck-Mindset ist einfach. Ihre Texte und Bilder sollten immer das positive Endergebnis darstellen. Auf diese Weise ist es weniger wahrscheinlich, dass Ihr Interessent die Vor- und Nachteile des eigentlichen Produkts kritisch analysiert und seine Kaufentscheidung auf den letztendlichen Nutzen stützt, den es ihm bietet.

Was ist der Kernnutzen Ihres Produkts oder Ihrer Dienstleistung? Wenn Sie Schaufeln verkaufen, müssen Sie verstehen, dass die Leute *keine* lange Stange mit einem daran angebrachten flachen Stück Metall wollen. Aber sie *wollen* die *Löcher* im Boden, damit sie schöne Bäume und farbenfrohe Blumen pflanzen und ihre Gärten attraktiver gestalten können!

Wenn Sie Mikrowellengeräte verkaufen, wollen die Leute *nicht* den großen, klobigen Elektrokasten mit all den ausgefallenen Knöpfen und der sich drehenden Glasplatte. Sie *wollen* jedoch schnell kochen und essen können, damit sie mehr Zeit für andere Dinge haben.

Autos? Die schöne Lackierung, der leichtgängige Motor und das geschmeidige Leder machen das Fahren sicher zum Vergnügen, aber von Punkt A nach Punkt B zu kommen, ist der Grund, warum die Leute sie wirklich kaufen. Der Ego-Appeal ist der Zuckerguss auf dem Kuchen.

Denken Sie nur daran, dass bei den meisten Produkten nicht das Produkt an sich gefragt ist, sondern der Endgewinn, den die Menschen kaufen. Wenn die Leute mit den Fingern schnippen könnten und auf magische Weise ein Loch im Boden entstehen lassen könnten, wären Sie aus dem Schaufelgeschäft raus. Wenn sie ihr Essen in Sekunden kochen könnten, indem sie mit der Nase wackeln, tschüss Mikrowellenshop. Und die Chancen stünden gut, wenn man sich wie Mr. Spock bei Star Trek von Punkt A nach Punkt B teleportieren könnte, dass sich Autohäuser und Tankstellen in Drogerien und Eigentumswohnungen verwandeln würden.

Aber ganz gleich, was Sie verkaufen, die Hauptschwierigkeit, die Verbraucher zu überzeugen, besteht darin, mit ihren unterschiedlichen Graden an Produktkenntnissen umzugehen. Die folgende Technik macht sich diese Unterschiede zunutze.

Prinzip Nr. 6: Das transtheoretische Modell – Überzeugungsarbeit Schritt für Schritt

Wenn Sie nicht wissen, was ein Hamburger ist, werde ich einen Heidenaufwand damit haben, Ihnen meinen neuen Bloopo Burger zu verkaufen, egal wie frisch das Rindfleisch, fluffig das Brötchen und würzig die Geheimsoße auch sein mögen. Das Transtheoretische Modell (TTM) teilt das Wissen und Verhalten der Verbraucher in fünf Phasen ein und gibt die Richtlinien vor, mit denen Sie Ihre Interessenten überzeugen können, damit sie von der völligen Unkenntnis Ihres Produkts (»Was zum Teufel ist das?«) zu einem regelmäßigen Kauf oder zu einem integralen Bestandteil ihres Lebensstils werden (»Kauft das nicht jeder?«). Wenn Sie sich dieser Phasen bewusst sind, werden Sie besser verstehen, wie und wo Sie mit Ihrer Verkaufsbotschaft ansetzen können.

Hier sind die Etappen, kurz und bündig zusammengefasst:

1. Stufe: *Vorbesinnung* – Menschen in dieser Phase wissen entweder nichts von Ihrem Produkt – »Was zum Teufel ist ein Bloopo Burger?« – oder sie wissen nicht, dass sie es brauchen.

2. Stufe: *Innere Einkehr* – In dieser Phase sind sich Interessenten Ihres Produktes bewusst und haben darüber nachgedacht, es zu verwenden. »Hmmm … ich sollte mir diese Bloopo-Burger mal anschauen.«

3. Stufe: *Vorbereitung* – Dies ist die Planungsphase. Ihr Interessent denkt darüber nach, bei Ihnen zu kaufen, benötigt jedoch weitere Informationen über die Vorteile und Vorzüge Ihres Produkts. »Ich würde gerne einen Bloopo-Burger kaufen … der sieht zwar gut aus, aber was zum Teufel ist da drin? Ist er gesünder? Schmeckt er besser? Was kostet er?«

4. Stufe: *Aktion – Erfolg!* Ihr Interessent hat die begehrte Aktions- bzw. Kaufphase erreicht. »Hier ist meine Kreditkarte, gib mir meinen verdammten Bloopo!«

5. Stufe: *Aufrechterhaltung* – Ein schöner Ort für Ihre Interessenten. In dieser Phase ist Ihr Produkt Teil ihres täglichen Lebens geworden. Sie kaufen weiterhin Ihre Bloopos, ohne darüber nachzudenken. Es ist ihr Burger der Wahl. Einfach ausgedrückt: Wenn sie einen Burger wollen, kaufen sie einen Bloopo.

Den Beweisen des Psychologen James O. Prochaska (1994) zufolge, ist das Ziel für Werbetreibende, die diese Technik verwenden, den Verbraucher Schritt für Schritt durch die einzelnen Phasen zu führen, bis ihm die Verwendung ihres Produkts zur Gewohnheit wird. Die Herausforderung dabei? Der erfolgreiche Umgang mit Konsumentengruppen in verschiedenen Phasen des Prozesses. Einige Ihrer potenziellen Kunden befinden sich in der ersten Phase, während andere nicht daran denken würden, in der fünften Phase einen anderen Burger zu essen. Sie haben zwei Möglichkeiten, dies anzugehen:

1. Kreieren Sie Werbung, die alle fünf Phasen anspricht. So können sich Ihre Interessenten auf die für sie persönlich relevante Phase konzentrieren. Geben Sie einfach alle Details an, die jemand be-

nötigt, um vollständig über ein Produkt informiert zu sein, über das er vielleicht nur wenig oder gar nichts weiß.

2. Kreieren Sie eine Werbeserie, die über einen bestimmten Zeitraum von Stufe eins bis Stufe fünf fortschreitet. In der ersten Stufe wird also Ihr Produkt auf dem Markt eingeführt. Jede der aufeinanderfolgenden Werbemaßnahmen baut auf der letzten auf und kann damit beginnen, die wichtigsten Merkmale und Vorteile hervorzuheben.

Das Ziel beider Strategien besteht natürlich darin, Ihre Interessenten mit genügend Informationen und Motivation zu versorgen, damit sie die fünf Phasen in ihrem eigenen Tempo durchlaufen können, bis sie schließlich zu Stammkunden werden.

Das funktioniert zweifellos. Es ist weitaus einfacher, bestehende Verbrauchereinstellungen und -verhaltensweisen zu verstärken, als diese Werte zu ändern. Die nächste Strategie erkennt diese Tatsache an und nutzt sie, um die Loyalität Ihrer Kunden zu festigen.

Prinzip Nr. 7: Die Impftheorie – bringen Sie sie dazu, Sie auf Lebenszeit zu bevorzugen

Als der Philosoph Friedrich Nietzsche schrieb: »Was mich nicht tötet, macht mich stärker«, hätte er von diesem nächsten Prinzip der Verbraucherüberzeugung gesprochen haben können.

Die Impftheorie funktioniert ähnlich wie eine Impfung, die man vorbeugend gegen die Grippe erhält. Lassen Sie mich das erklären. Ein Impfstoff besteht aus einem Virus, das durch einen Prozess namens Zellkulturanpassung geschwächt wird. Das Virus wird in Embryozellen von Hühnern gezüchtet, wodurch die Gene verändert werden, die dem Virus sagen, wie es sich vermehren soll. Dies führt dazu, dass sich das Virus im menschlichen Körper schlecht vermehren kann. Wird es jedoch in den Arm injiziert, reagiert der Körper, als ob das Virus in voller Stärke vorhanden wäre, greift es schnell an und tötet es ab. Dadurch – und das ist der wichtige Teil – wird Ihr Körper tatsächlich für den Rest Ihres Lebens stark und resistent gegen dieses spezielle Virus.

Die Impftheorie funktioniert auf ähnliche Weise. Laut ihrem Entwickler, dem Sozialpsychologen und Yale-Professor William J. McGuire, dient sie dazu, die bestehende Einstellung eines Verbrauchers zu einem Produkt oder einer Dienstleistung zu verstärken, indem ein schwaches Argument vorgebracht wird, das den Konsumenten quasi austrickst und dazu verleitet, seine Position zu verteidigen und damit seine Persönlichkeit zu stärken. Die drei Schritte sind:

1. Warnung vor einem bevorstehenden Angriff.
2. Durchführung eines schwachen Angriffs.
3. Ermutigung zu einer starken Verteidigung.

Nehmen wir zum Beispiel an, Sie und ich wir seien Konditoren, und würden zusammen in einer Bäckerei arbeiten und die reichhaltigsten, fluffigsten und erstaunlichsten Schokoladendesserts herstellen, die der Menschheit bekannt sind. Die Schokoladenmarke Ihrer Wahl ist Guittard, ein in Kalifornien ansässiges Unternehmen, dessen Weltklasse-Schokolade von vielen der bekanntesten Konditoren und Konditoreien in den USA und im Ausland verwendet wird. Und nehmen wir an, ich hätte gerade herausgefunden, dass unser Chef – der fiese Fritz – eine billigere (Scheiß-) Marke verwenden will.

Da der alte Fritz es liebt, Mitarbeiter zu entlassen, die mit ihm nicht einverstanden sind, bin ich auf die Idee gekommen, Sie dazu zu bringen, den Schokoladenkrieg zu führen. Verdammt, warum meinen Job riskieren? Der Plan: Sie zu impfen. Zuerst würde ich Sie gemäß der Strategie vor einem bevorstehenden Angriff warnen, um Ihre Verteidigung vorzubereiten und Ihren Geist mit möglichen Gegenangriffen in Schwung zu bringen. Ich könnte sagen: »Hey, haben Sie gehört, dass der fiese Fritz darüber nachdenkt, beschissenes ChocoWax anstelle von Guittard zu kaufen, um ein paar Cents zu sparen?«

Als Nächstes würde ich mit einigen schwachen Argumenten *für* ChocoWax ein Feuer unter Ihrem Sitz entfachen. Zum Beispiel: »Wenn ich es mir recht überlege, könnten wir vielleicht mit ChocoWax auskommen, indem wir unseren Rezepten ein wenig zusätzlichen Kakao hinzufügen.« Und: »Ich frage mich, ob die Menschen den Unterschied wirklich schmecken würden. Schließlich verwenden die meisten unserer Konkurrenten die Schokolade el crappo.« (Das wird Sie *wirklich* anspornen!)

Und schließlich würde ich Sie ermutigen, eine starke Verteidigung aufzubauen, indem Sie Ihre Gedanken verbal zum Ausdruck bringen, anstatt Ihre Gedanken für sich zu behalten. »Also … was denken Sie?« Psychologische Tests zeigen, je aktiver der Empfänger sich gegen den Angriff verteidigt, desto energischer wird er die eng gehaltene Position verteidigen.

Die Impfung ermutigt Sie, indem sie Ihre Ideen und Entscheidungen (oder Markenpräferenzen, wie in diesem Beispiel) angreift, kritische Gedanken zu deren Verteidigung einzusetzen. Im Grunde trickst sie Sie aus, gründlicher über Ihre eigene Position nachzudenken, wodurch Ihre Gedanken und Gefühle verstärkt werden. Das liegt daran, dass Sie in dem Bemühen, sich auf den bevorstehenden Angriff vorzubereiten, vor dem Sie in Schritt eins gewarnt wurden (»Fritz wird ChocoWax kaufen!«), begonnen haben, Ihren Gegenangriff zu planen und Ihre Verteidigung zu schärfen, sodass Sie, wenn der eigentliche Angriff (von Fritz) kommt, bereit sein werden, ihm zu sagen, wohin er sich seine billige Schokolade stecken soll.

Wichtig: Verbraucherpsychologen mahnen, dass Ihr Angriff schwach sein muss. Andernfalls riskieren Sie, den gegenteiligen Effekt auszulösen und die Einstellung Ihrer Interessenten zu schwächen bzw. zu ändern. Eine Möglichkeit, wie Werbetreibende die Impfung nutzen, besteht darin, die Kritik ihrer Konkurrenten an ihrem Unternehmen bekannt zu machen und sie in Form von schwachen Angriffen – dank Impftheorie – zu ihrem Vorteil einzusetzen, um die Loyalität ihrer Konsumenten zu stärken und zu sichern.

Die Impfung ist der Favorit der Politiker. Ihre Argumentation geht in diese Richtung: »*Mein Gegner wird Ihnen sagen,* dass es keine Möglichkeit gibt, die explodierenden Ölpreise zu senken … er wird Ihnen sagen, dass die einzige Möglichkeit, den Staatshaushalt auszugleichen, darin besteht, die Steuern zu erhöhen … er wird Ihnen sagen, dass es ausreicht, den meisten Bürgern, nicht allen, eine Krankenversicherung anzubieten. Aber ich sage Ihnen, dass dies definitiv nicht der Fall ist, und hier ist der Grund dafür …«

Sehen Sie, was hier passiert? Dieser Kandidat impft seine Zuhörer, indem er

1. sie vor einem bevorstehenden Angriff warnt,
2. die schwachen Argumente präsentiert, die sein Gegner während der Kampagne vorbringen wird, und
3. zu einer starken Verteidigung ermutigt, indem er ihnen ein wenig Munition gibt, um sie auf die Schlacht vorzubereiten.

Eine Autokarosseriewerkstatt könnte die Konkurrenz ins Visier nehmen, indem sie eine verbraucherschutzartige Position einnimmt, indem sie den Interessenten sagt, sie sollten vorsichtig sein, wenn sie Angebote von Wettbewerbern erhalten: »Unsere Konkurrenz wird Ihnen sagen, dass die Reparatur der kleinen Delle in Ihrem Kotflügel über 1.000 Euro kostet. Sie wird Ihnen 800 Euro für den Austausch Ihrer Windschutzscheibe wegen dieses winzigen Risses im Glas berechnen. Was sie Ihnen nicht sagen wird, ist, dass es in unserem Geschäft viele Insider-Geheimnisse gibt, um diese Arbeiten für einen Bruchteil der Kosten zu erledigen. Zum Beispiel …«

Wie können Sie also die Verkaufsargumente Ihrer Konkurrenten zunichtemachen, indem Sie mithilfe der Impftheorie einen Präventivschlag starten? Der Schlüssel liegt darin, Ihre Interessenten so vorzubereiten, dass sie die Behauptungen Ihrer Konkurrenten durch *Ihre* Filter bearbeiten! Wie der Karosseriebauer im letzten Beispiel, sagen Sie ihnen, worauf sie achten sollen, was gut ist, was schlecht ist, was verdächtig ist. Das setzt voraus, dass Sie so überzeugt von dem sind, was Sie verkaufen, dass Sie zu einer genaueren Untersuchung einladen. Sie *wollen*, dass sie vergleichen!

Ich verwende den Begriff *Verbraucherschützer* nicht leichtfertig. Tatsache ist, wenn Sie legitime Informationen liefern – und ich vertraue darauf, dass Sie das tun –, dann wird die Werbung mehr tun, als nur ein weiteres Unternehmen zu präsentieren, das »Ich! Ich! Mich! Mich! Kaufen Sie bei mir!« schreit. Sie bieten tatsächlich eine hilfreiche Dienstleistung an, die – vorausgesetzt, Ihr Produkt oder Ihre Dienstleistung ist wirklich besser – zu zusätzlichen Geschäften und enormem öffentlichen Wohlwollen führen wird.

Haben Sie eine Pizzeria? »*Unsere Konkurrenten sagen Ihnen*, dass sie frischen Mozzarella verwenden, aber *sie sagen Ihnen nicht*, dass sie ihn vorzerkleinert in großen Plastiktüten kaufen. Bei Pauley's Pizza zerkleinern wir unseren Mozzarella jeden Morgen von Hand. Unsere Konkurrenten lassen Sie zwischen dünnem und knusprigem Teig oder einer Pfannenpizza wählen, aber *sie sagen Ihnen nicht,* dass sie ihren Teig in hart gefrorenen Kugeln kaufen und ihn am Vorabend auftauen lassen. Bei Pauley's Pizza machen wir unseren Teig jeden Tag frisch. Unsere Konkurrenten *erzählen* Ihnen, wie bequem ihr Lieferservice ist, *aber sie sagen Ihnen nicht,* dass ihre durchschnittliche Lieferzeit mehr als eine Stunde beträgt. Pauley's Pizza liefert in 28 Minuten oder Ihre Pizza ist kostenlos.«

Ähnliche Werbung schafft kritischere Verbraucher, die für Ihre Produkte aufgeschlossen sind. Dieser Ralph-Nadar-Ansatz schafft großes Vertrauen und Glaubwürdigkeit. Schauen Sie sich wirklich genau an, was Sie verkaufen. Was machen Sie besser, schneller, einfacher? Impfen Sie Ihre potenziellen Kunden, indem Sie diese Vorteile ans Licht bringen, und beobachten Sie, wie Sie sie für sich gewinnen können.

Prinzip Nr. 8: Neusortieren von Ansichten – ändern Sie ihre Realität

Seien wir ehrlich: Die meisten Menschen mögen keine Veränderungen. So resistent Ochsenfrösche gegen Wasser sind, so resistent sind die Menschen, Dinge anders zu tun. Es ist schwer genug, Menschen dazu zu bringen, kleine materielle Dinge an sich selbst zu ändern: die Art, wie sie sich kleiden, ihre Frisur, ihre Arbeitsweise, die Art, wie sie sprechen. Versuchen Sie, sie dazu zu bewegen, ihre Lebensanschauung zu ändern? Pfui Teufel! Sehen Sie, Psychologen wissen, dass, selbst wenn unsere Überzeugungen ungenau oder widersprüchlich sind – selbst wenn wir selbst wissen, dass sie es sind – wir sie immer noch verteidigen, als ob ihre Existenz irgendwie mit unserem Überleben zusammenhinge! Verbinden Sie irgendeine Sache mit dem Überleben – und genau das macht übrigens das Ego – und schon haben Sie es mit einem brutal harten Gegner zu tun.

Glücklicherweise gibt es Möglichkeiten, die Einstellung der Menschen zu Ihrem Produkt zu ändern, wobei der primäre Glaube darin besteht, dass sie es weder wollen noch brauchen! Eine der effektivsten dieser Methoden funktioniert, indem der Fokus von den Einstellungen selbst auf die zugrunde liegenden Überzeugungen gelenkt wird.

Den Schwerpunkt der Überzeugungen ändern

Um Überzeugungen zu beeinflussen, verwenden Werbetreibende Bilder und Statistiken, die entweder Emotionen wie Angst, Humor oder Schuldgefühle (betreffen die rechte Gehirnhälfte, das kreative Gehirn) oder den Intellekt des Verbrauchers durch Fakten und Beispiele (betreffen die linke Gehirnhälfte, das logische Gehirn) ansprechen. Wenn Sie dies tun, präsentieren Sie Ihrem Publikum eine alternative Sicht auf die Realität – eine, die nicht durch ihre derzeitigen Überzeugungen unterstützt wird. Mit anderen Worten, sie mögen vielleicht in einer bestimmten Art und Weise über ein Produkt denken, aber ihre Überzeugungen können geändert werden, wenn man ihnen neue Wege aufzeigt, darüber nachzudenken.

Der Backpulver-Blues

Nehmen wir zum Beispiel an, Sie lieben Backpulver-Zahnpasta, weil Sie irgendwo gelesen haben, dass sie den einfachsten und kostengünstigsten Weg darstellt, Ihre Zähne zu Hause aufzuhellen. Tatsächlich haben Sie all Ihren Freunden und Ihrer Familie gesagt, dass auch sie Backpulver-Zahnpasta verwenden sollten, wenn sie superweiße Beißer wollen. Backpulver, Backpulver, Backpulver, Backpulver. Sie werden nicht aufhören, von dem verdammten Backpulver zu reden. Sie benutzen die Zahnpasta nun seit mehr als einem Jahrzehnt. Und Sie haben sie *so* sehr empfohlen, dass Freunde und Familie mittlerweile Angst haben, vor Ihnen zu lächeln, aus Furcht, gezüchtigt zu werden, wenn ihre Zähne nicht Ihrem lästigen neuen Zahnweiße-Standard entsprechen.

Doch eines Tages sehen Sie einen beunruhigenden Artikel in der Zeitung. Oh nein! Ein Zitat über Backpulver von Ken Burrell, D.D.S., leitender Direktor des American Dental Association Council on Scientific Affairs, lässt Sie taumeln: »Wir denken, dass die Öffentlichkeit glaubt, dass es einen gewissen Nutzen gibt, aber in Wirklichkeit gibt es keine Beweise für einen therapeutischen Wert.«

Entsetzen! »Wie kann das sein?!«, rufen Sie. Geistige Gewitterwolken ziehen auf, Blitze schlagen ein, und der erste Riss in Ihrer weiß glänzenden Rüstung erscheint.

Aber das ist noch nicht alles. Kurz darauf lesen Sie dieses Zitat eines *weiteren* angesehenen Zahnarztes: »Backpulver hat ein Geschmackserlebnis, bei dem sich die Zähne gut anfühlen, aber es gibt keinen nachgewiesenen therapeutischen Wert.«

Schluck. Ehe Sie sich versehen, stehen Sie vor dem Spiegel, untersuchen das Weiß der Zähne und fragen sich, ob all das weiße Funkeln nur ein Farbtupfer Ihrer Fantasie war. Ihr eigener Zahnarzt bestätigt die schreckliche Wahrheit, und Ihre Backpulver-Sandburg bröckelt in sich zusammen. Ihre Gefühle wurden von der Vernunft angegriffen, und schließlich ging das kritische Denken – auf dem Weg der zentralen Route[3] – als Sieger hervor.

Die Kung-Fu-Erlaubnis

Nehmen wir an, dass Ihnen jegliche Form von Gewalt wirklich missfällt, Sie jedoch nicht mehr in der Lage sind, durch die Straßen zu gehen, weil die Verbrechensrate in Ihrer Gegend in letzter Zeit so stark gestiegen ist. Ihre Freunde machen Wing Chun Kung Fu – ein blitzschneller und praktischer Stil zur Selbstverteidigung – aber das interessiert Sie nicht. »Und dabei bleibt es!«, sagen Sie. Nun, eines Tages überreicht Ihnen eine Freundin eine Broschüre ihrer Wing-Chun-Schule. Sie ist gefüllt mit grausigen Statistiken über die lokale Kriminalitätsrate. Und sie enthält Testimonials von derzeitigen Schülern, die beschreiben, wie sie sich erfolgreich gegen Angreifer verteidigt haben. Sie sprechen darüber, wie sicher das Training ist, wie leicht das Erlernen war, wie geduldig und fürsorglich die Ausbilder sind. Am nächsten Tag erzählt eine andere Freundin, deren Kind am Unterricht teilnimmt, wie sich ihr Kind gegen den Schulhoftyrannen gewehrt hat. In Ihnen beginnen neue Gedanken zu wachsen, wie Radieschensamen, die man auf fruchtbaren Boden streut.

Spulen wir eine Woche vor. Als Sie auf einem dunklen Parkplatz zurück zu Ihrem Auto gehen, glauben Sie, dass Sie verfolgt werden!

---

3 Prozess im Rahmen der Einstellungsänderung, bei dem das Individuum dazu angeregt wird, über die inhaltsbezogenen Argumente nachzudenken. Der Inhalt einer (Werbe-) Botschaft und die Verwendung entsprechender Argumente spielen bei der Bildung einer gut begründeten Einstellung eine große Rolle. Siehe auch Prinzip Nr. 9 (Anm. d. Übers.).

Zum Glück ist es ein falscher Alarm. Aber einige Nächte später passiert es wieder. Dann sieht jeder zehnte Mensch verdächtig aus. Und plötzlich denken Sie nur noch an die Kriminalstatistiken, an die Kung-Fu-Broschüre mit den Erfolgsgeschichten, die Sie immer wieder lesen, und daran, wie Ihre Freunde und deren Kinder das Gelernte erfolgreich angewandt haben. Ehe Sie sichs versehen, schauen Sie Ihrer Freundin beim Unterricht zu, und schon sind Sie einen Schritt näher daran, das neueste Mitglied der Schule zu werden.

Natürlich können Ihre Interessenten den von Ihnen präsentierten Ideen misstrauisch gegenüberstehen, und viele werden die Werbung ablehnen, so wie sie es auch bei jeder anderen Werbung tun können. (Eine Response-Rate von 100% ist immer noch der Stoff, aus dem die Träume der Werber sind.) Aber viele andere werden ihre Überzeugungen ändern, um mit ihren neuen Wahrnehmungen in Harmonie zu leben. Dies nicht zu tun führt zu *kognitiver Dissonanz*, einem unangenehmen Gefühl, das eintritt, wenn man gleichzeitig konfliktbehaftete Gedanken oder Überzeugungen hat – etwas, das der menschliche Verstand intensiv ablehnt.

Die Bedeutung der Überzeugungen ändern

Ein anderer Ansatz besteht darin, die Bedeutung von Überzeugungen zu verändern, und nicht die Überzeugungen selbst. Der Grund liegt darin, dass es einfacher ist, eine bestehende Überzeugung zu stärken oder zu schwächen, als sie zu verändern.

Die erfolgreichste Methode ist es, die aktuellen Überzeugungen Ihrer Interessenten zu stärken, indem Sie sie entweder durch Fakten (Statistiken, Berichte, Studien, Zeugnisse) oder durch alltägliche Beispiele (z. B. Erfolgsgeschichten anderer Nutzer) untermauern, mit denen sich Ihre Interessenten identifizieren können. Viele Werbetreibende gehen bei dieser Technik noch einen Schritt weiter und stärken zusätzliche Überzeugungen, die wahrscheinlich nicht auf Widerstand stoßen werden, weil sie nicht im Widerspruch zu bestehenden Überzeugungen stehen.

Die Strategie der Manipulation aktueller Überzeugungen, entweder durch *Verstärkung* oder durch *Untergraben,* ist weitaus einfacher und erfolgreicher als der Versuch einer umfassenden Änderung der Grundüberzeugungen. Deshalb ist sie die beliebtere Überzeugungsstrategie.

Zum Beispiel weiß heute jeder, dass Rauchen und übermäßiger Alkoholkonsum nicht gut für die Gesundheit sind. Aber, egal wie oft oder wie nachdrücklich Sie diese Aspekte betonen, die Defensiv-Tachometer der Verbraucher gehen sofort in den roten Bereich, wenn diese Menschen spüren, dass sie kritisiert oder angegriffen werden. »Sprechen Sie mit mir? Sprechen Sie mit *mir?«* Wie können Sie das vermeiden? Indem Sie entweder erstens die Überzeugungen derjenigen Interessenten stärken, die bereits eine positive Meinung über Ihr Produkt haben, oder zweitens, indem Sie denjenigen, bei denen Sie möchten, dass sie umschwenken, auf subtile Weise eine alternative Gruppe von Überzeugungen anbieten.

Werbetreibende für Nahrungsmittel und Getränke wissen zum Beispiel, dass die meisten Konsumenten heute an die Wichtigkeit einer gesunden, ausgewogenen Ernährung glauben. Sie können diesen Glauben bekräftigen – und sich einen Vorteil gegenüber ihren Rivalen verschaffen –, indem Sie betonen, dass Ihre Marke Vitamin X, Y oder Z enthält oder zuckerfrei ist, oder jeden anderen gesundheitsbezogenen Nutzen, der auf den derzeitigen Überzeugungen des Publikums aufbaut. (Einfach gesagt, wir fügen dem, von dem wir wissen, dass sie es bereits glauben, noch etwas hinzu. Wir geben ihnen mehr von dem, von dem wir wissen, dass sie es hören wollen: wie gesund unser Produkt für sie ist.)

Denken Sie daran: Wir wollen keine negativen Reaktionen hervorrufen. Unser Ziel ist es nicht, mit unseren Interessenten zu kämpfen. Wir wollen ihnen nicht sagen, dass sie sich irren. Wir wollen ihre Überzeugungen ändern, ohne eine negative, defensive Reaktion hervorzurufen.

Anstatt zum Beispiel unverhohlen zu sagen: »Milch ist gesünder als Soda«, sollten Sie Bilder und Faktenbeispiele zu den potenziellen Gesundheitsrisiken von Soda präsentieren und diese mit ebenso anschaulichen wie überzeugenden Beweisen für die gesundheitlichen Vorteile von Milch vergleichen. Erkennen Sie den Unterschied? Auf diese Weise vermeiden Sie einen Frontalzusammenstoß mit den bestehenden Überzeugungen Ihrer potenziellen Kunden. Sie schleichen sich sozusagen ein.

Hören Sie jetzt genau zu. Unabhängig davon, welche Technik Sie anwenden, Ihre Interessenten müssen im Unklaren darüber bleiben, dass Sie versuchen, sie zu beeinflussen. Sie wollen, dass sie denken, sie hätten ihre eigene Entscheidung getroffen. Auf diese Weise gibt es keine geprellten Egos; sie beanspruchen die Entscheidung als ihre eigene, und es ist viel wahrscheinlicher, dass diese sich in künftigem, neuem Verhalten zementiert.

»Verstehe, Drew … aber wie mache ich das?«

Sie tun dies, indem Sie Ihren Interessenten das Bedürfnis nach kognitivem (kritischem) Denken nehmen. Die folgende Technik macht es Ihnen leichter, indem sie die Produkte in solche unterteilt, die viel kognitives Denken erfordern, und solche, die wenig erfordern.

Prinzip Nr. 9: Das Elaboration Likelihood Model – verändern Sie ihre Einstellung

Das ist ganz schön happig, nicht wahr? Machen Sie sich keine Sorgen. Wir haben das vorhin schon angesprochen, also lassen Sie uns jetzt reinhauen! Das »Elaboration Likelihood Model« (ELM) deutet darauf hin, dass es zwei Wege für eine Einstellungsänderung gibt: die zentrale und die periphere Route. Hier ist der Unterschied:

- Die zentrale Route: Überzeugen durch Logik, Argumentation und tiefes Nachdenken.
- Die periphere Route: Überzeugen durch Assoziation mit angenehmen Gedanken und positiven Bildern oder durch Schlüsselreize.

Welche Methode sollten *Sie* anwenden? Das hängt von Ihrem Produkt ab. Die *periphere Route* ermutigt die Verbraucher, sich bewusst – oder oft unbewusst – auf oberflächliche Bilder und »Auslösereize« zu konzentrieren, um Einstellungen und Entscheidungen zu beeinflussen, ohne sich ernsthaft mit dem Inhalt der Werbung auseinanderzusetzen.

Im Gegensatz dazu ermutigt die zentrale Route Ihr Publikum dazu, wirklich darüber nachzudenken ... die Themen und Argumente der Werbung abzuwägen, bevor sie eine Entscheidung treffen, insbesondere einen Kauf tätigen.

Die ELM-Faustformel

Sie denken gründlicher, länger und tiefgründiger über wichtige Anschaffungen nach als über unwichtige, richtig? Ja, natürlich. Psychologen sagen, dass die Motivation der Verbraucher tendenziell höher ist, wenn sie Produkte mit *hoher persönlicher Relevanz* in Betracht ziehen. Das ist hochtrabendes Gerede für eine Sache, die entweder viel Geld kostet oder in irgendeiner Weise (für den Käufer) wichtig ist, wie zum Beispiel eine Erdbebenversicherung für jemanden, dessen Haus (wie zum Beispiel, äh, meins) am Rand des San-Andreas-Grabens wippt.

Sie werden doch, wenn Sie ein $928.000-Haus kaufen, nicht den gleichen Gedankengang anwenden, den Sie beim Kauf einer Dose Gulaschsuppe nehmen würden, oder? Nein, natürlich nicht. Die beiden Kaufentscheidungen erfordern unterschiedliche Ebenen, Qualitäten und Denktiefen. Wenn Sie darüber nachdenken, das Haus zu kaufen, schaltet Ihr Gehirn auf die *zentrale-Route-Verarbeitung* um. Das bedeutet, dass Sie alle Argumente sorgfältig abwägen und alle verfügbaren Fakten analysieren werden. »Mal sehen ... die Zinssätze für die fünfjährige Hypothek mit anpassbarem Zinssatz fallen vergleichsweise positiv gegenüber einer 30-jährigen Festhypothek aus ... unser gegenwärtiger Schulden-Einkommensquotient beträgt 18% ... und wenn wir mindestens 20% hinlegen, brauchen wir keine private Hypothekenversicherung zu bezahlen, wodurch unsere monatlichen Zahlungen gesenkt werden.«

Das ist ein Beispiel für das Denken in der linken Gehirnhälfte, das sich auf die Seite Ihres Gehirns bezieht, die das logische Denken und Schlussfolgerungen steuert; das Zerknacken von Zahlen und das Abwägen von Optionen. Es ist die Art von Überlegungen, die man vor einer solchen Anschaffung tätigen *sollte*. Kaufen Sie das falsche Haus, könnten Sie leicht – nachdem Sie Ihre Lieben entwurzelt haben, quer durchs Land von Familie und Freunden weggezogen sind und einen neuen Job angefangen haben – gefesselt in einer selbst geschaffenen finanziellen und emotionalen Folterkammer enden.

Zum Vergleich: Wenn Sie hingegen zwei Dosen Linseneintopf in der Hand halten, drückt Ihr Gehirn den großen *periphere-Route-Knopf*, und das Ergebnis ist einfach: »Lecker, Linsen!« Keine große Entscheidung an dieser Stelle – und viel Hirnleistung ist auch nicht erforderlich. Wenn man dann doch die falschen Linsen kauft, sagt man einfach: »Baah … widerliche Linsen!« und schmeißt sie weg. Welchen Denkprozess erfordert also der Kauf *Ihres* Produkts?

Ihr Produkt erfordert	Tun Sie dies
Verarbeitung über die zentraler Route	Lassen Sie Fakten, Statistiken, Beweise, Zeugnisse, Studien, Berichte und Fallgeschichten einfließen. Weben Sie sie in Ihr überzeugendstes Verkaufsargument ein.
Verarbeitung über die peripherer Route	Versehen Sie Ihre Anzeigen mit farbenfrohen, sympathischen Bildern, humorvollen oder angesagten Themen oder dem Sponsoring von Prominenten.

Vernachlässigen Sie bei der Werbung für Ihr Produkt der peripheren Route nicht dessen Eigenschaften und Vorteile. Machen Sie sich nur klar, dass die meisten Konsumenten sich nicht den Kopf darüber zerbrechen werden, welche Zuckermarke, Büroklammern oder Fingerhüte sie kaufen sollen. Diese Dinge – und viele andere – sind einfach keine mit tiefgründigen Gedanken verbundenen Käufe und erfordern daher auch keine tiefgründigen Werbeinhalte. Verstehen Sie mich nicht falsch. Ich habe nicht gesagt, dass Sie nichts weiter tun brauchen, als ein paar lächelnde Gesichter und ein Foto meines süßen Flatcoatet Retrievers Joey zu zeigen, um die Verkäufe zu steigern. Sie sollten trotzdem grundlegende Daten angeben, um ihren grundlegenden Datenbedarf zu befriedigen. Wenn Sie z. B. Tintenstrahldruckerpapier verkaufen, sollten Sie trotzdem seine Größe, Farbe, sein Gewicht, seine Blattmenge und sogar die TAPPI-Helligkeitsstandardbewertung angeben. Wenn Sie Konkurrenten haben – und die meisten von uns haben welche – und Ihr Produkt in irgendeiner Weise besser ist als deren, *sagen Sie es*, um Himmels willen!

Die Signale fühlen sich gut an, aber der Zentrale-Route-Prozess bringt sie dazu, sich für Sie zu entscheiden.

Gestern konnten sie nicht genug von Ihrem Produkt bekommen. Heute können sie sich nicht einmal mehr an seinen Namen erinnern. Warum? Das Elaboration Likelihood Model liefert eine Erklärung dafür, warum manche Einstellungen ein ganzes Leben lang bestehen bleiben, während andere weniger stabil und anfälliger für Veränderungen sind. Die Forschung hat herausgefunden, dass Einstellungen, die auf zentraler Routenverarbeitung basieren, widerstandsfähiger gegen Gegenüberzeugung sind und eine größere Konsistenz im Verhalten und in der Einstellung zeigen als Einstellungen, die durch peripheres Routendenken gebildet werden.

Das ergibt durchaus Sinn. Denn wenn Sie den zentralen Routenprozess nutzen, unterstützen Sie Ihre Entscheidungen mit wohlüberlegten mentalen Argumenten, die Sie ständig zu verstärken und zu festigen suchen. »Schließlich«, sagen Sie, »habe ich viel darüber nachgedacht … ich weiß, es war die richtige Entscheidung.« (Beachten Sie, wie die durch die zentrale Routenverarbeitung geformten Einstellungen so eng ans Ego gekoppelt werden, dass sie untrennbar werden. Jeder, der etwas infrage stellt, über das Sie sorgfältig nachgedacht haben – in das Sie viel Denkzeit investiert haben –, scheint Ihre Intelligenz herauszufordern!)

Wollen Sie Beispiele? Schauen Sie sich nur um! Sprechen Sie mit Menschen über jedes Thema, in das sie ungeheuer viel Zeit geistiger Erforschung, Festigung und Rechtfertigung investiert haben: Religion, Politik, Abtreibung, Kindererziehung und Bildung, um Beispiele zu nennen. Ihre Positionen zu Themen wie diesen sind beharrlich standhaft und hartnäckig, widerstandsfähig gegenüber Veränderungen.

Nun fragen Sie dieselben Leute: »Welche Art von Seife benutzen Sie? Welche Müslimarken essen Sie?« Bei Produkten wie diesen und bei anderen mögen sie zwar Präferenzen haben, aber ihre Einstellung dazu lässt sich in der Regel leicht ändern.

Eine letzte Sache, die Sie über die ELM wissen sollten: Einstellungen, die mithilfe der zentralen Routenverarbeitung entwickelt werden, halten länger als solche, die von der peripheren Route gebildet werden. Einfach ausgedrückt: Logik und Vernunft brennen sich viel tiefer ins Gehirn ein als gute Gefühle, die durch visuelle Signale oder andere emotionsstimulierende Katalysatoren erzeugt werden.

Denken Sie daran: Wenn Sie jemanden dazu bringen, gründlich über eine Sache nachzudenken, und Sie ihn mit einer Schlussfolgerung überzeugen, wird er seine Entscheidung als Ergebnis seines eigenen Denkens übernehmen, sie beschützen und gegen (Konkurrenz-)Angriffe verteidigen, als wäre es sein Baby – sein geistiges Produkt.

Wenn sie den peripheren Weg der Überzeugungsarbeit nutzen, verlassen sich die Werbetreibenden auf die Wirksamkeit dessen, was Sozialpsychologen »Auslösereiz« nennen, wie wir bereits diskutiert haben. Diese Auslösereize sind mentale Abkürzungen, die, wenn sie richtig eingesetzt werden, die Botschaft einer Anzeige vermitteln können, ohne dass der Verbraucher in irgendeiner Form tief in Gedanken versunken sein muss. Die folgende Technik basiert auf dem Einfluss, der durch die Verwendung des richtigen Auslösereize bei der richtigen Gelegenheit ausgeübt werden kann.

Prinzip Nr. 10: Die sechs Waffen der Einflussnahme – Abkürzungen bei der Überzeugung

Der Sozialpsychologe Robert Cialdini ist ein cleverer Kerl. Zur Vorbereitung seines Buches *Einfluss: Die Psychologie der Überzeugung* nahm er sich drei Jahre Zeit und arbeitete verdeckt in verschiedenen Jobs, um Einflussnahme in Aktion zu beobachten. Indem er sich für alles Mögliche vom Gebrauchtwagenverkäufer bis hin zum Telemarketer ausgab, konnte er die Worte und Verhaltensweisen studieren, die Menschen dazu bewegen, sich zu fügen … und zu *kaufen*. Daraus entwickelte er sein *Auslösereize-des-Lebens-Modell (Cues of Life Model)*, das beschreibt, wie Menschen durch sechs allgemeinen Einflusssignalen überzeugt werden.

Diese Signale oder Auslösereize sind mentale Abkürzungen, die in vielen verschiedenen Situationen wirksam sind – insbesondere dann, wenn Ihr potenzieller Kunde keine sorgfältigen, bedachten Überlegungen anstellt. Verwenden Sie diese Auslösereize, wenn Sie eine Werbung schreiben und dabei den peripheren Weg der Überzeugungsarbeit gehen, *aber nicht* wenn der Kauf Ihres Produkts viel Überlegung, Argumentation und vielleicht sogar ein wenig Rechtfertigung erfordert, wie z. B. bei einem Luxusartikel oder überhaupt jedem kostspieligen Etwas.

Cialdinis **sechs Auslösereize** sind unter der Gedächtnisstütze **CLARCCS** bekannt:

1. **C**omparison (Vergleich): Die Macht der Gleichaltrigen.
2. **L**iking (Gefallen): Die Gleichgewichtstheorie. »Ich mag dich… nimm mein Geld!«
3. **A**uthority (Autorität): Den Glaubwürdigkeitskodex knacken.
4. **R**eciprocation (Wechselwirkung): Was man sät, das wird man ernten… gewinnbringend!
5. **C**ommitment/**C**onsistency (Hingabe/Beständigkeit): Die Vier-Wände-Technik.
6. **S**carcity (Knappheit): Schnappt sie euch, solange sie noch da sind!

Auslösereiz Nr. 1: Vergleich

Betrachten wir zunächst den Vergleich, der der Gruppenüberzeugung – oder dem Mitläufer-Effekt – ähnelt und eine äußerst wirksame Waffe in Ihrem Werbearsenal ist. Die Frage: »Alle anderen machen es, warum nicht auch Sie?« übt eine starke Wirkung auf die Verbraucher aus. Die menschliche Psychologie lehrt uns, dass niemand gerne außen vor gelassen wird und dass wir alle von dem Bedürfnis angetrieben werden, dazuzugehören (siehe Prinzip Nr. 4: »Der Mitläufer-Effekt«). Wenn also jemand seine oder ihre Freunde, Familie oder Gleichaltrige sieht, wie sie eine bestimmte Mode tragen (z. B. tief ausgeschnittene Sneakersocken), einen bestimmten Aufkleber an ihrem Auto anbringen, oder eine bestimmte Biersorte trinken (Corona mit einem saftigen Limettenstück), gibt es einen enormen Anpassungsdruck, sowohl intern (»Mann… alle tragen sehr kurze Sneaker-Socken… meine sind sehr hoch; ich frage mich, ob ich wie ein Idiot aussehe.«) als auch extern (»Hey Drew, was soll das mit den dummen hohen weißen Socken? Du siehst aus wie der Streber aus unserem Sportunterricht 1977!«).

Für einen Werbetreibenden ist dies ein Geschenk des Himmels. Denn wenn es mir gelingt, die Botschaft zu vermitteln, dass mein Produkt dasjenige ist, für das sich eine bestimmte Gruppe entscheiden sollte, dann könnten meine Verkäufe allein durch die Schaffung dieser Denkweise lawinenartig anwachsen.

Auslösereiz Nr. 2: Sympathie

In Wirklichkeit sagt »Gefallen«: »Weil du mich magst, solltest du tun, was ich sage: KAUFEN!« Dieser starke Auslösereiz gilt immer dann, wenn sich ein Konsument mit einem Repräsentanten eines Unternehmens, den Charakteren oder Persönlichkeiten in einer Werbung oder einem anderen Benutzer des entsprechenden Produkts verbunden fühlt.

Ich habe zum Beispiel mit einer Frau namens Dianne gearbeitet. Sie verkaufte alles: von Kerzen bis hin zu Körben. Und sie gab ihre Kataloge immer an andere Mitarbeiter weiter und bat um Bestellungen. Ich sah zu, wie viele dem Druck des Gefallen-Auslösereizes nachgaben. Sie hatte die Art von Persönlichkeit, durch die man sie sofort mochte. Aber was ist mit der Qualität der Kerzen und Körbe, die sie verkaufte? Oh, das war völlig unwichtig. Denn es war der innere Druck, Dianne entgegenzukommen oder ihr zu gefallen – angetrieben durch den Gefallen-Auslösereiz, der so viele Menschen dazu veranlasste, bei ihr zu kaufen.

Ähnlich verhält es sich, wenn ein Kollege, den Sie mögen, in Ihr Büro stürmt und sagt: »Hey… meine Tochter Ariel macht eine Spendenaktion für die Krebsforschung… würden Sie sie bitte bei ihrer Challenge unterstützen?« Wow… das nenne ich einen Dreifach-Treffer! 1. Tochter, 2. Krebs und 3. die fragende Person. Sie sind geliefert. Unterschreiben Sie einfach das Formular und geben Sie das Geld ab.

Denken Sie daran: Der Dreh- und Angelpunkt des Verkaufs ist das Gefallen – Sie müssen die Person mögen, damit es funktioniert. Diese Sympathie könnte sich auf jeden konzentrieren, der an der Transaktion beteiligt ist, sei es die Person, die Flugblätter an der Straßenecke verteilt, der Prominente, dessen Gesicht eine Anzeige ziert oder der Freund, der letzte Woche eine gewisse Marke gekauft hat und Sie jetzt dazu auffordert, dasselbe zu tun.

Je besser sie aussehen, desto mehr gefällt es anderen

»Beurteilen Sie ein Buch nicht nach seinem Einband« ist ein großartiger Spruch, aber *genau* das tun Menschen, wenn sie einer Person in die Augen schauen, die sie für attraktiv halten. Viele psychologische und soziologische Experimente ergaben, dass attraktive Menschen einen größeren Einfluss auf andere Menschen ausüben und als vertrauenswürdiger und sympathischer gelten (Down & Lyons, Personality and Social Psychology Bulletin, 1991). Kein Wunder, dass den Verbraucher von den meisten Anzeigen in Zeitschriften, Zeitungen und Direktwerbungskatalogen glückliche, attraktive Gesichter anlächeln.

Und noch eine interessante Tatsache: Entgegen der landläufigen Meinung fühlen sich Männer am meisten zu Bildern von anderen Männern hingezogen, und Frauen zu Bildern anderer Frauen. Und warum? Psychologen sagen: Identifikation. Wir alle interessieren uns in erster Linie für uns selbst; niemand ist für Sie wichtiger als Sie selbst. Wenn eine Anzeige zum Beispiel ein Bild eines attraktiven, wichtig aussehenden Mannes zeigt, identifizieren sich andere Männer mit dieser Person, treten an seine Stelle und werden kurzzeitig selbst attraktiv und wichtig aussehend. Dasselbe Prinzip gilt auch für Frauen.

Auslösereiz Nr. 3: Autorität

Der dritte Auslösereiz ist Autorität, und er ist eine mentale Abkürzung, die seit Anbeginn der Zeit benutzt wird. Viele Gesundheitsprodukte verlassen sich seit Langem darauf, dass der »Mann im weißen Kittel« als Autorität anerkannt wird. Genauso wie Menschen dem Wort ihres Arztes, Zahnarztes oder Optikers vertrauen, werden sie im Allgemeinen die Autorität jeder offiziell aussehenden Person akzeptieren, die ein beworbenes Produkt befürwortet.

Dies ist ein Paradebeispiel für die periphere Route zur Überzeugungsarbeit in Aktion. Die Verwendung einer offiziellen, intelligenten oder maßgeblichen Person zur Werbung für ein Produkt erspart den Verbrauchern die Mühe, mögliche Probleme zu recherchieren oder zu untersuchen, und sie akzeptieren die Fakten und Behauptungen einfach als wahr. Bevor die FCC (Federal Communications Commission) hart durchgegriffen hat, buchten viele Werbetreibende Schauspieler, die in beliebten Fernsehsendungen Ärzte spielten, um ihre Aspirin-, Erkältungsmittel und andere medizinische Produkte zu bewerben, vollständig ausgestattet mit den Arztkostümen, die sie in den Sendungen trugen. Lustig, nicht wahr? Die Zuschauer wussten, dass es sich bei diesen Leuten nur um Schauspieler handelte, aber sie waren dennoch von der mächtigen Autorität überzeugt, die ihre Figuren ausstrahlten. Der Auslösereiz ist so mächtig, dass es nicht einmal eine Rolle spielte, als die FCC diese Schauspieler zwang zu sagen: »Ich bin eigentlich kein Arzt, aber ich spiele einen im Fernsehen …« Sie kauften trotzdem!

Denken Sie nach! Welche Autorität in Ihrer Branche wird von Ihrer Zielgruppe respektiert? Tun Sie alles Menschenmögliche, um ein Testimonial oder sonstige vollwertige Unterstützung zu erhalten. Dann holen Sie sich die Erlaubnis, das Bild dieser Person in

Ihrem Marketing zu verwenden. Bezahlen Sie die Autorität, um ein kurzes Video zu drehen, das Sie auf Ihrer Website verwenden können. Fügen Sie dann eine Liste mit überzeugenden Fakten, Zahlen und wissenschaftlich aussehenden Diagrammen hinzu, und der Autoritäts-Auslösereiz kann Ihnen helfen, viel Geld zu verdienen.

Auslösereiz Nr. 4: Reziprozität oder Gegenseitigkeit

Während eines CA$HVERTISING-Workshops fragte ich jemanden aus meinem Publikum: »Eileen, haben Sie gute Manieren?« Sie schoss schnell zurück: »Natürlich habe ich die!« Ich fuhr fort: »Okay, was machen Sie, wenn Ihnen jemand etwas gibt?« Sie sagte: »Ich sage Danke.« Ich fahre fort: »Ja. Und wozu fühlen Sie sich dann verpflichtet?« Sie denkt einen Moment nach, dann platzt sie heraus: »Äh … der Person etwas als Gegenleistung zu geben?« Ganz genau!

Dies ist die Grundlage des mentalen Auslösereizes, der als Reziprozität bekannt ist, und der ein Favorit von Katalogfirmen, Abonnementzeitschriften und allen Unternehmen, die sich mit Sampling beschäftigen, ist. Haben Sie sich jemals gefragt, wie es sich diese Firmen leisten können, bei jeder Erstbestellung Gratisgeschenke zu verteilen? Der Grund dafür ist die *Gegenseitigkeit*. Sie geben Ihnen etwas, und Sie sind gezwungen, im Gegenzug etwas bei ihnen zu kaufen. Der Einfluss ist in der Tat so stark, dass das Werbegeschenk vielleicht nicht mehr zu sein braucht, als ein kratziger 2-Cent-Stift, der mit Tinte im Wert von einer Woche gefüllt ist.

Warum funktioniert das? Weil das Unternehmen Ihnen etwas gegeben hat, und Sie haben es angenommen! Die Sozialkonvention schreibt nun vor, dass Sie verpflichtet sind, etwas zurückzugeben. Deshalb schicken Ihnen Umfrageunternehmen oft eine $1-Rechnung, um Ihnen für das Ausfüllen der Umfrage zu danken. Die vierseitige Umfrage mag 100 mühsame Fragen enthalten, aber der Dollar gibt Ihnen das Gefühl, dass Sie es tun *sollten*. Das ist faszinierend.

Hier ist ein weiteres bekanntes Beispiel. Wenn Sie durch viele große US-Flughäfen gehen, werden Sie vielleicht von einem Mitglied der religiösen Gruppe Hare Krishna eine Rose überreicht bekommen. Nachdem Sie diese kostenlose Spende angenommen haben, werden Sie gebeten, zu spenden. Da Sie das Geschenk bereits angenommen haben, sind Sie gezwungen, sich zu fügen. Sie würden sich schlecht fühlen, wenn Sie es nicht täten. Ahhh. Da meldet sich wieder ein Kindheitstraining, das jetzt eine programmierte Antwort hervorruft. Zumindest sind Sie sich dessen jetzt bewusst, und können es zu Ihrem Vorteil nutzen.

Jay Siff, ein wunderbarer langjähriger Klient, nutzt das Gegenseitigkeitsprinzip bis zum Äußersten. Seine Firma »Moving Targets of Perkasie, Pennsylvania« (MovingTargets.com), versendet im Namen seiner hauptsächlich von Restaurants und Autohäusern stammenden Kunden Geschenkgutscheine an Menschen, die gerade erst in die Nachbarschaft gezogen sind. Kostenlose Pizza, kostenloser Eintritt, kostenloser Ölwechsel. Der Dienst führt nicht nur frisch Zugegzogene in die Geschäfte der Einzelhändler, sondern setzt auch den Gegenseitigkeitsball in Gang. Wenn sie mit der Pizza fertig sind oder mit einer frischen Ölfüllung wegfahren – vorausgesetzt, sie wurden sowohl richtig behandelt als auch zufriedengestellt –, verbinden sie nicht nur ein gutes Gefühl mit dem Geschäft, sondern kehren auch viel eher zurück und geben Geld aus und werden häufig zu treuen Langzeitkunden. Die Anwendung des Gegenseitigkeitsprinzips durch Moving Target ist so raffiniert und effektiv – und das schon seit mehr als 16 Jahren –, dass viele Unternehmen es als ihre primäre Marktstrategie einsetzen.

Was können Sie geben, um den Ball der Gegenseitigkeits ins Rollen zu bringen? Ich spreche nicht von irgendeinem billigen kleinen Schmuckstück, wie einem billigen Schlüsselanhänger mit Ihrem Logo und Ihrer Telefonnummer. Sie wollen etwas von Wert verschenken. Etwas, das den Empfänger denken lässt: »Hey, wow, war das nicht aufmerksam?« Können Sie eine kostenlose Probe abgeben? Einen Geschenkgutschein? Wenn Sie ein Berater sind, wie wäre es, wenn Sie 30 Minuten Ihrer Zeit schenken, ohne dass Sie dazu verpflichtet sind? Viele Anwälte bieten kostenlose Erstberatungen an, aber das ist nicht das, wovon ich hier spreche. Der Gegenseitigkeitsgedanke wird initiiert, wenn Sie jemandem etwas schenken. Es ist nicht etwas, das sie von Ihnen erbitten müssen. (Wenn ich darum bitten muss, ist es ein *Gefallen.*) Und es ist nicht etwas, das Sie mir als Gegenleistung für etwas geben, das ich getan habe. (Das ist ein *Dankeschön.*) Hier sind einige Beispiele, die zeigen, wovon ich spreche.

- Sind Sie ein Hundefrisör? Verschenken Sie ein kostenloses Floh- und Zeckenhalsband.
- Sind Sie eine Bäckerei? Geben Sie kostenlos ein Roggenbrot oder eine Schachtel Schokoladenkekse.
- Sind Sie ein Fahrradgeschäft? Verschenken Sie eine Wasserflasche.
- Sind Sie eine altmodische Schuhreparaturwerkstatt? Geben Sie eine kostenlose Politur.
- Sind Sie eine Karateschule? Geben Sie einen Monat lang kostenlosen Unterricht.
- Sind Sie eine Druckerei? Verschenken Sie 50 kostenlose Fotokopien.

- Sind Sie Florist? Verschenken Sie einen kostenlosen Blumenstrauß.
- Sind Sie ein Zigarrengeschäft? Geben Sie ein Feuerzeug gratis ab.
- Sind Sie eine Pizzeria? Geben Sie ein kostenloses Stück ab.

Wer auch immer Sie sind, verschenken Sie etwas … und lassen Sie die Magie der Gegenseitigkeit bloße Interessenten in profitable, vielleicht langfristige Kunden verwandeln.

Auslösereiz Nr. 5: Verpflichtung/Konsistenz

In Disneys populärem Spukhaus droht eine unheimliche Stimme: »Schauen Sie sich um. Ihre Logik kann nicht leugnen, dass dieser Raum keine Fenster und keine Türen hat. Was eine ziemlich logische Herausforderung darstellt … einen … Ausweg … zu finden.« (Auslösereiz: dämonisches Gelächter.)

Das ist das Ziel des Verpflichtungs-/Konsistenz-Auslösereizes, auch bekannt als die »Vier Wände«-Technik – nicht, um Käufer abzuschrecken, sondern um sie einzusperren, sie dazu zu veranlassen, klar Stellung zu beziehen und einen Vorschlag zu machen, der ihr Engagement für ihren Standpunkt demonstrieren würde. Sie kreieren eine Werbung, die Ihrem Interessenten vier Fragen stellt, wobei jede Antwort logisch zur nächsten führt, bis sich Ihr Interessent am Ende Ihrer Anzeige so gut wie verpflichtet fühlt, den Kauf zu tätigen (Cialdini, 1980).

Der Auslösereiz Verbindlichkeit/Konsistenz besagt, dass man, wenn man zu einem Thema Stellung bezieht, *seinen Überzeugungen treu bleiben muss*. Das ist eine mächtige psychologische Taktik, und eine, die umso effektiver ist, wenn sie im Einzelfall angewandt wird, weil das Stichwort sich auf sozialen Druck als Antrieb stützt. Wenn zum Beispiel jemand an Ihre Tür klopft und sagt: »Hallo! Würden Sie bitte meine Petition unterschreiben, um zur Verringerung der Kriminalität in der Nachbarschaft beizutragen und unsere Straßen sicherer zu machen?« Kinderspiel, oder? Also unterschreiben Sie. Jetzt, da Sie sich zu dieser sehr vernünftigen Haltung verpflichtet haben, erwartet die Gesellschaft von Ihnen, dass Sie sich daran halten. Und das werden Sie auch tun. Deshalb wird der Bittsteller das nächste Mal sagen: »Toll! Ich danke Ihnen. Und würden Sie jetzt bitte eine kleine steuerlich absetzbare Spende von $3 machen, weil wir Funkgeräte für die Nachbarschaftswache kaufen müssen?« Huch. Sie wurden eingekesselt, mein Freund. Und jetzt können Sie nichts anderes tun, als zu schlucken, in die Tasche zu greifen und das Geld auszuhändigen. Sie waren eine Laborratte in einem Experiment, und Sie haben sich genau wie erwartet verhalten. Die $3 nicht zu spenden, ist unendlich viel schwieriger, als wenn Sie 1.) die Sache nicht unterstützen würden (Sie hätten keinen Grund zu spenden) oder 2.) Sie zuerst gebeten worden wären, die Petition zu unterzeichnen. Weil Sie es aber taten, hatte der Bittsteller Sie bereits vorab eingeschlossen, und der natürliche nächste Schritt bestand darin, Ihnen einfach Ihre Knete abzunehmen. Die Schlussfrage – wie auch immer sie lautet – sagt im Endeffekt: »Okay, Sie haben Ihre Haltung erklärt. Lassen Sie uns sehen, ob Sie jetzt Ihre eigene erklärte Position unterstützen werden.« Dies nicht zu tun, ist der Gipfel der Heuchelei.

Auch wenn das Prinzip im Printbereich nicht so wirkungsvoll ist wie im persönlichen Kontakt – so sieht es auf Papier aus. Man beginnt damit, Fragen zu stellen, die die gewünschte Antwort stimulieren:

Haben Sie Angst davor, allein auf die Straße zu gehen? Wünschen Sie sich nicht auch, dass es einen einfachen Weg gibt, sich vor

Räubern und anderem niederträchtigen Abschaum zu schützen, der unschuldige Menschen ausplündert? Sie wissen, welche ich meine: Die Drecksäcke, die einem den Weg abschneiden und bedrohlich fragen: »Haben Sie etwas Kleingeld übrig?« Wäre es nicht toll, wenn es einen sicheren, effektiven und einfachen Weg gäbe, Schläger auf Knopfdruck zu stoppen? Eine Möglichkeit, die Ihnen sofortige und totale Kontrolle selbst über den brutalsten 350 Pfund schweren, unter Drogeneinfluss stehenden Wahnsinnigen gibt, der die Frechheit besitzt, Sie und Ihre Familie einzuschüchtern – und Sie möglicherweise schrecklich zu verletzen? Vorstellung des *Tesla Sizzler* … des weltweit ersten persönlichen Mikrowellen-Kraftfeldes gegen Raubüberfälle …

Die Idee besteht darin, Ihren Interessenten eine Reihe von »Ja«-Antworten zu entlocken, wobei jede einzelne Antwort eine zusätzliche Dynamik erzeugt, einen Schneeball von Interesse und Begehren erzeugt und Ihr Produkt als den Weg zur Erfüllung präsentiert. Da es keine menschliche Interaktion gibt, gibt es auch keinen sozialen Druck für Sie, mit Ihren Antworten konsistent zu sein, also zu kaufen. Nur weil Sie daran interessiert sind, zu verhindern, dass Sie überfallen werden, und weil Sie die Idee faszinierend finden, lokale Straßenräuber mit einem eigenen Mikrowellengewehr zu kochen, gibt es niemanden, der mit Ihnen interagiert, um Sie zum nächsten Schritt im Verkaufsprozess zu begleiten. Ohne diesen sozialen Druck stützt sich die Anzeige auf eine Vielzahl von Text- und Gestaltungstechniken, um Sie zu ermutigen, das gesamte Verkaufsgespräch zu lesen und dann zum Telefon zu greifen und Ihre Bestellung aufzugeben. Wirkungsvoll geschriebene, Long-copy Direct-Response-Werbung tut genau dies.

Auslösereiz Nr. 6: Knappheit

Das letzte von Cialdinis Auslösereizen ist Knappheit. Wenn ich Ihnen ergänzend zu allen Vorteilen einer Kursteilnahme sage: »Mein CA$HVERTISING-Workshop hat eine sehr begrenzte Teilnehmerzahl und es ist sehr schwierig, Plätze zu bekommen«, dann wird der Kurs begehrenswerter. Warum? Ganz einfach: Wir wollen das, was wir nicht haben können.

Nehmen Sie den Cabbage Patch Kids-Wahnsinn von 1983. Die Leute drehten bei dem Versuch, diese hässlichen Puppen mit Vinylgesichtern zu kaufen, durch. Sie warfen Schautische um, schrien, fluchten und kämpften in den Kaufhäusern wie tollwütige Katzen. Eine besonders unbändige Menge von 1.000 Möchtegern-Cabbage Patch-«Eltern« wurde nach acht Stunden Wartezeit gewalttätig und stürmte einen Zayre-Laden in Wilkes-Barre, Pennsylvania. Mit einem Baseballschläger hielt der Manager die wild gewordenen Käufer in Schach. Tatsache ist, dass der Erfolg dieser Puppen den Hersteller Coleco überrumpelt hat: Sie konnten nicht genug produzieren, um die Nachfrage zu befriedigen. Die Abteilung für Verbraucherangelegenheiten des New Yorker Bezirks Nassau County reichte sogar eine Klage ein, in der Coleco beschuldigt wurde, Kinder mit nicht erhältlichen Puppen zu »bedrängen«, wodurch das Unternehmen gezwungen wurde, die Werbung einzustellen. Zu komisch. Und zu spät. Der Knappheitseffekt hatte sich bereits in das amerikanische Puppenkauf-Bewusstsein eingegraben, was wiederum eine noch *größere* Nachfrage anfeuerte.

Wenn man etwas nicht haben kann, will man es plötzlich haben. Es ist wie die Armlehne, die man im Kino oder im Flugzeug nicht benutzt hat. Sobald sich jemand neben Sie setzt und anfängt, sie zu benutzen, haben Sie plötzlich ein starkes Verlangen, sie irgendwie »zurückzubekommen«. Sie haben das Gefühl, als hätte man Ihnen

»Ihre« Armlehne abgenommen. Und es könnte Sie während der gesamten Länge des Films oder bis zur Landung Ihres Fluges weiterhin stören. Hmmm ... als Sie sie hatten, wollten Sie sie nicht. Als sie Ihnen jemand weggenommen hat, gab es nichts, was Sie *mehr* wollten. Es ist interessant, wie wir Menschen gestrickt sind.

Die häufigste Manifestation des Knappheitsprinzips ist die Verwendung von Zeilen wie *Ein-Tages-Verkauf*, *Begrenztes Angebot*, *Nur solange der Vorrat reicht* oder *Wer zuerst kommt, mahlt zuerst*, all dies lässt das Produkt als knapp erscheinen und erhöht somit das Interesse der Verbraucher. Der Erfolg dieser Technik ist offensichtlich – jedes Unternehmen nutzt sie! Die Verwendung des Knappheits-Auslösereizes ist wie die Verwendung einer Deadline, außer dass Knappheit auch Exklusivität suggeriert, nicht nur ein begrenztes Angebot. Ahhh ... das ist ein mächtiger Doppelschlag, wie er im Buche steht.

In einer verdrehten Form des Knappheits-Auslösereizes habe ich gesehen, wie mehrere Unternehmensberater ankündigten: »Steve ist endlich verfügbar, um drei weitere Kunden zu anzunehmen. Aber beeilen Sie sich! Denn sobald sein Dienstplan voll ist, steht er erst in zwei Jahren wieder zur Verfügung.« In diesem Beispiel betont der Berater Steve die Knappheit, indem er Ihnen mitteilt, dass er jetzt verfügbar sei ... mit einem zusätzlichen Pfiff, der Sie warnt, dass Sie besser schnell handeln sollten.

Prinzip Nr. 11: Organisation der Botschaft – kritische Klarheit erlangen

Verstehen Sie, wenn Sie sagen, dass Sie nicht verstehen ich bin, überzeugen ich Sie nicht kann. Hä? Die Sache ist klar. »Wenn Sie nicht verstehen, was ich sage, kann ich Sie nicht überzeugen.« Selbst wenn Sie das großartigste Produkt der Welt haben, die am besten aussehenden Verkaufsmaterialien und eine Menge heißer Testimonials von Kunden, die jede Nacht Kerzen für Sie anzünden – wenn Ihre Werbung unorganisiert oder schlecht strukturiert ist, wird Ihre Kasse nicht klingeln! Schlimmer noch, Sie könnten Ihrem Geschäft sogar mit Werbung *schaden,* die Ihre Interessenten mit einer ungenauen oder völlig falschen Interpretation Ihrer beabsichtigten Botschaft zurücklässt – das ist etwas, das Sie für lange Zeit negativ beeinflussen könnte.

Deshalb sind Werbeagenturen und die von ihnen beauftragten Psychologen darauf bedacht, sicherzustellen, dass die Botschaft, wie stark sie auch sein mag, immer gut organisiert und leicht und genau zu verstehen ist. Einfach ist besser, aber einfach ist nicht unbedingt *einfach.* Klar und deutlich zu kommunizieren erfordert Übung. Aber keine Sorge. Ich widme diesem Thema eine ganze Technik, und zwar im nächsten Kapitel, in »Agentur-Geheimnis Nr. 1: Die Psychologie der Einfachheit«. Wenn Sie es gelesen haben, wissen Sie genau, was zu tun ist und wie es zu tun ist.

Prinzip Nr. 12: Beispiele vs. Statistik – und der Gewinner ist ...

Was ist überzeugender: Beispiele oder Statistiken? Lesen Sie die folgenden zwei Absätze und entscheiden Sie selbst:

Beispiel

Es ist ein Auto wie kein anderes, mit einer anmutigen, salonartigen Kabine, das Sie zum Einsteigen verlockt. Nehmen Sie seine Einladung an ... schließen Sie seine tresorartige Tür ... und bereiten Sie sich auf ein Fahrerlebnis vor, das nur wenigen Privilegierten vorbehalten bleibt. Umgeben von reichhaltigem, duftendem Leder, exotischen Harthölzern und kostspieligen Wilton-Wollteppichen setzt dieser Wagen ein Spotlight auf Ihren anspruchsvollen Lebensstil ... Ihr Beharren auf dem Feinsten. Drehen Sie jetzt den Schlüssel, und das raffinierteste Automobilkraftwerk der Welt erwacht augenblicklich. Schalten Sie auf Fahren ... beschleunigen Sie ... und erleben Sie einen Nervenkitzel, den Wörter allein nicht beschreiben können. Spüren Sie es? Das ist Adrenalin, das durch Ihre Adern strömt, wenn 453 muskulöse Pferde Sie dazu auffordern, sie zu befreien ...

Technische Daten

- 6,7 Liter V 12-Frontmotor mit 92,0 mm Bohrung, 84,6 mm Hub, 11,0 Verdichtungsverhältnis, variabler Ventilsteuerung/Nockenwelle und vier Ventilen pro Zylinder.
- Leistung: 338 kW, 453 HP SAE @ 5.350 U/min; 531 ft lb, 720 Nm bei 3.500 U/min.
- Außenabmessungen: Gesamtlänge (Zoll): 202,8, Gesamtbreite (Zoll): 78,2, Gesamthöhe (Zoll): 62,2, Radstand (Zoll): 130,7,

Spurweite vorn (Zoll): 66,4, Spurweite hinten (Zoll): 65,8 und Wendekreis (Fuß): 43,0.

➡ Luxuriöse Zierleisten aus Holz und Leder an den Türen und Holz und Leder am Armaturenbrett.

Was – Beispiel oder technische Daten – ist für Sie attraktiver? Welche Version weckt Ihren Appetit auf mehr? Und vor allem, welche verkauft das Auto wirklich für Sie? Wenn Sie wie die meisten Menschen sind, hat das Beispiel seinen Zweck erfüllt. Sicher, es ist nett, die Daten zu kennen, aber wenn es darum geht, die Kasse klingeln zu lassen, sollten Sie immer auf das Beispiel setzen. Warum? Mit einem Wort: *Emotionen,* der Schlüssel zum Verkauf.

Das Beispiel, das Sie gerade gelesen haben – und die Emotionen, die es auslöst –, bringt Sie direkt hinter das Steuer einer brandneuen, $403.000 teuren Rolls-Royce Phantom Ultraluxus-Limousine. Und haben Sie bemerkt, was passiert ist, als Sie es gelesen haben? Ich habe Sie dazu gebracht, eine Probefahrt zu machen, das Produkt – in Ihrem Kopf – vorzuführen! In der Tat, egal, was Sie verkaufen – und wenn es eine $10-Mausefalle ist –, solange Sie Ihre Interessenten nicht dazu bringen können, sich vorzustellen, wie sie Ihr Produkt oder Ihre Dienstleistung *nutzen,* werden die auch nicht den nächsten Schritt tun und es *kaufen.* Farbenfrohe Beispiele zu zeigen, bewirkt das, was ich »Selbstdarstellung« nenne, und steigert den Wunsch Ihrer Interessenten nach Besitz sowie die Motivation zum Kauf.

Darüber hinaus hat die Forschung gezeigt, dass gut geschriebene *Beispiele* 1.) eine bessere Verknüpfung zu den persönlichen Erfahrungen der Verbraucher herstellen und 2.) leichter verständlich sind, weil sie mit weniger geistiger Anstrengung zu verarbeiten sind (Petty & Cacioppo, 1986). Kein Wunder, dass die meisten Werbespots und TV-Spots eher Testimonials und Empfehlungen als lange Listen mit Fakten und Zahlen verwenden. Sie sind einfach dramatischer und einnehmender.

»Aber Drew! Manche Leute *wollen* Fakten und Zahlen wissen!« Natürlich tun sie das. Und je nachdem, welche Art von Produkt Sie verkaufen, *sollten* Sie sie einbeziehen. Aber nicht unter Ausschluss starker, emotional provozierender Beispiele. Es gibt gute Gründe dafür, sowohl Beispiele als auch Statistiken in Ihre Anzeigen aufzunehmen. Der jeweilige Anteil sollte sorgfältig abgewogen werden, damit Sie keine der beiden Gruppen verprellen. »Aber woher weiß ich das?« Ganz einfach: Ihr Produkt wird es Ihnen sagen.

➡ Verkaufen Sie Bier? Vergessen Sie die Statistiken. Zeigen Sie attraktive Menschen, kaum bekleidete muskelbepackte Menschen und gute Zeiten.

➡ Autos? Spielen Sie die Beispiele durch und fügen Sie einige Statistiken für die Liebhaber von Leistung, Sicherheit oder Effizienz hinzu, unabhängig davon, welche Käuferkategorie Ihr spezielles Modell anspricht.

➡ Laserdrucker? Dies ist in erster Linie ein Gebrauchsprodukt, nicht wahr? Sagen Sie also, wie viel Papier er fasst, wie fein seine Auflösung ist, wie lange der Toner hält, seinen maximalen monatlichen Arbeitszyklus und nennen Sie andere relevante Daten. Niemand wird angeturnt, wenn er an Tintenstrahldrucker denkt. (Zumindest keiner, den ich kenne, und viele meiner Freunde sind professionelle Schriftsteller!)

- ➠ Landschaftspflege? Bei Ihrem Produkt dreht sich alles um Schönheit, Selbstverständnis (wie Ihre Immobilie für die Nachbarn aussieht) und Bequemlichkeit (Sie müssen an heißen, schweißtreibenden Sommertagen niemals Ihren Rasen mähen). Hier gibt es reichlich Gelegenheit Beispiele zu präsentieren!

- ➠ Mitgliedschaften im Fitnessstudio? Hier herrscht pure Emotion. Zeigen Sie Fotos von schlanken und attraktiven Männern und Frauen, Vorher-Nachher-Aufnahmen und Erfahrungsberichte von glücklichen Mitgliedern. Sicher, Sie können sagen, wie viele Fitnessgeräte Sie haben und wie groß Ihre Einrichtung ist, aber es sind diese Fotos, die sie fesseln werden.

Prinzip Nr. 13: Die zwei Seiten der Botschaft – Doppelrollen-Überzeugungskraft

Jede Geschichte hat zwei Seiten, nicht wahr? Nun, dasselbe gilt für die Werbung. Sie können nur Ihre Seite der Geschichte präsentieren… oder Sie können Ihre Seite und die Seite Ihres Konkurrenten in einem direkten Produktvergleich präsentieren.

Obwohl einseitige Botschaften einfacher sind (weil man nur sein Produkt bespricht), zeigen Studien, dass zweiseitige Botschaften überzeugender sind, aber nur, wenn Sie sich an das Format halten, die eigene Position zu verteidigen und gleichzeitig die Konkurrenz anzugreifen (Allen, 1991).

Der Schlüssel liegt darin, beide Seiten zu präsentieren und trotzdem nur eine zu vertreten – Ihre eigene. Und wie? Indem Sie dem Leser Ihre zweiseitige Botschaft als fair und ausgewogen erscheinen lassen. Zum Beispiel:

> Acme stellt ausgezeichnete Fliegenklatschen her, und das schon seit Jahren. In den 1940er- und 50er-Jahren waren sie die beliebteste Methode, um die lästigen Viecher zu töten. Sie haben damals verdammt gute Arbeit geleistet. Doch jetzt ist das 21. Jahrhundert angebrochen und es ist an der Zeit, mit unserem neuen RoboSwat lasergesteuerten Anti-Fliegen-Geschützturm zur Fliegenklatschen-Automatisierung überzugehen. Er ist so einfach und effektiv, dass er altmodische (und schmuddelige) Fliegenklatschen überflüssig macht!

Wenn Sie die periphere Route der Überzeugungsarbeit nutzen (oberflächliches Denken, erinnern Sie sich?), wird Ihr Publikum wahrscheinlich denken, dass Ihre zweiseitige Botschaft durchdachter und glaubwürdiger ist als die einseitige Werbung Ihrer Konkurrenz, die nur über sich selbst spricht. Wenn Sie der anderen Firma Komplimente über ihre guten Produkte machen, denkt Ihr Interessent sofort: »Hmmm… sie sind der anderen Firma gegenüber fair, sie beschimpfen sie nicht, sondern sagen tatsächlich nette Dinge und weisen einfach darauf hin, dass ihre Firma besser ist.« Wenn Ihr Interessent sich für eine zentrale Verarbeitung (zentrale Route: gründliches Nachdenken und Argumentieren) entscheidet und die Botschaft sorgfältig bedenkt, veranlasst ihn die Kombination von Verteidigung und Angriff dazu, noch systematischer über das Thema nachzudenken und die Gültigkeit der anderen Seite zu hinterfragen. Es hilft also nicht nur, Interessenten davon zu überzeugen, Ihr Produkt zu bevorzugen, sondern es hilft auch, sie von den Produkten oder Leistungen Ihrer Konkurrenz abzulenken.

Bei Vergleichswerbung muss es nicht darum gehen, den anderen runterzumachen und zur Unterwerfung zu zwingen. Sie können in aller Ruhe auf die Vorteile hinweisen, die Ihr Produkt bietet.

Welche Vorteile bieten Sie an, die die Konkurrenz nicht bietet? Ist Ihres schneller? Einfacher? Sauberer? Gesünder? Spaß bringender? Günstiger? Effektiver? Vergleichstabellen, die die Vorteile Ihres Produkts auf einen Blick aufzeigen, sind äußerst effektiv. Konsumenten interpretieren solche Diagramme so: »Ahhh… die ganze Recherche ist schon für mich gemacht worden. Alles, was ich jetzt noch tun muss, ist kaufen.« Das ist periphere Verarbeitung vom Feinsten. Ein zentral denkender Mensch würde nämlich sagen: »Hmm… hört sich gut an, aber woher weiß ich, dass diese Fakten richtig sind? Ich werde überprüfen, was die andere Firma sagt. Schließlich versuchen diese Leute, mich zum Kauf zu überreden!« Tatsache ist jedoch, dass die meisten Menschen faule Periphere Route-Denker sind, und die Vergleichstabelle alles ist, was sie für ihre Kaufentscheidung brauchen. Seien Sie also ein guter Spielpartner. Erzählen Sie beide Seiten. Loben Sie, was an Ihrer Konkurrenz gut ist. Vielleicht fühlen Sie sich dadurch sogar gut. Dann sagen Sie, warum Sie noch besser sind. Die Überzeugungskraft, die sich in zusätzlichen Verkäufen niederschlägt, wird Ihnen auf jeden Fall ein gutes Gefühl geben!

Sie können sogar beide Seiten selbst spielen. Sie erinnern sich, dass ich in der Einleitung gesagt habe, wenn Sie Angst vor den Wörtern *Überzeugungskraft* und *Einfluss* hätten, sollten Sie »aufhören zu lesen«, weil »dieses Buch nichts für Sie ist.« Ich habe »Wegschnappen« gespielt, indem ich Ihnen gesagt habe, dass Sie etwas nicht haben können, damit Sie es noch mehr wollen. Scheuen Sie sich nie davor, den Leuten zu sagen, warum sie das, was Sie verkaufen, *nicht* kaufen sollten. Das erhöht nicht nur Ihre Glaubwürdigkeit, sondern wird, wenn es sich um echte Interessenten handelt, auch ihr Begehren anheizen.

Prinzip Nr. 14: Wiederholung und Redundanz – der Vertrautheitsfaktor

»Die Leute sehen Ihre Werbung erst, wenn sie siebenmal gelaufen ist.« Haben Sie das schon mal gehört? Diese Aussage basiert wahrscheinlich auf einer ähnlichen, die im Direktverkauf genutzt wird: »Im Durchschnitt sind sieben Verkaufsgespräche nötig, um ein Geschäft abzuschließen.« Wie hoch die tatsächliche Zahl auch immer sein mag, Wiederholungen sind ein wichtiger Faktor, um Ihren Standpunkt in der Werbung zu vermitteln. Die Wiederholung Ihrer Botschaft trägt nicht nur dazu bei, Mauern des Desinteresses einzureißen, sondern mit jeder Wiederholung wird Ihre Werbung auch für diejenigen sichtbar, die sie beim letzten Mal vielleicht nicht bemerkt haben.

Darüber hinaus wird Ihr Publikum, mit jeder Wiederholung Ihrer Botschaft, auf natürliche Weise immer vertrauter mit Ihrem Produkt und Ihrem Unternehmen. Und wenn die Leute keinen Grund haben, anders zu denken, beginnt ein Gefühl der Akzeptanz zu wachsen. Wenn diese Akzeptanz zunimmt, entwickelt sich eine Affinität. Im Wesentlichen beginnen sie, sich bei Ihnen wohlzufühlen. Diese Behaglichkeit führt zu größerem Vertrauen, das die Tür zum Verkauf öffnet.

Denken Sie daran: Das Ziel jeder Werbung ist es, minimale Unterschiede in den Einstellungen und Wahrnehmungen der Verbraucher zu schaffen. Durch Wiederholung können sich diese kleinen Unterschiede zu größeren Unterschieden auswachsen und häufig den Ausschlag zugunsten der beworbenen Marke geben.

Kann Wiederholung schlecht sein? Möglicherweise. Untersuchungen deuten darauf hin, dass es ein Optimum gibt, bis zu dessen Erreichen Wiederholung wirksam ist, dass sie aber jenseits dieses Niveaus zu Frustration und einem »Abschalten« der Verbraucher führen kann (Petty und Cacioppo, 1979). Zusammengefasst ging es in der Studie darum, den Studenten Argumente für eine Erhöhung der Universitätsausgaben zu präsentieren. Einige Studenten hörten das Argument einmal, andere dreimal, der Rest fünfmal. Studenten, die drei Wiederholungen ausgesetzt waren, unterstützten den Ausgabenvorschlag. Bei den Studenten, die ihn fünfmal hörten, fiel die Zustimmung deutlich ab. Die Forscher Petty und Cacioppo wiesen darauf hin, dass bei dieser hohen Häufigkeit möglicherweise Langeweile einsetzte, was die Studenten dazu veranlasste, eine Kommunikation anzugreifen, die sie offensichtlich als beleidigend empfanden.

Bitte interpretieren Sie dies nicht so, dass Sie Ihre Werbung nicht häufiger als dreimal schalten sollten! Hochschulstudenten nach Universitätsausgaben zu fragen, ist nicht dasselbe wie Werbung für Ihre Produkte und Dienstleistungen in Ihrer Lokalzeitung. Ich habe dieses Beispiel nur geteilt, um Ihnen bewusst zu machen, dass endlose Wiederholungen keine gute Sache sind, und um Sie zu ermahnen, sensibel mit ihrer Verwendung umzugehen. Hey, nur weil *Sie* Ihre Werbung lieben, heißt das noch lange nicht, dass Ihr Publikum das auch tut. Aber wenn sie Ihnen Geld einbringt, halten Sie sie auf jeden Fall am Laufen. Setzen Sie Wiederholungen klug ein, und Sie bauen Markenbekanntheit auf. Verwenden Sie sie zu oft, könnten Sie eine Rekordernte an Konsumentenverachtung einfahren.

Wenn Sie dieselbe Werbung immer und immer wieder laufen lassen, wiederholen Sie sich. Wenn Sie verschiedene Varianten derselben Werbung schalten, nutzen Sie die Vorteile der Redundanz. Dies ist eine einfache Möglichkeit, die Lebensdauer einer effektiven Botschaft oder eines Slogans zu verlängern. Indem Sie die gleiche Botschaft in einem anderen Format und mit einer etwas anderen Copy präsentieren, täuschen Sie dem Leser vor, dass er eine neue Anzeige sieht und nicht eine recycelte Version der Anzeige, die er letzte Woche gesehen hat. Sie berührt das, was man *mehrere Quellen und mehrere Argumente* nennt. Einfach ausgedrückt: Je mehr verschiedene Quellen jemanden der gleichen Botschaft aussetzen, desto mehr wird das diese Person überzeugen.

Wenn Sie zum Beispiel eine Frau hören, die Ihnen erzählt, wie gesund es ist, jeden Tag Schokolade zu essen, werden Sie es entweder glauben oder nicht, je nachdem, wie diese Idee Sie zu diesem Zeitpunkt trifft (und wie lange es her ist, dass Sie den letzten Riegel – hmmmm!, Lindt – gegessen haben!). Wenn jedoch im Laufe des Tages fünf verschiedene Personen auf Sie zukommen und Ihnen eine ähnliche, aber leicht abweichende Version dieses Arguments erzählen, hat das wahrscheinlich ernsthafte Auswirkungen auf Ihr Glaubenssystem, und es ist viel wahrscheinlicher, dass Sie diese köstliche Vorstellung als Ihre eigene annehmen.

Prinzip Nr. 15: Rhetorische Fragen – Interessant, nicht wahr?

Die rhetorische Frage ist in Wirklichkeit eine als Frage getarnte Aussage. Ziemlich hinterhältig, nicht wahr? (Ein weiteres Beispiel.) Es handelt sich keineswegs um eine neue Technik, sie wurde sogar in Aristoteles' klassischem Leitfaden für rhetorische Fähigkeiten, *Die Kunst der Rhetorik,* um 330 v. Chr. erwähnt. Anwälte im Fernsehen sind dafür bekannt, dass sie während des Kreuzverhörs rhetorische Fragen verwenden, um ihre Gegner unter Druck zu setzen, sie aus dem Gleichgewicht zu bringen und ihren Argumenten einen Hauch von Wahrhaftigkeit zu verleihen. Zum Beispiel: »Und ist es nicht wahr, dass Sie ihm die Gabel nur Minuten, nachdem Sie ihm den Käselaib an den Kopf geworfen hatten, ins Auge gestochen haben?« Weitere Beispiele für dieses Prinzip:

- Die Dial-Seifenwerbung fragte: »Sind Sie nicht froh, dass Sie Dial benutzen? Wünschen Sie sich nicht auch, dass es jeder täte?«
- 1926 wurde in Zeitungsanzeigen für das Waschmittel Rinso die Frage gestellt: »Wer will eine noch weißere Wäsche – ohne harte Arbeit?«
- Rolaids stellte die Frage: »Wie buchstabiert man Erleichterung?«
- Und W. B. Doner – die größte unabhängige Werbeagentur in Nordamerika – ist in ihrer eingängigen »Was würden Sie nicht alles für einen Klondike-Riegel tun?«-Kampagne offenbar ein Rhetorikfan. (Ich persönlich würde eine Menge für alles tun, was mit Schokolade überzogen ist, aber bleiben wir hier beim Thema.)

Diese einfache Technik erlaubt es Werbetreibenden, sachlich klingende, möglicherweise überzeugende Behauptungen aufzustellen, ohne sie mit sachlichen Beweisen oder logischen Argumenten untermauern zu müssen. Einige Forschungsergebnisse deuten darauf hin, dass die Verwendung rhetorischer Fragen manchmal die Denkweise von Menschen verändern und ihr Kaufverhalten modifizieren kann. Die Idee dabei ist, dass, wenn Verbraucher nicht gründlich über die Botschaft eines Werbetreibenden nachdenken, das Einschieben einer rhetorischen Frage ihre Aufmerksamkeit erregt und sie dazu ermutigt, einige Gehirnzellen Feuer fangen zu lassen und über die Botschaft nachzudenken.

Laut McCroskey (1986): »Der Grund dafür liegt in unserer Sozialisierung. Wenn uns jemand eine Frage stellt, wird erwartet, dass wir darauf antworten. Um richtig zu antworten, ist es erforderlich, dass wir die Frage verstehen.«

Unterm Strich: Der Zuhörer oder Leser versucht, die Botschaft des Werbenden bewusst zu überdenken, was die Wahrscheinlichkeit einer erfolgreichen Überzeugungsarbeit erhöht.

Der angesehene Kommunikationsforscher Dolf Zillmann führte 1972 die erste von nur wenigen veröffentlichten Studien zu diesem Thema durch. Mehrere andere Forscher folgten. Und obwohl die ganze Idee großartig klingt, gibt es leider nicht viel Einigkeit über die Wirksamkeit der Technik.

Manche sagen: »Ja! Es funktioniert!«[4] Ergebnisse aus anderen Studien besagen: »Nein, es ist nicht in allen Situationen besonders wirksam.«[5] Die Forscher Gayle, Preiss und Allen analysierten 1998 die seinerzeit verfügbaren Forschungsergebnisse zu diesem Thema und kamen zu dem Schluss, dass rhetorische Fragen »keinen nennenswerten Einfluss auf die Überzeugungskraft« haben. Andere Untersuchungen legen nahe, dass sich Ihre Zuhörer durch diese Technik unter Druck gesetzt und überredet fühlen könnten, was sie dazu veranlasst, Ihre Botschaft kritischer zu betrachten und Sie weniger als Autorität auf diesem Gebiet anzusehen (Swasy und Munch, 1985).

---

4 Burkrant und Howard, 1984; Enzle und Harvey, 1982; Howard, 1990; Howard und Kerin, 1994; Petty, Cacioppo und Heesaker, 1981; Swasy und Munch, 1985; Zillmann, 1972; Zillmann und Cantor, 1974

5 Kantor, 1979; Munch, Boller und Swasy, 1993; Munch und Swasy, 1988; Pentony, 1990

Seufz. Gibt es bei all dieser Forschung nichts, worüber wir uns bezüglich rhetorischer Fragen alle einig sind? Vielleicht nur dies: Die Verwendung rhetorischer Fragen kann für die Erhöhung der Nachrichtenspeicherung von Vorteil sein. Fragen, die darauf abzielen, einen Punkt zu betonen, und nicht darauf, zu überzeugen, werden Ihre Zuhörer wahrscheinlich dazu veranlassen, sich später an Ihre Botschaft zu erinnern. Das ergibt Sinn, oder? Je mehr Sie über etwas nachdenken, desto mehr Gehirnzellen widmen Sie dem Thema und desto wahrscheinlicher ist es, dass Sie sich erinnern.

Prinzip Nr. 16: Evidenz – Schnell! Verkaufen Sie mir die Fakten!

Wann immer ich mich hinsetze, um einen Werbetext zu schreiben, bin ich mir darüber bewusst, dass Sie sich nicht bei PayPal einloggen und mein Bankkonto dicker werden lassen, wenn ich Sie nicht davon überzeugen kann, mir zu glauben. Das bedeutet, dass meine Worte dafür verantwortlich sind, Sie aus Ihrem derzeitigen Überzeugungsstand, Ihrer Ungläubigkeit oder Ignoranz zu reißen und Sie davon zu überzeugen, dass das, was ich verkaufe, mehr wert ist als das Geld in Ihrem Geldbeutel.

Haben Sie jemals auf diese Weise darüber nachgedacht? Sie müssen Ihre Produkte und Dienstleistungen in einem guten Kontext halten. Die Leute kaufen bei Ihnen, wenn sie *glauben,* dass das, was Sie verkaufen, von größerem Wert ist als die Dollars, die sie dafür eintauschen müssen. In meinem Werbe-Workshop sage ich zum Beispiel: »Lasst uns ein kleines Experiment in Verbraucherpsychologie machen.« Ich halte einen Lang-DIN-Umschlag mit einem aufgedruckten großen Fragezeichen hoch und frage: »Hat jemand einen $20-Schein?« Mehrere Personen heben die Hand. Ich wähle eine Person aus, gehe zu ihr hinüber und stelle ihr die folgende Frage: »Wenn ich Sie bitten würde, Ihre $20 gegen den Inhalt dieses Umschlags einzutauschen, was wäre dann die eine Frage, die Sie mir stellen würden, bevor Sie den Handel abschließen, wohl wissend, dass Sie Ihr Geld nicht mehr zurückbekommen, wenn wir den Deal abgeschlossen haben?«

Ausnahmslos antwortet der Teilnehmer: »Was ist in dem Umschlag?« Ganz gleich, wo ich den Workshop durchführe – wenn ich dieses Angebot mache, werden die Teilnehmer immer dieselbe logische Frage stellen: »Was ist in dem Umschlag?«

Was sagt uns das? Es sagt uns, dass die Verbraucher alle das Gleiche denken, bevor sie eine Kaufentscheidung treffen. Sie alle wollen eines wissen, bevor sie etwas von Wert umtauschen, ob es nun Zeit, Material oder Geld ist. Sie alle wollen wissen, was *sie* von dem Geschäft haben werden. Sie alle wollen die Antwort auf die große Frage »Was ist für mich drin?« oder das Akronym WIIFM (»What's in it for me?«) wissen. Solange sie das WIIFM nicht kennen, zögern sie nicht nur, das Geschäft abzuschließen, sondern sie zögern auch, auf meine Frage, ob sie einen $20-Schein haben, auch nur die Hand zu heben! Dies deutet auf die *Angst* hin, die mit vielen Kaufentscheidungen einhergeht: die Angst vor Verlust. (Lesen Sie den letzten Satz noch einmal.)

Als Nächstes – und beachten Sie den Unterschied zu diesem Experiment – halte ich eine Plastiktüte mit einem deutlich sichtbaren $20-Schein hoch. Ich fragte das Publikum: »Wer möchte seinen $1-Schein gegen diese Tasche mit einem $20-Schein eintauschen?« Es überrascht nicht, dass Dutzende von Händen hochschnellen, als hätte ich gerade angeboten, goldene Krügerrands zum Ersten zu werfen, der sie fangen kann. In diesem Beispiel demonstrierten die

Teilnehmer – diese *Konsumenten* –, dass sie, sobald sie die WIIFM, also ihren Nutzen *kannten*, viel eher ihr Geld gegen das eintauschen würden, was in der Tüte war. Dies ist die beste Art und Weise, die ich kenne, um das Grundprinzip der Werbung zu demonstrieren: die Vorteile dessen, was man verkauft, dem Kunden zu vermitteln. Sie müssen, müssen, müssen überzeugt sein, dass das, was in »Ihrer Tüte« ist, mehr wert ist als das Geld, das Sie dafür verlangen, sonst wird das Geschäft nicht zustande kommen.

In Ordnung, wir wissen also, dass wir unsere Interessenten vom Wert dessen, was wir verkaufen, überzeugen müssen. Überzeugen heißt, Glauben zu schaffen. Wie bringen wir sie also dazu, zu glauben? Ein großartiger, bewährter Weg ist, überzeugende Beweise anzubieten. Hier ist die Definition von *Beweis* in 23 Wörtern: »Jede faktische Aussage, jedes Objekt oder jede Meinung, die nicht von einer Quelle erstellt wurde, die von dieser Quelle als Support verwendet wird.« (Reinhard, 1988). Einfacher ausgedrückt: Beweise können Fakten, Zahlen, Zeugenaussagen, Bestätigungen, Forschungen, Diagramme, Videos – was auch immer – sein, solange Sie, der Werbende, sie nicht selbst erstellt haben.

Daran gibt es keinen Zweifel: Die Forschung kommt zu dem Schluss, dass Evidenz funktioniert, und sie funktioniert gut. Werbetreibende, die solide Beweise verwenden, überzeugen effektiver als solche, die schlechte oder gar keine Beweise verwenden. Seien wir ehrlich: Sie können keine Werbung mit einer ganzen Reihe von Vorteilen schalten und einfach erwarten, dass die Leute glauben, was Sie schreiben. Wenn sie Ihre Werbung zum ersten Mal sehen, wissen sie ganz genau, dass Sie versuchen, ihnen etwas zu verkaufen. Wenn das, was Sie anbieten, eine Sache ist, an der sie interessiert sind, *wollen* sie Ihren Behauptungen Glauben schenken. Das liegt daran, dass sie durch den Glauben an Ihre Behauptungen und den Kauf Ihres Produkts möglicherweise in den Genuss der von Ihnen versprochenen Vorteile kommen. Es ist, wie zu einem Persönlichkeitsentwicklungsseminar zu gehen und den professionellen Redner zu beobachten. Sie sitzen nicht da und hoffen, dass der Redner versagt. Sie *wollen,* dass er oder sie gut performt. Sie *möchten,* dass er oder sie kraftvoll spricht, dass er oder sie Sie *bewegt* und vielleicht sogar Ihr Leben zum Besseren verändert.

Im übertragenen Sinn: Wenn das, was Sie verkaufen, verspricht, entweder ein Problem zu lösen, das ich gerade durchmache, oder auf irgendeine Weise mein Leben zu verbessern, *möchte* ich davon überzeugt sein, dass es so funktioniert, wie Sie es sagen. Aber gleichzeitig – und das ist der Grund, warum die Kasse nicht jedes Mal klingelt – *möchte ich nicht abgezockt werden.* Es liegt an *Ihnen,* effektiv an meine Emotionen zu appellieren, um mich ausreichend zu begeistern, dass ich das Geld ausgeben kann. Gleichzeitig liegt es an Ihnen, vor allem bei einem teureren Produkt, genügend Argumente zu liefern, die die Ausgabe meines Geldes rechtfertigen und damit mein erwachsenes Verantwortungsgefühl befriedigen. Starke Beweise können dies tun. Zusätzlich zu ihrer Überzeugungswirkung erzeugen Beweise auch einen positiven Eindruck von Ihrem Unternehmen als einem Unternehmen, das »legitime« Waren und Dienstleistungen anbietet. (Schließlich wurden sie durch Beweise untermauert!)

Beweise sind am effektivsten, wenn wir mit dem Kauf wichtiger oder teurer Güter oder Dienstleistungen konfrontiert sind. In solchen Situationen sind wir darauf vorbereitet, sorgfältig über unsere Käufe nachzudenken und die damit verbundenen Argumente und Fragen zu berücksichtigen. Als netter Zusatznutzen kann ein tiefes, durchdachtes Nachdenken (zentrale Route) eine langfristige Änderung der Einstellung Ihres Interessenten bewirken, die den Verkaufsbotschaften Ihrer Konkurrenten widersteht. Ist das nicht ein netter Zusatznutzen?

Interessanterweise werden selbst periphere (oberflächliche) Denker von starken Beweisen beeinflusst. Wenn sie mit Fakten und Zahlen, Zeugenaussagen und Diagrammen konfrontiert werden, sagen diese Denker: »Wow … guck dir all diese Fakten und Zahlen an. Das muss wahr sein!«

CA$HVERTISING-Tipp: Um unsere peripher denkenden Freunde zu beeinflussen, stellen Sie sicher, dass Sie Ihre Beweise klar und leicht verständlich präsentieren. Peripher denkende Menschen werden sich nicht die Zeit nehmen, herauszufinden, was Sie zu sagen versuchen. Sie werden sich Ihre Daten ansehen und – boom! – eine Entscheidung darüber treffen, was sie bedeuten. Deshalb sollten Sie farbenfrohe Diagramme und Grafiken sowie Fakten, Zahlen und Zitate von angesehenen Intellektuellen und Fachleuten präsentieren.

Sobald ein Verkäufer einen »in die Enge getrieben« hat, kann er sein ganzes Spektrum an Verkaufstechniken auf einen loslassen. In Print-Anzeigen haben Sie nur wenig Platz, um Ihren Standpunkt zu verdeutlichen, und nur wenig Zeit, um die Aufmerksamkeit Ihrer Leser zu erregen und sie während der gesamten Kundenansprache zu halten. Das letzte Prinzip nutzt diese Zeitbegrenzung aus, indem es den Leser dazu anregt, psychologisch wirksame mentale Abkürzungen, *Heuristiken* genannt, zu verwenden.

Prinzip Nr. 17: Heuristik – täglich Milliarden fauler Gehirne bedienen

Lassen Sie uns zunächst unsere Angst vor dem seltsamen Wort *Heuristik* überwinden. Das Wort »hyu-RIS-tiks« ist eine Ableitung des griechischen Wortes *heuriskein*, was »entdecken« bedeutet. Heuristik bezieht sich auf den Prozess, Wissen zu gewinnen (oder zu entdecken), nicht durch kritisches Denken und Argumentieren, sondern durch intelligentes Raten. Auf diesen Prozess haben wir uns bereits mit dem weniger zungenbrecherischen Begriff »Auslösereiz« bezogen, als wir speziell das vom Sozialpsychologen Robert Cialdini populär gemachte Sechs-Auslösereize-CLARCCS-Modell diskutiert haben.

Na ja, die Forscher Stec und Bernstein (1999) sind nicht zu übertreffen und haben ihre eigene Art von Überzeugungsheuristik entwickelt, genau genommen drei: *Länge-impliziert-Stärke* (Length-Implies-Strength), *Gefallen-Zustimmung* (Liking-Agreement) – liebevoll *Balance-Theorie* genannt – und *Übereinstimmung-impliziert-Richtigkeit* (Consensus-Implies-Correctness). Wir werden nur das erste Prinzip – Länge-impliziert-Stärke – untersuchen, da wir die beiden anderen bereits in unserer Diskussion von Cialdinis sechs Waffen der Einflussnahme behandelt haben: Sympathie bzw. Vergleich.

Seien wir ehrlich: Wir Menschen sind faule Geschöpfe. Die meisten von uns ziehen es vor, den schnellsten Weg zur Entscheidungsfindung zu wählen, weil dadurch die harte Arbeit – der »Schmerz« des Denkens und die Notwendigkeit, all die komplexen oder überwältigenden Details zu berücksichtigen – entfällt. Wenn wir schnell eine Entscheidung treffen können, dann können wir uns wieder lustigeren Dingen zuwenden, wie zum Beispiel lächerliche Videos auf YouTube anzusehen. Und wenn es darum geht, unseren

Verstand einzusetzen, ist für viele von uns fast *alles* angenehmer, als gründlich nachzudenken. Das Erfinder-Genie Thomas Edison hat es am besten gesagt: »Es gibt kein Hilfsmittel, zu dem ein Mensch nicht greifen würde, um der Arbeit des Denkens zu entgehen.«

Hier eilt die heuristische Entscheidungsfindung zur Rettung! Sehen Sie, wenn wir mit der richtigen Art von Informationen konfrontiert werden, werden unsere »mentalen Züge« auf ihren peripheren Verarbeitungsgleisen bleiben und voll vorbereitet in den Bahnhof einfahren, um statt in Stunden, Tagen oder länger in Sekunden oder Minuten eine Entscheidung zu treffen. Zusätzlich zu Cialdinis sechs Auslösereizen gibt es eine Reihe von Heuristiken, die von Psychologen und Forschern identifiziert wurden, aber nicht alle sind ohne Weiteres in der Werbung anwendbar. Die folgende Heuristik ist jedoch eine der beliebtesten – und effektivsten –, und Sie können sofort damit beginnen, sie zu nutzen.

Die Länge-impliziert-Stärke-Heuristik ist ein Prinzip, das einen ähnlichen Einfluss ausübt wie der Beweis. Sie basiert auf der Annahme, dass ein Produkt oder eine Dienstleistung eher positiv bewertet wird, wenn die Werbung lang ist und zahlreiche glaubwürdige Fakten und Zahlen enthält. Das bringt ihren Interessenten dazu, quasi zu sagen: »Wow … schau mal, wie viel es hier gibt. Das muss stimmen.« Es ist ähnlich wie jemandem zuzuhören, der ausführlich über ein bestimmtes Thema spricht. Irgendwann, wenn Sie genug gehört haben – solange die Präsentation einigermaßen ausgefeilt war –, werden Sie wahrscheinlich das Gefühl haben, dass der Redner weiß, worüber er spricht. Schließlich hat er »so lange geredet«! Natürlich bedeutet die Länge an sich nicht, dass etwas der Wahrheit entspricht, aber genau so funktioniert dieses Prinzip.

Ihre Werbung mit Testimonials zu beladen ist eine Möglichkeit, die Gehirne Ihrer Interessenten auf den »Heuristik-Kanal Nr. 1«

einzustimmen. Eine andere Möglichkeit besteht darin, eine lange, ansprechende Copy zu schreiben. Ein langer Text gibt Ihnen nicht nur mehr Gelegenheiten, zu überzeugen, sondern bewirkt auch, dass die Interessenten glauben, weil es so viel Text gibt, muss etwas dran sein! Genau das ist das Wesen der Heuristik: Länge impliziert Stärke.

Wie viele Fotos von zufriedenen Kunden besitzen Sie? Nehmen Sie sie in Ihre Anzeigen, Broschüren und Verkaufsbriefe auf und zeigen Sie sie auf Ihrer Website. Zeigen Sie nur ein Foto, sagt das kaum mehr aus, als dass Sie *einen* zufriedenen Kunden haben. Zeigen Sie Dutzende von ihnen, dann erzeugt das allein durch die Quantität eine starke positive Wahrnehmung von Glaubwürdigkeit und Gewissheit über Ihre Behauptungen.

Erinnern Sie sich an meinen Kunden Jay Siff von Moving Targets? Er schickt seinen Interessenten eine vierseitige, vielfarbige Broschüre mit dem Titel »101 Erfolgsgeschichten«. Es enthält – Sie haben es erraten – 101 Testimonials und Fotos von Klienten, die von seinem Dienst schwärmen. Es ist unmöglich, von dieser Broschüre nicht beeindruckt zu sein. Selbst wenn Sie den Rest der Informationen, die diesem Verkaufsartikel beiliegen, nicht gelesen hätten, wären Sie sofort geneigt zu glauben, dass der Service, für den er wirbt, tatsächlich gut funktioniert. Er funktioniert nicht nur mega – und ja, das tut er wirklich –, sondern 101 Menschen haben das sogar gesagt!

Um meinen Werbe-Workshop zu bewerben, habe ich ein einseitiges, etwas mehr als DIN-A4-großes-Faltblatt erstellt, das ich mein »Sprich es aus!«-Blatt nenne. Die Seite ist in drei schmale Spalten unterteilt und ist vollgepackt mit Zitaten von Teilnehmern, einschließlich ihrer Namen, Firmennamen, Städte und Bundesstaaten. Oben auf der Seite, in der linken oberen Ecke, befindet sich mein Foto. In der großen und fett gedruckten Überschrift rechts davon steht

Teilnehmer melden sich zu Wort!
Hier steht, was sie über Drew Eric Whitmans
CA$HVERTISING-Workshop sagen

Es ist vollgepackt mit so vielen strahlenden Testimonials, dass Ihnen nach dem Lesen oder dem bloßen Überfliegen dieses Flugblattes der Kopf schwirrt! Sie »wissen« – zumindest heuristisch gesehen –, dass da etwas dran sein *muss*.

Wie viele gute Gründe können Sie den Interessenten nennen, Ihr Produkt oder Ihre Dienstleistung zu kaufen? Einfache Listen sind powervoll. In meiner Arbeit für Day-Timers habe ich den Interessenten 22 gute Gründe genannt, warum sie den großartigen Day-Time-Organizer kaufen sollten. Es traf sie aus fast jedem Blickwinkel. Wenn Sie auch nur die geringste Neigung hätten, Ihr Leben zu organisieren, würde diese Liste Sie 1.) von den vielen Vorteilen, die Sie genießen würden, begeistern und 2.) dabei helfen, Sie davon zu überzeugen, dass das Produkt aufgrund der 22 Gründe, die ich aufgelistet habe, um es zu kaufen, einen echten Wert hat.

Möglicherweise kann Ihr Interessent einige der Dinge, die Sie ihm zuwerfen, unberücksichtigt lassen. Aber wenn Sie genügend Informationen liefern, wird die Länge-impliziert-Stärke-Heuristik eingreifen und die Lage retten. »Sehen Sie, wie lang diese Liste ist! Vielleicht sind ein paar dieser Dinge nicht ganz sachlich, aber dieses hier sieht richtig aus … und dieses hier ist cool … und hey, dieser Vorteil wäre hilfreich.«

Ein Politiker steht vor einer Menschenmenge und holt eine 50-seitige Dokumentation hervor, von der er verkündet, dass sie mehr als 200 Beispiele dafür enthalte, wie sein Gegner, Ted Torpy, bei kritischen Themen, mit denen die Nation konfrontiert ist, seine

Meinung plötzlich umgedreht hat. Er reißt das Dokument auf und beginnt, ein vernichtendes Wendehals-Zitat nach dem anderen vorzulesen, wobei er jedes einzelne Zitat lauthals durchnummeriert, um seinen Zuhörern den Umfang und die problematische Größe des besorgniserregenden Charakters seines Gegners zu verdeutlichen. Nicht nur, *was* er vorliest, wird seine Zuhörer beunruhigen, sondern auch die schiere *Anzahl* der vorgelesenen Dinge. (Dabei ist es unerheblich, dass 95% der Zitate aus dem Zusammenhang gerissen wurden, und einige andere sachlich unhaltbar sind.)

Aber Herr Politico hört damit nicht auf. Auf keinen Fall. Als Nächstes beschriftet er die Sammlung schlüpfriger Aussagen seines Gegners mit »Torpy's Tricky 200« und fängt an, sie in seiner Print- und Fernsehwerbung zu erwähnen. Er druckt und bindet das Dokument und verteilt es bei Kundgebungen. Er wandelt es in ein PDF um und bietet es auf seiner Website zum sofortigen Download an. Die Leute lesen die ersten paar Seiten, blättern schnell durch den Rest und sehen deutlich, dass jedes »Wendehals«-Zitat fett nummeriert ist. Nicht einer von 1.000 Lesern überprüft die Fakten. Wer hat schon Zeit dafür? So beginnt »Torpy's Tricky 200« den Stellenwert zu bekommen, von dem dieser Politiker wusste, dass es so kommen würde, und vielleicht sogar ein Eigenleben zu entwickeln. T-Shirts. YouTube-Videos. Autoaufkleber. Blogs. Nur wenige Menschen lesen das gesamte Dokument, aber wer braucht das schon? Sie können sehen, dass es 200 Zitate enthält! Es muss etwas aussagen!

Armer Ted Torpy. Das jüngste Opfer eines heuristischen Mordes. Er wurde zu Tode »auslösegereizt«. Rückblickend hat er nie wirklich verstanden, wie genau die Strategie gegen ihn funktionierte. Und was interessant genug ist: Vom Wort *Heuristik* hatte nicht einer von den Hundert, die gegen ihn gestimmt haben, jemals zuvor auch nur gehört.

– 3 –
41 Agentur-Geheimnisse: Bewährte Techniken, um alles an jedermann zu verkaufen

Erfinden Sie die Glühbirne nicht neu … schalten Sie sie einfach ein! Thomas Edison hielt unglaubliche 1.093 Patente. Nicht für lächerlichen, nutzlosen Schnickschnack, wie 99% der Teilnehmer an der Reality-Show American Inventor auf ABC, sondern für revolutionäre, lebensverändernde Entdeckungen, die das Leben von Milliarden von Menschen weltweit beeinflussen: den Phonografen, das Glühlampenlicht, die Filmkamera, das automatische Telegrafensystem, den Universal-Aktienticker, das elektrische Wahlgerät, das elektrische Vervielfältigungsgerät, den Telefonhörer und so viele andere.

Und sprechen wir über Beharrlichkeit! Während sie an der Verbesserung der elektrischen Glühlampe arbeiteten (die vorhandenen brannten nicht lange genug oder waren zu hell für kleine Räume), testeten Edison und seine Mitarbeiter mehr als 3.000 verschiedene Theorien und Tausende von Pflanzenmaterialien.

»Vor dem Durchbruch«, sagte Edison, »testete ich nicht weniger als 6.000 Pflanzenarten und durchsuchte die ganze Welt nach dem geeignetsten Fasermaterial.« Uff! An welchem Punkt hätten Sie aufgegeben?

»Faszinierend, Drew, aber wozu die Geschichtsstunde?« Um eine Aussage zu treffen. Wenn Sie aus irgendeinem verrückten Grund Ihre eigene Glühbirne bauen wollen, anstatt Jahre damit zu verbringen, Edisons Tausende von fehlgeschlagenen Experimenten zu wiederholen, wäre es dann nicht klüger, seine Labornotizen zu lesen und zu sehen, wie er es gemacht hat? Wie er entdeckte, dass eine verkohlte Bambusfaser im Vakuum langsam genug brennt, um mehr als 1.200 Stunden zuverlässiges Licht zu erzeugen?

Aber natürlich! Sie würden einfach duplizieren, was er getan hat, schnell eine langlebige Glühbirne produzieren und mit Ihrem Leben weitermachen. Wann immer Sie jemanden studieren, der bei einer Aufgabe erfolgreich war, an der Sie sich versuchen wollen, bereiten Sie sich eine unglaubliche Abkürzung zum Erfolg.

Dasselbe gilt für Ihre Werbung. Sie brauchen nicht Jahre und Tausende Ihrer eigenen Dollar für Experimente auszugeben, wenn Tausende von Edisons dies bereits für Sie getan haben. Wenn Sie gerne experimentieren, dann tun Sie, was Sie nicht lassen können. Wenn Sie allerdings *jetzt* Ergebnisse wollen, warum sparen Sie sich nicht die Mühe und tun einfach das, was funktioniert? Das Leben ist zu kurz.

Die folgenden 41 Techniken werden durch jahrzehntelange Praxistests von Fachleuten aus Werbeagenturen, Marketingexperten und einer Vielzahl engagierter Verbraucher- und Sozialpsychologen untermauert. Und das Wichtigste für Sie und mich ist, dass sich jede Technik an dem einzigen Ort als wirksam erwiesen hat, an dem sie wirklich wichtig ist: *in der realen Welt.*

Tatsache: Wenn Sie mit der Lektüre von CA$HVERTISING fertig sind, werden Sie mehr darüber wissen, wie man wirkungsvolle, geldbringende Werbung erschafft, als 99% Ihrer Konkurrenten in ihrer gesamten Karriere – garantiert. Nun lassen Sie uns anfangen.

Agentur-Geheimnis Nr. 1: Die Psychologie der Einfachheit

Hören Sie auf, dieses Buch zu lesen. Denn wenn Sie den Rat dieser ersten Lektion nicht befolgen, wird Ihre Werbung wahrscheinlich fehlschlagen, egal wie wunderbar Ihr Produkt ist. Kläglich. Sie ist die Grundlage für alles andere, was ich Ihnen beibringen werde. Es ist, als würde man einem Boxanfänger sagen, die Lektion Nr. 1 sei »Wie man steht«. Langweilig? Vielleicht, aber wenn er diese Lektion überspringt, weil »es langweilig ist!«, wird ihm wahrscheinlich der Kopf von den Schultern geblasen, wenn er das erste Mal in den Ring steigt. Und obwohl die Lektion offensichtlich ist, ist sie dennoch von entscheidender Bedeutung. Wenn Sie dieses erste Thema auf die leichte Schulter nehmen, werden Ihre Anzeigen (und Ihr Unternehmen) – genau wie dieser Boxanfänger – wahrscheinlich einen schmerzhaften Knock-out nach dem anderen erleiden. So einfach ist das.

Tatsache: Das Ziel der Werbung ist es, die Menschen zum Handeln zu bewegen. Und die Werkzeuge, mit denen wir gedruckte Werbung (im Gegensatz zu Fernsehen und Radio) gestalten, sind Worte (im Gegensatz zu Ton und bewegten Bildern). Folgt daraus nicht logischerweise, dass wir unsere *Worte* effektiv einsetzen müssen, damit unsere Werbung wirksam ist? Ja, natürlich. Und Worte effektiv zu verwenden bedeutet, dass wir so schreiben müssen, dass unser Publikum versteht, was wir sagen. So einfach es auch ist, mein Freund, gerade haben Sie den Schlüssel Nr. 1 für jede effektive schriftliche Kommunikation gelernt: *Schreiben Sie so, dass die Leute es verstehen können.* Diese Idee basiert auf dem verbraucherpsychologischen »Prinzip Nr. 11: Organisation der Botschaft«.

> **Schreiben Sie an das Schimpansengehirn. Einfach. Direkt.**
>
> Eugene Schwartz

Seien wir ehrlich: Sie könnten die größte Erfindung seit der Innentoilette gemacht haben, aber wenn niemand versteht, was zum Teufel Sie darüber zu sagen versuchen, können Sie genauso gut die beschissenste gemacht haben. Wo liegt der Unterschied? In beiden Fällen wird nicht gekauft. Effektive Kommunikation funktioniert erst dann, wenn die Menschen, denen Sie Ihre Botschaft vermitteln wollen, sie auch verstehen. Nur weil Sie eine Anzeige in einer Zeitung oder Zeitschrift schalten oder Ihre Website online ist, heißt das noch lange nicht, dass Sie *effektiv* kommunizieren. Sie werben, das muss ich Ihnen lassen. Aber bis jemand es liest und *versteht,* reden Sie nur mit sich selbst. Und dafür müssen Sie keinen einzigen Cent ausgeben. (Ich führe ziemlich oft Selbstgespräche, daher weiß ich das.)

Es ist eine Sache, zu *versuchen,* einfach zu schreiben; eine ganz andere, es tatsächlich zu tun. Abgesehen davon, dass Sie Ihre eigenen Tests durchführen und Freunde, Nachbarn und Familienmitglieder bitten, Ihre Sales Copy zu lesen, ist es schwierig, einen wirklichen Eindruck davon zu bekommen, wie gut lesbar Ihr Text *wirklich* ist. Dr. Rudolf Flesch eilt zur Rettung!

Die Flesch'sche »Lesen leicht gemacht«-Formel

In seinem Buch *The Art of Plain Talk* analysiert Dr. Rudolph Flesch, was Geschriebenes leicht oder schwer lesbar macht. In den frühen 1940er-Jahren entwickelte er eine Formel zur Bestimmung der Lesbarkeit, die wir heute, fast 70 Jahre später, noch immer verwenden. Wenn Sie Microsoft Word verwenden, ist der Zugriff auf Ihren Flesch Reading Ease Score (FRES) nur einen Knopfdruck entfernt. Auf der Grundlage einer Skala von 1 bis 100 gilt: je höher die Punktzahl, desto leichter die Lesbarkeit. Wenn Sie ein Liebhaber von Mathematik sind oder einfach nur verstehen wollen, wie die Formel funktioniert, kommen nachfolgend die fünf Schritte. (Wenn Sie ein Masochist sind, können Sie die Formel manuell berechnen.)

Schritt Nr. 1 – *Zählen Sie die Wörter:* Zählen Sie Schmelzwörter, Wörter mit Bindestrich, Abkürzungen, Zahlen, Symbole und deren Kombinationen als einzelne Wörter. Zum Beispiel fürs, extrareich, TV, 12, &, $17, 5%.

Schritt Nr. 2 – *Zählen Sie die Silben:* Zählen Sie die Silben in Wörtern, wie Sie sie aussprechen würden. Zählen Sie Abkürzungen, Zahlen, Symbole und ihre Kombinationen als einsilbige Wörter. Wenn ein Wort zwei akzeptierte Aussprachen hat, verwenden Sie diejenige mit weniger Silben. Unsicher? Nehmen Sie ein Wörterbuch zur Hand.

Schritt Nr. 3 – *Zählen Sie die Sätze:* Zählen Sie jede volle Sprecheinheit, die durch einen Punkt, Doppelpunkt, ein Semikolon, ein Fragezeichen, Ausrufezeichen oder einen Bindestrich getrennt ist, als einen Satz. Ignorieren Sie Absatzunterbrechungen, Doppelpunkte, Semikolons, Anfangsbuchstaben oder Bindestriche, die innerhalb eines Satzes vorkommen.

Schritt Nr. 4 – *Bestimmen Sie die durchschnittliche Anzahl der Silben pro Wort:* Teilen Sie die Gesamtsilbenzahl durch die Anzahl der Wörter.

Schritt Nr. 5 – *Geben Sie die durchschnittliche Anzahl der Wörter pro Satz an:* Dividieren Sie die Anzahl der Wörter durch die Anzahl der Sätze.

Das Ergebnis – puh! – ist Ihre Lesbarkeitsbewertung.

> **Ihre Anzeige erhält nur einen Bruchteil ihrer Aufmerksamkeit ... die Leute werden Ihre Anzeige nicht sorgfältig lesen. Sie können Sie gar nicht belästigen. Und deshalb müssen Sie Ihre Anzeige einfach gestalten.**
>
> John Caples

Flesch gibt ein ausgezeichnetes Beispiel dafür, wie Komplexität die Punktzahl beeinflusst. Der Satz »John liebt Mary« erzielt 92 Punkte – *sehr leicht* zu verstehen. Nun wollen wir die Schwierigkeit erhöhen. »John hat eine tiefe Zuneigung zu Mary.« Nicht ganz so einfach gesagt oder so konkret, nicht wahr? Punktzahl: 67. Nicht *allzu* schlimm, aber definitiv in die falsche Richtung. Nun das Schlimmste: »Auch wenn John normalerweise nicht dazu neigt, seine tieferen Gefühle zur Schau zu stellen, so hat er doch angeblich eine tiefe Zuneigung zu Mary entwickelt, im Vergleich zu den eher gleichberechtigten Gefühlen, die er für Lucy, Fran und, in geringerem Maße, für Sue zu haben scheint.« Bah ... was für ein wortreiches Durcheinander! Wertung: 32 – *schwierig*. Sehen Sie, was passiert ist? Die Aussage zerfiel in Ungenauigkeit und Komplexität und fügte satte 36 schwer lesbare Wörter hinzu. Sie ist jetzt, was die Leseschwierigkeit angeht, vergleichbar mit denen der *Harvard Law Review*. Sie können sicher sein, dass Romeo seine Zuneigung für Julia nie auf diese Weise ausgedrückt hat!

Welchen Schulklassen entsprechen Ihre Ergebnisse? Hier die Ranglisten nach Flesch:

Beträgt Ihr Ergebnis	Dann ist Ihre Schulklasse
0–30	Hochschulabsolventen
30–50	Studenten
50–60	10. bis 12. Klasse
60–70	8. und 9. Klasse
70–80	7. Klasse
80–90	6. Klasse
90–100	5. Klasse

Wenn Ihre Punktzahl zu niedrig ist, schlägt Flesch vor, »die Wörter und Sätze zu kürzen, bis Sie die gewünschte Punktzahl erhalten«. Tatsächlich empfiehlt er für beste Lesbarkeit eine Satzlänge von etwa 11 Wörtern. Sie sollten auch mindestens 14 Mal in 100 Wörtern auf Personen (Bob, Eileen, er, ihm, sie, ihr und so weiter) verweisen.

Um von Dr. Flesch nicht übertroffen zu werden, begannen andere Forscher mit ihren eigenen Lesbarkeitsindizes wie Frühlingskrokusse an der Oberfläche zu erscheinen. Es gibt den Nebel-Index, der angibt, wie viele Jahre Ausbildung Ihre Leser benötigen, um Sie zu verstehen; den Flesch-Kincaid-Index, den das US-Verteidigungsministerium verwendet, um die Lesbarkeit seiner nervtötend trockenen Formulare und Publikationen zu überprüfen; die McLaughlin-Formel »SMOG«, die 1969 von Harry McLaughlin, dem ehemaligen Herausgeber der Londoner Zeitung »The Mirror«, entwickelt wurde; die Forcast-Formel, die zur Beurteilung technischer Handbücher und Formulare der US-Armee entwickelt wurde, und andere.

Pfui Teufel! Sie brauchen das nicht alles selbst zu berechnen. Ich lasse meinen Computer die Arbeit machen – denselben Computer, den ich gerade benutze, um die Wörter einzugeben, die Sie gerade lesen.

CA$HVERTISING-Tipp: Haben Sie bemerkt, was gerade passiert ist? Indem Sie den Kontext des Geschehens kommentiert haben, insbesondere durch Ihre Lektüre dieses Buches, verbunden mit der Unterstellung, dass ich »auf der anderen Seite des Schreibens« bin und meinen Computer benutze, habe ich Sie ein wenig aus Ihrer Leseroutine herausgerüttelt, nicht wahr? Wahrscheinlich fühlten Sie sich dem Geschehen gegenüber etwas »präsenter«, weil ich Sie darauf aufmerksam gemacht habe. Ich habe den Schwerpunkt von dem besprochenen Thema auf die Kommentierung der gegenwärtigen Ereignisse außerhalb des Themas verschoben. Hören Sie jetzt auf, diese Randnotiz zu lesen (ich habe es gerade wieder getan!) und springen Sie zurück zum Thema.

Hier kommen zwei Testabsätze, in denen es um ein und dasselbe Angebot geht. Lesen Sie beide und finden Sie heraus, welchen Sie lieber lesen. Welcher ist am einfachsten? Welcher ist am deutlichsten? Nachdem Sie beide gelesen haben, werde ich Ihnen sagen, was die Computeranalyse ergeben hat.

Test-Absatz Nr. 1

»Würden Sie gerne $10.000 im Monat mit der Herstellung Ihrer eigenen Eiscreme verdienen? (Meine Frau Lindsay und ich tun das. Tatsächlich verdienen wir manchmal sogar Tausende mehr. Wir haben unserem Freund Steve gezeigt, wie es funktioniert, und jetzt verdient er mit Leichtigkeit jeden Monat weitere $4.300.) Dann lesen Sie weiter. Denn wenn Sie mit diesem Brief fertig sind, werden Sie wissen, wie es geht. Ich werde sogar die Katze aus dem Sack lassen und Ihnen über 48 Insider-Geheimnisse erzählen, die nicht einmal eine von 1.000 Personen kennt. Jedes einzelne dieser Geheimnisse ist die Kosten dieses ganzen Pakets wert.«

Test-Absatz Nr. 2

»Wenn Sie sich umfangreiche finanzielle Mittel beschaffen möchten, beachten Sie bitte die folgenden Informationen. Zahlreiche Personen in der Tiefkühl-Süßwarenindustrie haben jahrelang Geheimnisse gehütet, die den schnellen Weg offenbaren, sich in einer lächerlich kurzen Zeitspanne als begehrter Hersteller von Kunsteiscreme zu etablieren. Während diese Menschen noch schaudern, wenn sie nur daran denken, solche Daten an die breite Öffentlichkeit weiterzugeben, bin ich mehr als bereit, Ihnen diese privilegierten Informationen anzubieten.«

Okay, werfen wir nun einen kurzen Blick auf die Statistiken.

Absatz Nr.	Sätze pro Absatz	Wörter pro Satz	Zeichen pro Wort	Flesch Lese-komfort-Punktzahl 1-100 höher = besser	Flesch-Kincaid-Klassenstufe
1	7,0	13,1	4,1	72,1	6,4
2	3,0	25,3	5,3	34,1	14,7

Wow, was für ein Unterschied! Obwohl Test-Absatz Nr. 1 mehr Sätze enthält, enthält Test-Absatz Nr. 2 viel längere Sätze ... jeweils 12 Wörter länger. Längere Sätze bedeuten längere Gedanken, die mehr geistige Anstrengung erfordern, um ihnen zu folgen. Je mehr Sie die Leute zum Nachdenken auffordern, desto wahrscheinlicher ist es, dass Sie sie verlieren.

Darüber hinaus verwendet Test-Absatz-Nr. 1 kürzere Wörter. Aber wo ist der größte Unterschied zwischen der Flesch-Lesekomfort-Punktzahl und in der Flesch-Kincaid-Klassenstufe? Mit einer Punktzahl von 72,1 (denken Sie daran, 100 ist am besten) rangiert Testabschnitt Nr. 1 auf der Stufe der leicht verständlichen Sprechweise, wie Sie sie beim Ansehen Ihres Lieblingsfilms hören würden. Ein Sechstklässler sollte in der Lage sein, diesen Abschnitt zu lesen und zu verstehen. Im Gegensatz dazu schneidet Test-Absatz-Nr. 2 ähnlich gut ab wie die *New York Buchrezensionsliste* und ist für den Durchschnittsbürger viel schwieriger zu lesen und zu verstehen. Mit seiner niedrigen Punktzahl von 34,1 gilt er als »Hochschul«-Lesestandard. Nach Angaben des US-Bildungsministeriums, National Center for Education Statistics, hatten im Jahr 2007 erstens nur etwa 30% der 25- bis 29-Jährigen einen Bachelor-Abschluss oder höher, und zweitens waren etwa 3,4 Millionen 16- bis 24-Jährige High-School-Abbrecher.

Unabhängig vom Bildungshintergrund Ihrer Interessenten erleichtern kurze Wörter und kurze Sätze das Lesen für alle. (Natürlich sollten Sie nicht alle Wörter mit drei Buchstaben und super kurze Sätze und Absätze verwenden. Variieren Sie sie, damit Ihre Copy natürlich und nicht roboterhaft klingt. Eine gute Faustregel ist, dass etwa 70 bis 80% Ihrer Copy aus einsilbigen Wörtern bestehen sollten).

Die Software prüft auch auf das, was Flesch *bestimmte Wörter* nennt. Dies sind Substantive, Eigennamen, Pronomen, Verben und Spezifika. Je spezifischer Sie sind, desto weniger Denkarbeit muss Ihr Leser leisten, um Ihre Botschaft zu entschlüsseln. »Joey aß Schokolade« ist eindeutiger als »Jemand hat etwas getan«.

- ➡ **SAGEN SIE NICHT:** »Werden Sie finanziell erfolgreich.«
- ➡ **SAGEN SIE:** »Sie werden jede Woche bis zu $2.495 verdienen.«
- ➡ **SAGEN SIE NICHT:** »Möchten Sie, dass Ihr ganzer Körper attraktiver aussieht?«
- ➡ **SAGEN SIE:** »MÄNNER! Wollt ihr einen waschbrettartigen, knallharten Bauch? FRAUEN! Wollt ihr schlanke, knackige Oberschenkel?«

Jippieh! Diese Schlagzeilen würden sie umhauen! Befolgen Sie also diese vier einfachen Rezepte für gut lesbaren Text.

Rezept Nr. 1: Verwenden Sie kurze, einfache Wörter

»Ich hoffe, Sie haben Verständnis dafür, dass die überwiegende Mehrheit der Menschen bei der Herausgabe des folgenden Informationstextes zweifellos eine Gegendarstellung abgeben wird, die davon ausgeht, dass ihre Lebenserfahrungen genau die entgegengesetzten Richtlinien diktieren, die ihnen in guter Absicht gegeben wurden. Leider muss ich mich in einer Atmosphäre, in der pädagogische Disziplinen von größter Bedeutung sind, beeilen, den potenziellen Verlust der Datenerfassung zu diktieren; dies ist jedoch tatsächlich das wahrgenommene und prognostizierte Ergebnis dieser recht belastenden Situation.«

Hat Ihnen die Lektüre des letzten Absatzes gefallen? Wahrscheinlich nicht. Warum nicht? Weil er sich anhört, als sei er von einem Harvard-Professor mit Verstopfung geschrieben worden. Und nach der *McLaughlin-»SMOG«-Formel* ist er auf einem Postgraduierten-Lese-Niveau geschrieben, das mit dem IRS-Code vergleichbar ist. Gähn. Unglücklicherweise schreiben mehr Leute auf diese Weise, als Sie glauben. Das ist besonders bedauernswert, wenn die Person *Werbung* schreibt! Aber es gibt einen guten Grund, warum Menschen auf diese Weise schreiben: So wurde vielen Menschen das Schreiben beigebracht!

In der Schule wurde uns beigebracht, wie Erwachsene zu schreiben. In hochtrabenden Wörtern zu sprechen. So wurde aus dem Wort *müde* der Begriff *entkräftet*. Aus *hungrig* wurde *ausgezehrt*. Aus *groß* wurde *elefantös*. *Stur* wurde zu *renitent*. *Böse* wurde zu *ruchlos*. Seufz … Sie verstehen schon.

Bemerken Sie, was mit Ihnen und mir geschehen ist? Weil wir trainiert wurden, auf diese Weise zu schreiben, neigen wir dazu, auf diese Weise zu schreiben, wann immer wir etwas schreiben. Das bedeutet, dass wir jedes Mal, wenn wir eine Anzeige, eine Broschüre, einen Brief, eine E-Mail oder Websitetexte schreiben, in Wirklichkeit unser Geld die Toilette hinunterspülen. Warum? *Weil niemand die Scheiße versteht*, über die *wir sprechen!*

Vergessen Sie diese lästigen, unnötig langen und komplizierten Wörter und Phrasen, die Sie in der Schule und im Berufsleben gelernt haben. Sie wissen, welche ich meine: *»die Sie gleichsam genießen werden«, »die zuvor genannten Vorteile«, »die gegenwärtig beste …«, »hierin liegen 10 Gründe«,* und Sie kennen jeden weiteren dieser müden, schwerfälligen Ausdrücke. Seien Sie klar, natürlich und einfach.

Rezept Nr. 2: Je kürzer Ihre Sätze, desto besser

Es ist einfacher, kurze Sätze zu lesen, nicht wahr? Und ob! Es geht schnell! Lebendig! Auch aufregend, finden Sie nicht? Hacken Sie Ihre Sätze mit der guten alten Axt in Stücke. Sie werden die Augen der Leute an Ihre Copy nieten und sie ermutigen, mehr zu lesen.

Faustregel: Drücken Sie nur *einen* Gedanken pro Satz aus, nicht mehr. Verwenden Sie Ihren *nächsten* Satz, um das Nächste zu sagen. Warum? Weil es für Ihre Leser viel einfacher ist, jeweils nur einen Gedanken auf einmal zu verarbeiten und zu verstehen. Und weil alles, was Sie sagen, wichtig ist, wollen Sie, dass man jedes Ihrer Verkaufsargumente versteht, nicht wahr? Ja, natürlich. Tun Sie also, was der gute Dr. Flesch vorschlägt:

1. Verwenden Sie kürzere Wörter – 70 bis 80% davon sollten aus nur einer Silbe bestehen und
2. schreiben Sie kürzere Sätze – zielen Sie auf jeweils etwa 11 Wörter ab. Die Leute werden mehr lesen. Je mehr sie lesen, desto größer ist Ihre Chance, sie zu überzeugen, zu kaufen. Je mehr sie kaufen, desto mehr Geld verdienen Sie. Noch Fragen?

Rezept Nr. 3: Der Trick mit den kurzen, kurzen Absätzen

Hier ist ein großartiger Trick, mit dem die heutigen Top-Werbetexter dafür sorgen, dass die Leute weiterlesen und damit schnell vorankommen. Stellen Sie einfach eine Frage oder geben eine kurze

Erklärung ab und beantworten dann die Frage oder setzen den Gedanken im nächsten Absatz in wenigen Worten fort.
Hier ist ein Beispiel:

> Lieber Bob,
> möchten Sie eine geheime Methode kennenlernen,
> mit der man durch einfaches Fernsehen Geld verdienen kann?
> Das dachte ich mir.
> Lassen Sie mich erklären …

Dieser Trick mit den kurzen Absätzen bewegt nicht nur die Augen Ihrer Leser die Seite hinunter, sondern beschleunigt auch ihr Tempo und lässt Ihre Anzeige oder Ihren Brief viel einladender *aussehen*. (Im Gegensatz zu einer großen, kompakten Seite voller Text.) Übertreiben Sie diese Technik nicht, sonst sieht Ihr Schreiben zu mechanisch aus. Beschränken Sie Ihre regulären Absätze auf etwa vier oder fünf kurze Sätze.

Drew Alan Kaplan versteht diesen Trick gut. In seinem überaus beliebten Direktversandkatalog mit elektronischen Hightech-Gadgets schreibt Kaplan äußerst fesselnde Texte, durch die sich die Produkte wie warme Semmeln verkaufen. Er startete ein winziges Geschäft aus seinem engen Schlafsaal an der UCLA heraus und baute es zu einer knaller 400-Personen-Verkaufsmaschine aus, die beispielsweise 450.000 Radar-Detektoren, 250.000 Stereo-Equalizer, 100.000 Subwoofer und 900.000 Brotbackautomaten bewegte. (Sie haben wirklich einen Radarwarner gekauft, und ich backe auch heute noch frisches Brot. Ja, ich habe eine Schwäche für tolle Copytexte.) In nahezu jeder seiner ganzseitigen Kataloganzeigen beginnt er den ersten Absatz mit Sätzen, die nur aus zwei bis vier Wörtern bestehen. Von den acht Produkten, die ich gerade auf seiner Website angeschaut habe, verwenden sechs diese Technik:

- »Ich gestehe.«
- »Wir sind frei.«
- »Es ist schwierig.«
- »Das ist wichtig.«
- »S.W.A.T.-Teams benutzen sie.«
- »Es ist ein Problem.«

Dies ist eine schnelle und einfache Möglichkeit, Leute in Ihre Texte zu locken, die auch von einigen der größten Namen der Werbebranche unterstützt wird.

> **Beschränken Sie Ihren einleitenden Absatz auf maximal 11 Wörter.**
>
> David Ogilvy

Rezept Nr. 4: Häufen Sie Personalpronomen zu einer Persönlichkeit auf

Abschließend möchte ich, dass Sie Ihre Copy mit Pronomen wie Sie, ich, er, sie, es, ihm und ihnen beladen. Seien Sie besonders großzügig mit den Wörtern Sie und ich. Pronomen geben Ihrer Copy einen warmen, menschlichen Duft, den die Leute sofort bemerken. Es hilft auf die effektivste Art, Ihre Massenkommunikation in *persönliche* Kommunikation zu verwandeln. Tatsächlich ist es fast unmöglich, das Wort »Sie« in einer gut geschriebenen Copy überzubeanspruchen. Streuen Sie es großzügig darüber, wie Parmesankäse auf eine Pizza. Beginnen Sie Sätze damit! Beenden Sie Sätze damit!

Heben Sie es in großer Schrift heraus! Setzen Sie es in Ihre Headline! Stellen Sie Fragen und machen Sie Aussagen mit Pronomen:

»Werden *Sie*… Können *Sie*… Würden *Sie*… Sollten *Sie*… Darf ich *Ihnen* eine Frage stellen? Darf ich *Sie* um Rat fragen? Dürfte ich *Sie* um *Ihre* Meinung bitten? Wussten *Sie*…? Lassen *Sie* mich *Ihnen* sagen… Ich denke, die Idee wird *Ihnen* gefallen…«

Okay, lassen Sie uns noch einmal durchgehen, was Sie bisher gelernt haben.

- SIE HABEN GELERNT, dass Ihre Werbung nur dann erfolgreich sein kann, wenn Sie sich zunächst darüber im Klaren sind, was Ihre Leser daran hindert, Ihre Botschaft zu verstehen.
- SIE HABEN GELERNT, dass Ihre Leser sich nicht um Ihr großes Vokabular kümmern, sondern nur darum, was Sie für sie tun können. Das bedeutet, dass Sie kürzere Wörter, Sätze und Absätze verwenden sollen.
- SIE HABEN GELERNT, dass Werbetexte nicht allen Regeln einer Hochschulabfassung gleichen müssen. Ihr Text hat nur eine Aufgabe: verkaufen, Verkaufen, VERKAUFEN!
- SIE HABEN GELERNT, wie Sie mithilfe von Fragen Leute in Ihre Copy ziehen und sie zum Lesen anregen können. Stimmt's?
- SIE HABEN GELERNT, wie man Pronomen verwendet, wie z. B. die Wörter Sie und ich, um Ihre Copy persönlich klingen zu lassen. Und Sie wissen jetzt, wie Sie mithilfe der Flesch-Formel auf einfache Weise die Lesbarkeit Ihrer Copy ermitteln können.

CA$HVERTISING-Tipp: Sehen Sie, wie ich in den fünf vorhergehenden Absätzen immer wieder die Wörter SIE HABEN GE-

LERNT wiederholt habe? Absatzeinleitungen sind eine wirkungsvolle Methode, um die Lesegeschwindigkeit zu erhöhen und ein flottes Tempo in Ihren Anzeigen zu erreichen. Die Wiederholung erhöht die Wahrnehmung des Umfangs durch den Leser und kann, gemäß der in Kapitel 2 besprochenen Heuristik »Länge impliziert Stärke«, zur Erhöhung der Glaubwürdigkeit beitragen. Andere wirksame Absatzanfänge sind: »Wir garantieren …«, »Wir versprechen …«, »Sie erhalten …« und ähnliche. Und selbst wenn Sie all diese Dinge nicht wirklich gelernt haben (trotz meines plappernden »Sie haben gelernt«), kann die bloße Wiederholung solch einer Aussage dazu führen, dass Sie an Ihren eigenen Gefühlen zweifeln, denn »es ist so selbstbewusst … es ist so bestimmt … und es gibt so viele davon«.

Agentur-Geheimnis Nr. 2: Bombardieren Sie Ihre Leser mit Benefits

Lassen Sie uns nun über das Millionen-Dollar-Geheimnis sprechen, wie Sie in die Köpfe Ihrer Leser kommen: *Benefits*. Passen Sie gut auf. Wenn Sie diese Idee nicht in Ihre *gesamte* Werbung einfließen lassen, können Sie genauso gut gleich einpacken und ein anderes Business ausprobieren, das an andere Wesen als Menschen verkauft.

Erinnern Sie sich an unsere Diskussion über die Life-Force 8 aus Kapitel 1? Wie Sie sich vielleicht erinnern, sind die LF8 die primären menschlichen Bedürfnisse, die fest in unseren Gehirnen verankert sind. Es sind mächtige Wünsche, die wir biologisch gesehen erfüllen müssen, unabhängig davon, wer wir sind, wo wir leben oder was wir tun. Wenn Ihr Produkt oder Ihre Dienstleistung einen dieser Wünsche erfüllen kann – oder einen der neun sekundären Wünsche – haben Sie die Killer-Benefit-Claim-Maschine, die den Verkaufsball ins Rollen bringen kann. Tatsache ist, wenn Sie in Ihrer Werbung keine Benefits kommunizieren, sei es in einer Anzeige, einer Broschüre, einem Verkaufsbrief, auf einer Website oder was auch immer, dann sagen Sie Ihrem Geld Lebewohl!

Nun, bevor Sie anfangen, die Stirn zu runzeln, lassen Sie uns untersuchen, was ein Benefit in Bezug auf die Werbung ist. Benefits (oder Nutzen) sind die Dinge, die Ihren Interessenten einen Wert bieten. Und wie das Wort schon sagt, handelt es sich dabei um Dinge, die nicht *Ihnen*, sondern Ihrem *Interessenten* direkt nutzen. Ist ein Benefit dasselbe wie ein Feature? Sie müssen den Unterschied lernen. Ein Feature ist einfach ein Bestandteil eines Produkts oder einer Dienstleistung, ein Merkmal. Ein Beispiel:

Produkt: Rolls-Royce Phantom Coupé
Feature: Hochwertiges, handverlesenes Sitzleder
Benefit: Luxuriöser Komfort in allen Klimazonen
Feature: Hochfloriger Wilton-Lammwoll-Teppich
Benefit: Die reiche Weichheit unter den Füßen und üppige Eleganz
Feature: 453 PS, 6,75-Liter-V-12-Motor
Benefit: Macht, Kontrolle, höchste Zuverlässigkeit
Feature: Kühnes, würdevolles Styling mit dem »Spirit of Ecstasy« des Künstlers Charles Sykes, das stolz auf der Motorhaube schwebt
Benefit: Das Gefühl von Macht, Erfolg und Angekommensein

Verstehen Sie? Die Features sind die *Eigenschaften*. Die Benefits sind das, was Sie durch diese *Eigenschaften* bekommen. Die Benefits sind das, was die Menschen zum Kauf verleitet. Erinnern Sie sich, während der gesamten Zeit, in der die Menschen Ihre Anzeigen lesen, denken sie bewusst: »WIIFM? (What's in it for me?) – Was springt für mich dabei raus?« Tatsächlich können sie es nicht abstellen! Sie denken es immer und immer wieder und immer und immer wieder. Es ist wie eine beschädigte MP3-Datei, die sich ständig wiederholt. Indem Sie Ihre Anzeigen mit Benefits beladen, Ihren Interessenten erzählen, wie und was sie erhalten, wie sich ihr Leben verbessern wird, antworten Sie auf das »WIIFM«, das sie ständig zu befriedigen versuchen. Und wenn Sie das tun, steigt ihr Wunsch nach Ihrem Produkt, und Sie sind auf dem Weg zu einem Verkauf.

Verbraucher kaufen auf der Grundlage dessen, was das Produkt für sie tun wird, nicht auf der Grundlage der Inhaltsstoffe.

Newspaper Association of America

In meinem Workshop bringe ich den Punkt mit einer beliebten (und oft urkomischen) Zwei-Personen-Interaktion namens »Feature-Benefit-Übung« auf den Punkt. Ich stelle Teilnehmerteams zusammen und bitte einen, die Rolle des Verkäufers und den anderen die des Interessenten zu spielen. Der Verkäufer beginnt, indem er dem Interessenten ein Feature seines Produkts oder seiner Dienstleistung aufzählt. Dann weise ich den Interessenten an, mit einem lauten und verärgerten »NA, DAS IST JA EIN DING! Was ist für mich dabei drin?« zu kontern. Und um zu vermitteln, wie wertlos es ist, nur die Eigenschaften des Produkts zu nennen, weise ich den potenziellen Kunden an, gleichzeitig die Hände in die Luft zu werfen und dabei einen Blick puren Ekels abzuschießen. Der Verkäufer muss seine Antwort mit den Worten beginnen: »Ihr Nutzen liegt in ...« Es folgt eine typische Interaktion.

Geschäftsinhaber: »Mein Produkt ist ein Tintenstrahldrucker. Ein Feature sind mehrere Tintentanks.«

Interessent: »NA, DAS IST JA EIN DING! Was ist für mich drin?!« (Die Arme fuchteln über dem Kopf)

Geschäftsinhaber: »Sie profitieren davon, dass Sie viel Geld sparen, weil Sie nicht die gesamte Patrone austauschen müssen, wenn nur eine Tintenfarbe leer geht.«

Interessent: »Das ist schön. Ich gebe bei meinem aktuellen Drucker ein Vermögen für Tinte aus.«

Geschäftsinhaber: »Feature: 500 Blatt Papierfach.«

Interessent: »NA, DAS IST JA EIN DING! Was ist für mich dabei drin?!« (Verärgerter, angewiderter Blick)

Geschäftsinhaber: »Sie profitieren davon, dass Sie das Papierfach nicht so oft nachfüllen müssen. Die meisten anderen Drucker beinhalten nur halb so viel.«

Interessent: »Klingt nach meinem Drucker; es ist eine Qual, ihn immer wieder befüllen zu müssen.«

Geschäftsinhaber: »Feature: Ultra-Entwurfsmodus-Knopf«

Interessent: »NA, DAS IST JA EIN DING! Was ist für mich dabei drin?!«

Geschäftsinhaber: »Sie profitieren davon, dass Sie viel Geld an Tinte sparen, da der Ultra-Entwurfsmodus 50% weniger Tinte verbraucht als der normale Entwurfsmodus anderer Drucker.«

Gewöhnlich bricht der Raum in Gelächter aus, wenn Dutzende von Interessenten mit verärgertem Gesicht und verzweifelten Gesten der Ungeduld und Unzufriedenheit herumschreien. Am Ende der Übung wissen die Verkäufer genau, wie sie ihr Produkt verkaufen. Schließlich sind sie von Interessenten niedergeknüppelt worden, die das Okay erhalten haben, auszudrücken, was Interessenten ohnehin immer denken!

Es tut mir leid, aber die Leute interessieren sich *nicht* für Ihre neuen Geräte (nur wenn sie davon profitieren) oder dafür, dass Sie Ihr zehnjähriges Jubiläum feiern (es sei denn, Sie senken Ihre Preise). Ebenso mögen die Fotos Ihrer Mitarbeiter ganz warm und sympathisch sein, aber solange Sie die Benefits nicht rausgehauen haben, werden die Interessenten nichts tun, um Ihre Kasse zum Klingeln zu bringen. Fotos von Ihrem neugeborenen Baby Tabea? Vergessen Sie es! Schnappschuss von Ihrer neuen Katze Lulu Lemieux? Also, bitte! Die *Benefits* sind das, was Ihre potenziellen Kunden wirklich interessiert. *Benefits* zapfen das verbraucherpsychologische Prinzip Nr. 5 an: »Die Mittel-zum-Zweck-Kette«, die wir in Kapitel 2 behandelt haben und die vorschlägt, sich immer auf den Kernnutzen und die positiven Endergebnisse zu konzentrieren. *Der Schlüssel zu jeder erfolgreichen Werbung ist das Beladen Ihrer Werbung mit Benefits.*

Ich will es wahrhaft und ehrlich wissen,
oder nimm besser gleich deinen Hut,
nicht wie du das Produkt entwickelt hast,
sondern was das verdammte Ding für mich tut.

Agentur-Geheimnis Nr. 3: Packen Sie Ihren größten Benefit in Ihre Headline

Sprechen wir über Informationsüberlastung! Schätzungen gehen davon aus, dass wir täglich irgendetwas von 247 (Verbraucherberichte) bis zu mehr als 3.000 Werbebotschaften (Newspaper Association of America) ausgesetzt sind. Wenn wir eine Chance haben wollen, zu überzeugen, zu motivieren und zu verkaufen, MÜSSEN wir auf den Punkt kommen! Der einfachste Weg, dies zu erreichen, ist, immer – ohne Ausnahme – Ihren größten Benefit in Ihre Headline zu setzen.

> **Wenn Ihre Schlagzeile Ihr Produkt nicht verkauft, haben Sie 90% Ihres Geldes verschwendet.**
>
> David Ogilvy

Wussten Sie, dass 60% aller Menschen, die Anzeigen lesen, typischerweise Headlines lesen und nicht mehr? Sie blättern so lange, bis ihre Augen auf etwas stoßen, das sie interessiert. Das bedeutet, dass etwa 60% derjenigen, die Ihre Anzeige sehen, nur die ersten paar Wörter lesen. Huch!

Lösung: Bringen Sie das, was Ihnen am wichtigsten ist, dort unter, wo sie es am ehesten sehen werden: in Ihrer Headline. Nehmen wir zum Beispiel an, Sie schreiben eine Headline für Ihren Restaurant-Workshop, in dem Kellner und Kellnerinnen lernen, wie sie ihr Einkommen steigern können.

SAGEN SIE NICHT:

»Achtung Kellner: Der neue Workshop bringt Ihnen die Servicegeheimisse bei!«

SAGEN SIE:

»Achtung Kellner: Der neue Workshop lehrt Sie, wie Sie Ihre Trinkgelder um 512% erhöhen können … oder Sie kriegen ihr Geld zurück!«

Wenn Sie ein preisgekrönter Innenarchitekt sind, der sich darauf spezialisiert hat, gewöhnliche Häuser wie schöne Musterhäuser aussehen zu lassen:

SAGEN SIE NICHT:

»Louise Taylor entwirft Häuser mit dem gewissen Unterschied.«

Der gewisse Unterschied? Diese Behauptung ist zu formlos; sie erzeugt keine mentalen Bilder und gibt Ihren Interessenten nichts, was Sie begreifen könnten. Stattdessen:

SAGEN SIE:

»Die preisgekrönte Innenarchitektin Louise Taylor verwandelt Ihr Haus in ein wunderschönes Prachthaus für weniger, als Sie sich je erträumt hätten!«

Ahhh … jetzt haben wir eine Vorstellung davon, was Louise tun wird. Sie nennt uns den Grund Nr. 1, warum jemand sie beauftragen sollte: um sein Haus schön aussehen zu lassen.

Ertrinkt Ihr Fotogeschäft in 35mm-Filmpatronen, weil alle digital arbeiten?

SAGEN SIE NICHT:

»Die besten Zeiten Ihres Lebens einzufangen ist jetzt ein Schnäppchen!«

SAGEN SIE:

»RIESIGER FILMVERKAUF!
Auf alle 35mm-Farbfilmrollen 25% Rabatt – nur diese Woche!«

Sind Sie eine Bäckerei, die ihre Kunden mit ihrem himmlischen neuen »zum Reinsetzen« mit Karamell gefüllten Gebäck begeistern möchte?

SAGEN SIE NICHT:

»Kommen Sie herein und probieren Sie unser neuestes Konditorei-Meisterwerk!«

SAGEN SIE:

»Achtung Schokoladenliebhaber: Versenken Sie jetzt Ihre Zähne in den 8 1/2-Pfund-Karamellteufel-Vulkankuchen – absolut kostenlos!«

Sehen Sie die Einfachheit? Ihre Schlagzeile sollte sofort das Publikum auswählen, das Sie ködern wollen. Im Gegensatz dazu sah ich in einer lokalen Einkaufszeitung eine Anzeige für ein Geschäft für Beleuchtungsbedarf mit der Überschrift: »Wir helfen Ihnen, Ihr Leben zu erhellen und viel zu sparen!« Ach, was für eine Verschwendung. Warum? Weil die Anzeige nichts tut, um ihr Publikum auszuwählen. Die Anzeige könnte für Farbe, Fensterputzen oder sogar Antidepressiva stehen! Wie wäre es stattdessen mit der lächerlich einfachen Überschrift: »Brauchen Sie Lampen?« Denken Sie darüber nach. Wer würde von einer Headline angezogen werden, die fragt: »Brauchen Sie Lampen?« Jemand, der Lampen braucht, natürlich! Das Publikum ist in diesem Fall perfekt ausgewählt. Man braucht nicht zu raten, für wen die Anzeige bestimmt ist.

> **Die Headline ist das »Etikett auf dem Fleisch«. Verwenden Sie sie, um Leser herbeizuwinken, die für die Art von Produkt, für das Sie werben, infrage kommen.**
>
> David Ogilvy

Frage: Ist eine längere oder eine kürzere Überschrift wirksamer? Wenden wir uns wieder der Psychologie zu. Forscher haben Hunderte von Tests durchgeführt, um herauszufinden, wie viel der Durchschnittsmensch effektiv »aufnehmen« oder beachten kann. Die Ergebnisse aus allen Studien sind ähnlich. Der Ottonormalverbraucher kann maximal fünf bis neun Zahlen (George A. Miller, *The Magical Number Seven, Plus or Minus Two,* 1956) in einem »einzigen Akt der Aufmerksamkeit« verarbeiten. Haben Sie sich je gefragt, warum die meisten Telefonnummern in den USA sieben Ziffern haben? Bell Telephone wollte sie lang genug machen, um die meisten Variationen unterzubringen, aber kurz genug, damit sich die Leute sie merken können.

Was Worte angeht, können die meisten Menschen die Bedeutung von fünf bis sechs Wörtern mit einem einzigen Blick erfassen. Bedeutet das also, dass kurze Headlines eine größere Leserzahl erreichen? Ja, und Studien bestätigen das. Das liegt daran, dass die Anzahl der Wörter in einer Headline die Lesegeschwindigkeit beeinflusst und damit, wie viel von der Headline gelesen wird.

Hier ist ein Beispiel, um diesen Punkt zu verdeutlichen. Wenn Sie eine Zeitung mit der Schlagzeile »KRIEG!« gesehen haben, ist es gar nicht so schwer, sie zu lesen und zu verarbeiten, oder? Solange Sie das Wort erkennen, teilt es Ihnen sofort seine Bedeutung mit. Deshalb ist die Leserzahl so hoch. Ihre Augen müssen einfach nur auf das Wort treffen, und es ist so gut wie gelesen. Wenn Sie

Wörter hinzufügen, bewegen Sie sich in die entgegengesetzte Richtung von Geschwindigkeit, Arbeit, Leichtigkeit und Verständnis.

Nehmen Sie zum Beispiel die Schlagzeile: »Gestern erklärte der Blordoni-Stamm in der Nation Kimbootu seinen historisch gesehen aggressiveren südlichen Nachbarn, den WoopWoops, den Krieg.« Es kostet einfach mehr Zeit und Mühe, eine längere Headline wie diese zu durchforsten, trotz der albernen Stammesbezeichnungen. Es zwingt einen dazu, mehr *nachzudenken* (und wir wissen, dass die meisten Menschen sich lieber Karies wegbohren lassen würden, als das zu tun), und es bietet mehr Gelegenheiten, sich in Bedeutungssuche und Langeweile zu verlieren. Deshalb erhalten kurze Headlines eine höhere Leserzahl.

Kurze Headlines erfreuen sich einer höheren Leserzahl als lange Headlines.
Wenn die Headlines wachsen, schrumpft die Leserzahl.
Starch Research

Bevor Sie sich nun eine Axt schnappen und anfangen, Ihre Schlagzeilen wie einen Eichenstamm zu zerhacken, sollten Sie sich bewusst sein, dass gut geschriebene lange Headlines bemerkenswert effektiv sein können – und oft auch sind. Tatsächlich verwenden einige Direct-Response-Anzeigen mit langer Copy extrem lange Headlines, die oft in extrem lange Untertitel münden, wodurch eine Dutzende von Wörtern lange Head-/Subline-Einleitung entsteht!

1939 bis 1940 wurde vom Forscher Harold J. Rudolph eine klassische Studie zu 2.500 Anzeigen, die in der *Saturday Evening Post* erschienen, durchgeführt. Die Ergebnisse zeigen: Je kürzer die Headline, desto größer die Leserzahl.

Wie viele Wörter in der Headline?	Wie viele Personen lesen die gesamte Headline?
Bis zu 3	87,3%
4–6	86,3%
7–9	84%
10–12	82,5%
13+	77,9%

In dieser Studie ist die durchschnittliche Leserzahl der kürzesten Headline etwa 1/7 größer als die der längsten. Wir sehen den größten Rückgang bei Überschriften mit mehr als zwölf Wörtern. Rudolf: »Diese Ergebnisse können natürlich nicht als Hinweis darauf interpretiert werden, dass eine Headline, um fortlaufend gut gelesen zu werden, nur kurz sein muss. Der *Inhalt* der Headlines ist zweifellos das wichtigste Element, bezüglich der Leserzahl.«

Die Kehrseite der Medaille? Eine kurze Headline ist nicht unbedingt eine *effektive* Headline. Sie können sich mit drei Wörtern genauso schwertun wie mit 15, und Ihre Anzeige könnte trotzdem floppen. Sicher, mit einer Headline aus drei Wörtern würden Sie wahrscheinlich eine höhere Leserzahl erreichen, weil es keine Mühe kostet, sie zu lesen, aber das bedeutet nicht, dass Sie die richtigen Worte gewählt haben. Laut David Ogilvy verkaufen längere Headlines mehr Produkte.

»Okay, Drew. Jetzt bin ich noch verwirrter!« Also gut … vereinfachen wir es:

1. Packen Sie *immer* Ihren größten Benefit in Ihre Headline.
2. Wenn Sie zwei gleich wirksame Headlines schreiben können, wird die kürzere wahrscheinlich von mehr Menschen gelesen werden, während alle anderen Variablen gleich bleiben.

Aus praktischen Gründen sollten Sie Regel 1 *niemals* ignorieren und Regel 2 im Hinterkopf behalten, um die Leserschaft bei der Kreation Ihrer nächsten Anzeige zu maximieren. Na, fühlen Sie sich jetzt nicht besser?

Agentur-Geheimnis Nr. 4: Verschärfen Sie die Verknappung

Ihre Werbung ist Ihr Verkäufer. In meinem Seminar bringe ich ich ein Beispiel zu einem Verkäufer, den kein Unternehmen jemals dulden sollte. Mit einer trockenen, langweiligen und monotonen Stimme sage ich: »Jetzt lassen Sie sich einfach Zeit für die Kaufentscheidung. Sie brauchen sich nicht sofort zu entscheiden. Sicherlich wird dieses Produkt auch in Zukunft erhältlich sein, wann immer Sie es kaufen möchten.«

Sehen Sie hier ein Problem? Indem Sie suggerieren, es bestehe kein Grund, jetzt zu handeln, gibt dieser Verkäufer seinen Interessenten keinen Anreiz, *jetzt* zu kaufen. Wir sprechen hier von menschlicher Trägheit. Einfach ausgedrückt, Trägheit ist der Widerstand eines Objekts gegen eine Änderung seines gegenwärtigen Bewegungszustands. Es ist, als säße man auf einer Couch und sähe sich Wiederholungen von Seinfeld an – so viel zur Trägheit! Manchmal bedarf es eines Wunders, um aufzustehen, sich umzuziehen und aufs Laufband zu steigen.

Als Werber müssen wir die Menschen motivieren, *jetzt sofort* zu handeln. Wir wollen nicht, dass sie warten oder darüber nachdenken oder die Entscheidung auf das »Später« zu verschieben, das niemals kommt. Sie wollen, dass sie ihre Kreditkarte zücken und *jetzt* bestellen. Und es geht nicht einfach darum, um die Bestellung zu bitten – jeder gute Verkäufer weiß, wie das geht. Es geht darum, den Interessenten dazu zu bringen, aktiv zu werden, *sobald ihm das Angebot unterbreitet wird*. Und das tun Sie, indem Sie den Eindruck von Knappheit mit powervollen Deadlines erzeugen.

Sagen Sie den Menschen, dass sie etwas nicht haben können, und sie werden es mehr denn je wollen. Erinnern Sie sich an unsere Diskussion über CLARCCS, die »Sechs Waffen der Einflussnahme«? Das letzte »S« in diesem Akronym steht – wie Sie sich vielleicht erinnern – für Knappheit (Scarcity), ein starker Motivator. Und es ist die Angst vor Verlust, die den Deadlines ihre Kraft verleiht.

Können Sie sich vorstellen, eine schlagkräftige Anzeige zu kreieren, die mit exzellenten Texten, wunderbaren Grafiken und der perfekten Anziehungskraft gefüllt ist? Ihre Preisgestaltung trifft genau ins Schwarze, die Anzeige ist voll mit erstaunlichen Testimonials und sie erscheint in einer Publikation, von der Sie wissen, dass sie ausgezeichnete Response hervorrufen wird. Das Einzige, was Sie versäumt haben zu benennen, ist eine Deadline. Dabei spielt es keine Rolle, ob Sie eine »harte« Deadline (mit einem bestimmten Stichtag) wie »Verkauf endet am 21. August« oder eine »weiche« Deadline wie »Die Abgabemenge ist streng limitiert« verwenden; das Fehlen einer Deadline bedeutet, dass Ihr Angebot immer verfügbar ist. Und dies bedeutet mehr als alles andere, dass es keinen Grund gibt, jetzt zu kaufen; dass es genug für alle gibt.

Was glauben Sie, was passieren würde, wenn ab morgen alle Verkäufer der Welt ihre Präsentationen mit folgendem Satz beenden würden: »Das müssen Sie nicht sofort kaufen. Nehmen Sie sich Zeit für Ihre Entscheidung. Ich melde mich irgendwann in der Zukunft bei Ihnen, um zu sehen, wie Sie sich entschieden haben.« Es würde einen wirtschaftlichen Zusammenbruch von einem Ausmaß bedeuten, den die Welt noch nicht erlebt hat.

Werbung ist Überzeugungsarbeit. Und der kritischste Zeitpunkt für Überzeugungsarbeit ist die Aufforderung zum Handeln. Setzen Sie immer Fristen, um die Response tötende menschliche Trägheit zu verhindern. Es sind keine besonderen Fähigkeiten erforderlich. Es könnte nicht einfacher sein. Aber Junge, es ist so kraftvoll. Fügen Sie einfach Standardphrasen wie die folgenden ein:

- Rufen Sie vor dem 5. April an.
- Die Lieferungen sind streng begrenzt.
- Das Angebot endet am 15. Mai.
- Preisgarantie nur bis zum 3. August.
- Angebot gilt nur vor 16.00 Uhr.
- Die Teilnehmerzahl ist auf 50 Personen begrenzt.
- Es werden KEINE Gutscheine ausgestellt.
- Gilt nur für die ersten 50 Anrufer.

... und alle anderen Variationen, die Sie sich ausdenken können. Wenn Sie bisher noch keine Fristen verwendet haben, zapfen Sie Robert Cialdinis »Waffe des Einflusses Nr. 6 – Knappheit« an, und Sie werden sofort den Unterschied in Ihrer Response erkennen.

Agentur-Geheimnis Nr. 5:
22 psychologisch wirksame Headline-Anfänge

Headlines zu lesen ist so ähnlich wie Autofahren und Schilder zu lesen. Wenn Sie ein Schild sehen, das in die Richtung zeigt, in die Sie fahren möchten, bleiben Sie auf der Straße und fahren weiter. Andernfalls werden Sie abbiegen und nach einer Straße suchen, die Sie dorthin führt, wo Sie hinwollen. Ebenso wird eine Headline, die Sie interessiert, Sie zum Lesen anregen. Wenn die Copy stark genug ist, werden Sie vielleicht auch in die Tasche greifen und etwas Geld herausrücken. Andernfalls nehmen Sie schnell einen anderen Weg: Sie schauen sich die anderen Anzeigen an, blättern um oder klicken auf eine andere Website. In diesem Fall sind Sie als Werbetreibender für den Inserenten für immer weg.

Deshalb ist es entscheidend, dass Ihre Headline zwei Dinge tut: 1.) ihre Aufmerksamkeit erregen und 2.) sie zum Weiterlesen motivieren. Wenn sie nicht *beides* tut, könnten Sie Goldbarren verschenken und die meisten Menschen würden es nicht bemerken. Deshalb ist *die Wortwahl* so wichtig. Glücklicherweise wissen Sie seit dem Ratschlag in »Agentur-Geheimnis Nr. 3 – Packen Sie Ihren größten Benefit in Ihre Headline«, *was* Sie in Ihre Headline schreiben müssen. Lassen Sie uns jetzt darüber sprechen, *wie* sie das ausdrücken.

Es gibt vier wichtige Eigenschaften, die eine gute Headline besitzen kann. Das sind:

1. Eigeninteresse
2. Neuigkeiten
3. Neugierde
4. Schneller, einfacher Weg

John Caples

Wer interessiert sich nicht für sich selbst? Um an das Eigeninteresse eines Verbrauchers zu appellieren, schreiben Sie einfach eine Headline, die einen persönlichen Nutzen verspricht: weißere Zähne, höheres Einkommen, gesünderer Körper, bessere Beziehungen und alle anderen, insbesondere diejenigen, die die in Kapitel 1 besprochenen Wünsche der Life-Force 8 anzapfen.

Die Menschen lesen die Zeitung, um Nachrichten und andere Informationen zu erhalten. Wir sind natürlich daran interessiert, was es Neues gibt, was um uns herum passiert. Jedes Mal, wenn Sie Ihr Benefit mit einem Beigeschmack von Nachrichten zum Ausdruck bringen können, fügen Sie einen zusätzlichen Kick hinzu, der sehr ansprechend ist. Ihre »Neuigkeiten« können so einfach sein wie die Ankündigung der Veröffentlichung oder Verfügbarkeit Ihres Produkts und die Art und Weise, wie Ihr Käufer davon profitiert. Oder, für einen zusätzlichen Hauch von Aktualität, binden Sie Ihre Anzeige in aktuelle Ereignisse, Wetter, Sport oder irgendetwas anderes Aktuelles ein. »ACHTUNG; LOS ANGELES: Legen Sie diesen Coupon vor und Burgerilla spendet bis Freitag 10% Ihrer Burger-Käufe, um den Erdbebenopfern zu helfen.«

Neugierig? Die meisten Menschen sind es. Und eine gut konstruierte Headline kann genug Neugierde wecken, um sie zum Weiterlesen zu motivieren, wie es bei den meisten der folgenden Headlines der Fall ist. Werden Sie jedoch bitte nicht kitschig oder clever bei Headlines, die nicht auf das richtige Publikum abzielen, nur um Blicke zu ködern. Das beste Beispiel dafür ist die Schlagzeile »SEX!« für Anzeigen, die genauso viel mit Sex zu tun haben wie Anzeigen für PVC-Terrassenmöbel. Sie wollen nicht einfach nur *viele* Blicke, sondern die *richtigen* Blicke.

Die folgenden 22 getesteten Headline-Starter können für fast jedes Produkt oder jede Dienstleistung verwendet werden. Ersetzen Sie einfach den Beispielwortlaut durch Wörter, die Bezug auf Ihr Unternehmen nehmen.

1. **KOSTENLOS:** »Dieses kostenlose Buch zeigt Ihnen, wie Sie listige Werbung schreiben, die die Leute praktisch dazu zwingt, Ihnen Geld zu schicken!«

2. **NEU:** »Dieses powervolle neue Seminar lehrt Flohmarkthändler die Macht der ›Floh-Psychologie‹, um Menschen in Kaufrausch zu versetzen.«
3. **ENDLICH:** »Endlich … eine Bäckerei, die ausschließlich Zucker, Mehl, Milch und Eier in Bioqualität verwendet!«
4. **DIES IST:** »Dies ist die neue Erfindung, die jeden Angreifer im Ansatz stoppt – ohne Pistole, Messer oder schwarzen Gürtel in Karate.«
5. **ANKÜNDIGUNG:** »Ankündigung des heißesten neuen Sandwich-Wahnsinns aus Südkalifornien: Die Malibu-Knusper-Tasche!«
6. **WARNUNG!:** »WARNUNG! Einige Hundepfleger legen Ihrem Hund eine Schlinge um den Hals!«
7. **SOEBEN VERÖFFENTLICHT:** »Soeben veröffentlicht: Psychologische Studie enthüllt wenig bekannte Sprachmuster, die unhöfliche Verkäufer sofort in die Schranken weisen.«
8. **JETZT:** »Jetzt können Sie jeden Angreifer ohne Pistole, Messer oder einen schwarzen Gürtel im Karate stoppen.«
9. **HIER ERFAHREN SIE:** »Hier erfahren Sie, wie eine 47 Kilo leichte Großmutter einen 140 Kilo schweren psychopathischen Mörder dazu brachte, zu schreien wie ein Baby nach seiner Rassel.«
10. **DIESE:** »Diese drei sehr italienischen Männer machen eine Pizza, für die es sich lohnt, zu töten.«
11. **WELCHEN:** »Mit welchem dieser heißen Körper würden SIE gerne angeben?«
12. **SCHLUSS MIT WARTEN:** »Endlich ein Seminar zur Selbstoptimierung, das bewegt, befähigt und Sie auf Lebenszeit verwandelt!«

13. **SCHAUEN SIE:** »SCHAUEN SIE! Jetzt können Sie Zuckerwattemaschinen zu Großhandelspreisen kaufen.«
14. **WIR PRÄSENTIEREN:** »Wir präsentieren die einfachste Art und Weise, Klavier spielen zu lernen, die je entwickelt wurde.«
15. **(NEU-)VORSTELLUNG:** »Vorstellung des einzigen Wassereisstandes in Philadelphia, der echte frische Früchte verwendet.«
16. **WIE:** »Wie Sie in 90 Tagen oder weniger singen wie ein American Idol – garantiert!«
17. **ERSTAUNLICH:** »Erstaunliche neue DVD senkt Ihren Blutdruck durch bloßes Anschauen!«
18. **WISSEN SIE:** »Wissen Sie, wie Sie bösartige Hundeangriffe mit einem Knopfdruck stoppen können?«
19. **WÜRDEN SIE:** »Würden Sie $2 gegen unsere berühmte Steinofenpizza tauschen?«
20. **KÖNNEN SIE:** »Können Sie sicher sein, dass Ihr Kind nicht entführt wird?«
21. **WENN SIE:** »Wenn Sie die Reinigung Ihres Pools hassen, bringt diese Anzeige gute Nachrichten!«
22. **AB HEUTE:** »Ab heute können Sie um 97% besser tanzen … wenn Sie diese Regeln befolgen.«

Agentur-Geheimnis Nr. 6: Zwölf Wege, Leser in Ihre Bodycopy zu locken

Sie haben eine großartige Headline geschrieben, die auf Ihre Interessenten abzielt und sie dazu anregt, mehr zu lesen. Sie haben ihre Aufmerksamkeit kurz gefangen genommen, ihre Neugierde geweckt und ihre Wünsche angezapft. *Sie wollen sie jetzt nicht ver-*

lieren! Aber wie fangen Sie es an, die Copy so zu schreiben, dass sie sich ganz natürlich aus Ihrer Headline ergibt und die Leser nicht aus diesem begehrten und durchaus profitablen Geisteszustand herausreißt? Hier sind zwölf einfache Wege, die auf den erfolgreichen Ergebnissen von Hunderten geschäftsfördernder Print-Anzeigen basieren.

Jedes der folgenden zwölf Beispiele verwendet *dieselbe* Headline als Sprungbrett für unsere Variationen. Die Headline lautet:

»Soeben veröffentlicht! Psychologische Studie enthüllt wenig bekannte Sprachmuster, die unhöfliche Verkäufer sofort in ihre Schranken weisen.«

1. Führen Sie den Gedanken in der Headline weiter

»Sie wissen, welche unhöflichen Verkäufer wir meinen. Diejenigen mit der großen Klappe, die das Wort ›Nein‹ nicht verstehen. Diejenigen, die drängen und drängen und Sie nicht in Ruhe lassen.«

2. Stellen Sie eine Frage

»Wie würden Sie sich in so einer heiklen Situation verhalten?«

3. Zitieren Sie eine respektable Autorität

»Laut dem Kommunikationspsychologen R. Butler Sinclair braucht sich niemand durch die von … angewandte Hochdrucktaktik eingeschüchtert zu fühlen.«

4. Geben Sie ihnen einen kostenlosen Vorgeschmack

»Wenn Sie das nächste Mal mit einem aufdringlichen Verkäufer konfrontiert werden, tun Sie Folgendes: Warten Sie, bis er zu Ende gesprochen hat. Dann heben Sie Ihre linke Hand zum Mund und sagen Sie: ›Wissen Sie, Sie haben gerade nicht wirklich …‹«

5. Fordern Sie sie heraus, zu beweisen, dass es funktioniert

»Wir möchten, dass Sie Folgendes tun. Lesen Sie die Seiten 8 und 9 dieses unglaublichen neuen Buches – nicht mehr. Dann gehen Sie zu dem Händler, der den Ruf hat, die unausstehlichsten und streitlustigsten …«

6. Beginnen Sie mit einer Geschichte voller Skepsis

»Als wir das Manuskript zum ersten Mal vom Autor erhielten, waren wir skeptisch. Aber einige von uns in der Redaktion probierten ein paar von Sinclairs Tricks aus, und wir waren begeistert.«

7. Sagen Sie, was andere sagen (Mitläufer-Effekt)

»Niemand hasst unausstehliche Verkäufer mehr als ich. Als ich also zum ersten Mal die Anzeige für dieses Buch sah, dachte ich, das sei zu schön, um wahr zu sein. Es ist in der Tat das stärkste Buch, das ich je über den Umgang mit unhöflichen Mitarbeitern, Verkäufern und Schwiegermüttern gelesen habe.« – Bob Manstreth, Philadelphia, PA.

8. Spielen Sie den Reporter

»Philadelphia, PA – Ein New Yorker Psychologe hat soeben die Ergebnisse einer siebenjährigen Studie veröffentlicht, die erklärt, wie jeder Mann oder jede Frau die Kraft einer neuen Art von Kommunikationspsychologie nutzen kann, um mit unausstehlichen Menschen umzugehen.«

9. Werden Sie persönlich mit Sie, Sie, Sie (bzw. Du, Du, Du)

»Sind Sie jemals von einem Verkäufer belästigt worden, der ein Nein als Antwort nicht akzeptieren kann? Hassen Sie es, wenn Leute Sie herumschubsen und manipulieren? Möchten Sie eine neue, wirkungsvolle Methode kennenlernen, um diese unausstehlichen Leute sofort in die Schranken zu weisen? Einen Weg, der Sie sofort Oberhand gewinnen lässt…«

10. Erzählen Sie eine dramatische Geschichte

»Laut dem Kommunikationspsychologen R. Butler Sinclair ist es nicht mehr nötig, dass sich jemand durch die von… angewandte Hochdrucktaktik eingeschüchtert fühlt.«

11. Machen Sie superdetaillierte Angaben

»Dieses erstaunliche neue Buch – ein dickes, ledergebundenes Hardcover-Buch im Format 21,5 × 28 Zentimeter – ist vollgepackt mit über 327 Seiten, zehn informationsgefüllten Kapiteln und 45 der effektivsten neuen Kommunikationsmittel, die je für… entwickelt wurden.«

12. Ködern Sie sie mit einem sehr kurzen ersten Satz

»Hassen Sie das nicht auch?«

»Das ist so ärgerlich!«

»Es macht mich krank.«

»Ich kann es nicht ertragen!«

Agentur-Geheimnis Nr. 7: 360 Grad Aufmerksamkeitswirkungspower

Stellen Sie sich eine Reihe von zehn verhafteten Schlägern auf einer Polizeiwache vor. Sie sind wie Schlägertypen gekleidet. Sie haben wütende Schlägergesichter. Furchterregende Schlägerzähne. Lausige Schläger-Rasiergewohnheiten. Überhaupt eine allgemeine Aura von »Schlägertum«. In der Mitte dieser »aufrechten« Bürger steht ein eleganter Herr, der aussieht, als sei er gerade aus seinem Gulfstream G550-Privatjet gestiegen. Wow, sieht der Kerl wohlhabend aus, oder was? Dieser Anzug! Diese Schuhe! Dieses Millionen-Dollar-Lächeln!

Frage: Wer sticht in der Aufstellung der Polizei hervor? Unterschiede ziehen sich an. »In einem Wurf von zehn Welpen erhält das lilafarbene Hündchen die ganze Aufmerksamkeit.«

Von Rowdys und Welpen einmal abgesehen, wissen wir in der Werbung, dass eine Möglichkeit, die Aufmerksamkeit der Menschen auf sich zu ziehen, das Grafikdesign ist. Unser Ziel ist es nicht, unsere Werbung so aussehen zu lassen, wie die der anderen. Wir wollen auffallen, oder? Aber wie viele Werbetreibende tun das tatsächlich? *Sehr* wenige. Überprüfen Sie es selbst. Hören Sie für einen Moment auf zu lesen und schnappen Sie sich Ihre Lokalzeitung. Welche Form haben die meisten Anzeigen? Ohne die Zeitung zu sehen, die Sie gerade lesen, weiß ich, dass die meisten quadratisch sind, gefolgt von rechteckig. Immer und immer wieder und immer wieder die gleichen zwei Formen. Nicht weil sich das als am effektivsten erwiesen hat (hat es nicht), sondern einfach deshalb, weil diese Formen es Verlegern ermöglichen, ihre Verkaufsfläche zu optimieren. Es ist einfach, sie nebeneinander zu montieren.

Seien Sie also ein Rebell, lösen Sie sich von der Nachahmungstruppe und heben Sie sich selbst auf den überfülltesten Zeitungsseiten durch eine aufmerksamkeitsstarke kreisförmige Anzeige ab. Die Publikation *Printer's Ink* aus der Werbebranche berichtete bereits vor Jahrzehnten über die Effektivität dieser einfachen Technik, aber nur wenige Werbetreibende kennen sie, und noch weniger haben sie jemals eingesetzt. Statt der typischen Rechtecke oder Quadrate, lassen Sie Ihre Anzeige innerhalb eines kreisförmigen Rahmens setzen. (Lassen Sie Ihre Copy auf die übliche Weise laufen; biegen Sie sie nicht um die Innenseite des Kreises herum.) Kreisförmige Anzeigen erhalten mehr Aufmerksamkeit, und Ihre Anzeige wird sich dramatisch von Ihrem »quadratischen« Wettbewerb abheben.

Bitten Sie einfach Ihre Druckerei oder Zeitung (oder noch besser, einen Grafikdesigner), Ihren Text in einen kreisförmigen Rahmen zu setzen, der in die Größe der von Ihnen gekauften quadratischen Werbefläche passt. Um den Kreis noch stärker hervorzuheben, füllen Sie alles vom äußeren Rand des Kreises bis zu den inneren Rändern des Quadrats, das den Kreis enthält, mit schwarz – oder der Farbe Ihrer Wahl – aus. So haben Sie die gesamte Innenseite des Kreises für Ihre Copy zur Verfügung. Aufgrund seiner Form haben Sie natürlich in der exakten Mitte des Kreises mehr horizontalen Raum als oben und unten. Das ist ein echter Hingucker. Es ist ganz egal, von wie vielen anderen Anzeigen Ihre Anzeige umgeben ist, Ihre Anzeige wird hervorstechen wie eine Neonreklame in einem Meer der Gleichartigkeit.

Erfolgreiche Kleinanzeigen nutzten ihre ungewöhnlichen Formen, um die Darstellung des Produkts zu verbessern.

Ungeschicktere versuchten, zu viele Informationen in ihre Anzeigen zu packen, und es wurde zu wenig darauf geachtet, den Leser überhaupt einzubeziehen.

»Great Newspaper Ads«, Marketing Magazine, 5. Februar 2001

Agentur-Geheimnis Nr. 8: Die Fallstricke der Negativschrift

»Oh nein! Nicht umkehren! Stopp! Wagen Sie es nicht, weiße Buchstaben auf dunklem Hintergrund zu drucken!«

Vielleicht haben Sie dies schon von Grafikdesignern, Textern, Kreativdirektoren, Beratern, Anzeigenvertretern von Zeitungen und anderen sachkundigen Werbefachleuten gehört. Aber haben Sie sie jemals gefragt: »Warum nicht?« Die Chancen stehen gut, dass man Ihnen nichts weiter sagen wird als: »Es ist schwerer zu lesen!«.

Haben Sie diesen Rat befolgt? Das sollten Sie tun. Denn das Prinzip beruht auf soliden psychologischen Prinzipien und Fakten. Wie steht es mit Ihrer Website? Ihren HTML-Anzeigen? Ihren gedruckten Materialien?

Dieses Tabu wird als Negativ- oder Knockout-Schrift bezeichnet. Nehmen Sie sie nicht, es sei denn, Ihre Anzeige ist umgeben, buchstäblich überfüllt von anderen Anzeigen auf einer Website, einer Zeitungsseite oder irgendwo anders. Studien zeigen, dass Negativtext Ihre Copy dramatisch unleserlich macht. Warum? Das Auge ist es nicht gewohnt, umgekehrt zu lesen. Besonders wenn die Schrift klein ist. Leider musste ich erleben, wie jeder, vom winzigen Familienbetrieb bis hin zu riesigen Unternehmen, diesen groben Fehler macht. Wie viele Websites haben Sie schon gesehen, auf denen der Hintergrund dunkler ist als die Schrift? Sehr schwer zu lesen.

Ausnahme von der Regel? Die Umkehrung aus einem festen Hintergrund heraus kann z. B. bei Überschriften wirksam sein, wenn die Schrift groß ist und nur wenige Wörter vorhanden sind: »Gratis-Schokoladentrüffel!« oder »Gewinnen Sie diesen neuen Lamborghini!« Andererseits könnten Sie diese Schlagzeilen vermutlich mit gelber Farbe auf weißes Papier drucken und sie würden wahrscheinlich wie verrückt ziehen. Aber was ist der Hintergrund dieser lang wiederholten Ermahnung? Anstatt Ihnen einfach zu sagen, es nicht zu tun, sollten Sie verstehen, warum Werbefachleute Ihnen diesen Rat geben ... obwohl die meisten von ihnen selbst keine Ahnung davon haben.

Experiment Nr. 1: Herr Holmes und seine »Kritischen Sechsundsechzig«

In einem Artikel mit dem Titel »Die relative Lesbarkeit von Schwarz- und Weißdruck«, der 1931 im *Journal of Applied Psychology* veröffentlicht wurde, führte ein Forscher mit dem mysteriösen Namen G. Holmes einen Test mit kurzen Wörtern durch. Einige Wörter wurden in schwarzer Farbe auf weißes Papier gedruckt, andere in weißer Schrift auf schwarzem Hintergrund. Für alle Wörter wurden die gleiche Schriftart und Schriftgröße verwendet. Der gute alte Mr. Holmes stellte zwei Wörter in einem Abstand auf, der so groß war, dass seine Probanden sie nicht lesen konnten. Er sagte dann tatsächlich: »Okay, Leute, geht nur so nah wie nötig ran, um diese Wörter lesen zu können.«

Seine Ergebnisse? Holmes entdeckte, dass schwarz auf weiß (nicht negativ) gesetzte Wörter in einem Abstand von etwa 1,68 m gelesen werden konnten, während die weiß auf schwarz gesetzten (negativen) Wörter erst gelesen werden konnten, wenn die Probanden näher dran waren, etwa 1,40 m. Fazit? Die Umkehrung macht die Schrift weniger gut lesbar.

Experiment Nr. 2:
Daniel Starch und die Verlangsamung des Lesefluss'

Unser Werbeforscherfreund Daniel Starch führte eine Untersuchung durch, die mit Holmes' Ergebnissen übereinstimmte. Starch ließ Teilnehmer eine kurze, nicht negativ gesetzte Passage lesen. »Lies das!«, bellte er. Tatsächlich las der durchschnittliche Teilnehmer sie mit etwas mehr als sechs Wörtern pro Sekunde. Als Nächstes ließ er sie eine negativ gedruckte Passage vorlesen. Die Geschwindigkeit? Etwas schneller als vier Wörter pro Sekunde, etwa zwei Wörter pro Sekunde langsamer als der nicht negativ gedruckte Text. Das Fazit? Die Umkehrung verlangsamt das Lesen.

Experiment Nr. 3:
Wenn P&T sprechen, hören alle zu

Es war an der Zeit, die größeren Geschütze aufzufahren und dieser ganzen Negativ-Typo-Sache auf den Grund zu gehen. Und da kamen sie: zwei Psychologen, Paterson und Tinker. Die großen Hunde der Werbeforschung. Ohne Zeit zu verschwenden, wiederholten sie das Experiment von Starch, allerdings mit einer Wendung, die interessante Ergebnisse brachte. Als den Teilnehmern die Schwarz-auf-weiß-Version gezeigt wurde und dann sofort die umgekehrte Version, erwies sich die Letztere als um 4% weniger gut lesbar. Wenn ihnen nur die negativ gesetzte Version gezeigt wurde, erwies sich die umgekehrte Passage als 16% weniger gut lesbar … statistisch signifikant in jedermanns Buch.

Urteil? Keine negative Umkehrung. Sie werden jetzt nicht nur wie ein hirnloser Roboter Ratschläge befolgen. Sie werden wissen, *warum* Sie es tun. Nur zu … erleuchten Sie Ihren Lieblingswerbeexperten mit diesen Informationen. Er oder sie wird Sie vielleicht nie wieder mit denselben Augen ansehen.

Agentur-Geheimnis Nr. 9:
Vernichten Sie Ihre Konkurrenz mit extremer Genauigkeit

Diese eine Idee ist so mächtig, dass sie Ihnen helfen kann, Ihre Konkurrenz im Würgegriff zu halten. Ihre Wirksamkeit wurde von legendären Meistern der Werbung gefeiert, vom ehrwürdigen Claude Hopkins *(Scientific Advertising)* bis zum brillanten Eugene Schwartz *(Breakthrough Advertising)*.

Ich nenne es *extreme Genauigkeit*, und Ihre Konkurrenten werden Sie dafür verfluchen. Es ist einfach, und Sie tun Folgendes: Seien Sie von diesem Tag an jedes Mal, wenn Sie Ihre Produkte oder Dienstleistungen beschreiben, extrem präzise. Ich sage Ihnen, was ich meine …

Eines Tages führte ich ein Experiment durch. Ich schnappte mir mein Telefon und die Gelben Seiten. Ich rief nach dem Zufallsprinzip etwa 25 örtliche Pizzaläden an. Ich sagte: »Hallo, ich komme diesen Samstag mit zehn Freunden vorbei. Ich möchte zu Ihnen kommen, aber einer der Jungs will in eine andere Pizzeria gehen. Helfen Sie mir, die Gruppe zu überzeugen; was macht Ihre Pizza besser als andere?«

Antwort Anruf Nr. 1: [Verärgert] »Ähhh … ich weiß nicht. Das müssen SIE entscheiden!«

Analyse: Erbärmlich. Hier ist ein Typ, der von einem zahlungskräftigen Kunden die Gelegenheit erhält, sein Restaurant von den anderen zu unterscheiden. In 30 Sekunden hätte er bis zu zehn neue Kunden für viele Jahre gewinnen können.

Antwort Anruf Nr. 2: »Wir verwenden bessere Zutaten.«
Analyse: Diese Antwort sagt mir nichts. Sie erzeugt keine positiven Bilder in meinem Kopf und gibt mir keinen Grund, *seine* Pizza zu begehren. Die Antwort ist zu allgemein. Eine weitere Chance verpasst, sich von der Masse abzuheben.

Antwort Anruf Nr. 3: »Bessere Qualität. Unsere Sauce und unser Mehl kommen aus Italien.«
Analyse: Nicht großartig, aber besser! Er sagt nicht nur »Qualität« oder »Zutaten«, sondern er gibt auch an, welche Zutaten. Dann sagt er, dass sie besser sind, weil es echte italienische Zutaten sind. Das klingt auf jeden Fall besser als Mehl und Käse aus der Bronx.

Aber hätte er es besser machen können? Auf jeden Fall. Wie wäre es, wenn sie mir sagen würden, was den Käse besser macht, nämlich dass es nicht nur Kuhmilchmozzarella ist, sondern auch unglaublich geschmackvoller (und schwer zu findender) Büffelmilchmozzarella, und nach echter New Yorker Tradition wird der Käse nie gerieben, sondern in *Stücken* daraufgelegt, weil geriebener Käse zu viel Feuchtigkeit an den Boden abgibt.

Das Mehl? Nur harter, nördlicher Frühjahrsweizen wegen seiner hervorragenden Eigenschaft, aufzugehen und für ein knackiges Äußeres und eine zähe innere Kruste zu sorgen. Aber warum hier aufhören? Seine Soße ... ahhhhh, hier geht es wirklich um Schönheit. Er weigert sich, vorgefertigte Sauce zu verwenden (wie seine Konkurrenten), nein, Sir. Er zerkleinert seine eigenen Tomaten. (Und auch keine gewöhnlichen Tomaten. Er besteht auf »Original San Marzano«-Tomaten aus Italien!) Olivenöl? Natürlich nur kaltgepresstes Olivieri. Der Teig wird mit der Hand geknetet – und nicht von Stahlwalzen in einer stumpfsinnigen Maschine (wie bei diesen Systemgastro-Typen) platt gewalzt. Seine Pizzamasse wird in einem direkt aus Italien importierten Kohleofen gebacken, was ihr einen erstaunlichen Geschmack verleiht, der von den einfachen alten Gasöfen der Konkurrenz nicht erreicht wird.

Fleisch und Gemüse? Seine Konkurrenten verwenden vorbehandelte Zutaten, die in riesigen Polybeuteln in Kantinenabnahmegröße geliefert werden. Hier wird alles jeden Morgen frisch von Hand in Scheiben geschnitten. Kräuter? Er baut frisches Basilikum und Oregano für maximalen Geschmack selbst an. Apropos Atmosphäre! Sein gemütlicher Speiseraum wurde kürzlich vom Boden bis zur Decke renoviert, von der Größe fast verdoppelt, und mit seinen großen neuen Nischen ist er weitaus gemütlicher als die meisten anderen Pizzerien mit ihren billigen Plastikstühlen. Schauen Sie sich diese herrlichen italienischen Fliesen und fabelhaften Kunstwerke an. Als ob das alles noch nicht genug wäre, stellt seine Familie seit vier Generationen Pizza in Handarbeit her. Bei jedem knusprigen Bissen schmeckt man 80 Jahre Pizza-Backkunst.

»Aber Drew! Spielt irgendetwas davon wirklich eine Rolle in der heutigen ›Berechne-den-Konsumenten-mehr-und-gib-ihm-weniger‹-Welt?« Ja. Es ist wichtiger denn je, vor allem, weil es sonst niemand tut. Eines der mächtigsten Dinge, die Sie tun können, ist, Ihre Kunden über die Besonderheiten Ihres Produkts oder Ihrer Dienstleistung aufzuklären. Wenn Sie einmal aufgeklärt sind – vorausgesetzt, Ihr Produkt ist mindestens so gut wie das der Konkurrenz –, werden sie Ihr Angebot mehr schätzen. Überlegen Sie … welche interessante Geschichte können Sie den Menschen über Ihr Produkt oder Ihre Dienstleistung erzählen? Wie können Sie sie darüber aufklären, was Sie tun oder wie Sie es tun?

Eine Geschichte von zwei Restaurants

Das Restaurant Nr. 1, Luigi's, sagt Ihnen, dass es eine wunderbare Hausmannskost habe. Chicken Parmesan, Spaghetti, Manicotti und mehr. Außerdem gibt es einen Gutschein. Ja, das ist die ganze Anzeige. Meine Güte, Leute, die Idee der Werbung ist es, sich abzuheben, sich zu unterscheiden und die Leute zum Handeln zu bewegen. Ich halte Luigi's die Gutschrift zugute, aber der Rest der Anzeige gibt keine zwingenden Gründe, ihn einzulösen.

Schauen wir uns nun das Restaurant Nr. 2, Fratelli's, an. Ähnlich wie Luigi's listen sie auf, was sie servieren. Auch sie geben einen Gutschein. Aber sie tun noch viel mehr, indem sie extrem genaue Angaben zu ihrem Essen machen. Sie heben sich selbst auf dem Marktplatz von den anderen ab, indem sie Dinge sagen, die die Leute wissen wollen:

»Wir backen unser Brot jeden Tag frisch, golden und knusprig. Unsere Pasta wird komplett selbst hergestellt. Wir verwenden in allen unseren Rezepten nur frische Kräuter. Es wird nur reines, kaltgepresstes, 100-prozentiges natives Olivenöl serviert. Quellwasser füllt Ihr Glas, sanfte italienische Musik erfüllt die Luft, und sanft flackernde Kerzen erhellen Ihren Tisch.«

Wow! Spüren Sie den Unterschied? Ja … es ist tatsächlich ein *Gefühl*. Man bekommt ein besseres Gefühl für Fratelli's. Die Werbung sagt Ihnen mehr. Es geht nicht nur darum, Ihnen etwas zu verkaufen. Sie umwirbt Sie tatsächlich. Die Worte setzen Bilder in Ihren Kopf und veranlassen Sie dazu, das Essen und die Atmosphäre in Ihrem Kopf vorzuführen, lange bevor Sie durch die Tür treten.

Wie viele Restaurants gehen so weit, Sie darüber aufzuklären, was sie tun? Selbst wenn jedes andere Restaurant in der Stadt genau dasselbe tut: Weil es niemand anders sagt, gewinnt derjenige, der es sagt! Fragen Sie sich also: »Was kann ich über mein Produkt oder meine Dienstleistung sagen, das mir selbst vielleicht offensichtlich ist, über das mein Markt aber wenig weiß? Kann ich ihnen etwas über die angewandten Verfahren, die aufgewendete Zeit, das Geld und unseren Einsatz berichten? Wie kann ich auf die Hauptvorteile meines Produkts hinweisen und die Leute dazu bringen, die Qualität meiner Konkurrenz infrage zu stellen?«

Hier sehen Sie, wie ein anderes Unternehmen diese Technik verwendet.

Eine Geschichte von zwei Eisenwarenläden

Was tun die meisten unabhängigen Eisenwarenläden in ihren Anzeigen? Sehr wenig. Sie sind oft nicht mehr als Visitenkarten mit einer kurzen Erwähnung der wenigen Artikel, die sie im Angebot haben. Betrachten Sie das Copy der folgenden zwei Anzeigen.

Eisenwarenladen Nr. 1:
Hämmer, Schraubendreher, Elektrowerkzeuge, Haustechnik, Rasen- und Gartengeräte. Paulson's hat die Hardware, nach der Sie suchen … zu nachbarschaftsfreundlichen Preisen!

Eisenwarenladen Nr. 2:
Handyman Jack's ist kein gewöhnlicher Eisenwarenladen. Wir sind ein Hardware-Superstore! Wir haben 343 Arten von Befestigungselementen, 28 Arten von Nägeln, 86 Drahtstärken, 43 Körnungen Schleifpapier, 16 verschiedene Arten von Hämmern, 28 Arten von Schraubendrehern, 47 Arten von Schraubenschlüsseln, eine täg-

liche Inventur von 354.000 Bolzen und Schrauben, alle namhaften Elektrowerkzeuge für weniger Geld und eine – ohne Scherz – Geld-zurück-Garantie für volle Zufriedenheit.

Frage: Wenn Sie Werkzeug benötigten und Sie wüssten nichts über die beiden Geschäfte außer dem, was Sie in der Anzeige sähen, und beide Geschäfte wären ungefähr gleich weit von Ihrem Wohnort entfernt ... wohin würden Sie gehen? Die Antwort liegt auf der Hand: zu Handyman Jack's. Selbst wenn jeder andere Eisenwarenladen in der Stadt genau die gleichen Waren führt, sagt es sonst niemand.

Denken Sie daran: Es ist nicht so, dass die Leute all diese Informationen haben *müssen*. Ich meine, wen kümmert es schon, wie viele Nägel und Schrauben Sie haben, solange Sie das haben, was sie wollen? Aber die Psychologie dahinter – die Heuristik »Länge impliziert Stärke« – macht es enorm wichtig. Weil kaum ein anderes Geschäft diese Dinge sagt, beurteilen die Leute denjenigen, der sie sagt, als besser, vollständiger, irgendwie erfolgreicher. Wollen Sie das nicht auch vermitteln?

Agentur-Geheimnis Nr. 10: Das berühmte Ogilvy-Layout-Prinzip

Das häufig »Vater der Werbung« genannte Werbeagentur-Genie David Ogilvy schuf einige der bekanntesten Anzeigen seiner Zeit. Er entwickelte eine einfache Layout-Formel, die, wenn sie befolgt wird, zu auffälligen Anzeigen führt, die den »Most-Note-Award« des Forschers Daniel Starch gewinnen. Beim Zwei-Drittel-/Ein-Drittel-Prinzip – oder liebevoll dem »Ogilvy« – sind die oberen zwei Drittel der Anzeige ein einziges großes Foto. Das restliche Drittel der Anzeige besteht aus der Headline (direkt unter dem Foto) und dem Copytext unter der Headline, der oft mit einer großen hängenden Initiale beginnt – so wie ich es zu Beginn dieses Absatzes gemacht habe –, um die Augen der Leser auf Ihren Verkaufstext zu lenken. Ihr Firmenlogo wird säuberlich in der rechten unteren Ecke verstaut.

> **Wenn Sie Ihre Bodycopy mit einem hängenden Initial beginnen, erhöhen Sie die Leserschaft um durchschnittlich 13%.**
>
> David Ogilvy

Es gibt auch die umgekehrte Ogilvy-Ein-Drittel-/Zwei-Drittel-Variante, bei der das obere Drittel der Anzeige ein Foto ist, unter dem sich eine Headline befindet, und die restlichen zwei Drittel sind Sales Copy. Wie zuvor lassen Sie Ihr Firmenlogo in der rechten unteren Ecke erscheinen. In beiden Fällen werden die Headline und der Textkörper zu einem »Untertitel« für das Foto.

Platzieren Sie die Headline unter dem Bildmaterial, da sich das Auge zuerst auf das Bild und dann nach unten bewegt.

Starch Research

Wenn Sie die folgende Tatsache nicht kennen, wissen Sie vielleicht nicht zu schätzen, wie clever dieses Layout ist. *Studien belegen, dass bis zu doppelt so viele Menschen Bildunterschriften lesen wie Texte.* Ogilvy selbst riet: »Mehr Menschen lesen die Bildunterschriften unter den Abbildungen als den Text, also verwenden Sie niemals eine Abbildung, ohne eine Bildunterschrift darunterzusetzen.« Es ist ein cleverer Trick, der sich bewährt und vielen großen Unternehmen geholfen hat, in ihren jeweiligen Branchen in Führung zu gehen. Wenn er gut genug für »The man in the Hathaway shirt« und Rolls-Royce ist, dann ist er wahrscheinlich auch gut genug für Sie und mich.

Verwenden Sie keine Abbildungen, ohne sie mit Bildunterschriften zu versehen. Fügen Sie unter jede Abbildung, die Sie verwenden, eine kurze Werbebotschaft oder eine Botschaft von menschlichem Interesse ein.

John Caples

Agentur-Geheimnis Nr. 11: Die Psychologie der Schriftarten

Schriftarten können spielerisch sein. Verbindlich. Kreativ. Wunderschön. Dramatisch. Ausgefallen. Merkwürdig. Raffiniert. Und ja, sogar ausgesprochen scheußlich. Und deshalb können verschiedene Schriften unsere Botschaften mit unterschiedlichen Bedeutungen färben. Sie würden zum Beispiel keine Werbung für rüschenbesetzte Damenunterwäsche mit einer Headline in dunkler, fetter und männlicher Cooper Black machen. Andererseits würden Sie für Ihr Hardcore-Bodybuilding-Fitnessstudio, das vollgepackt mit verschwitzten und grunzenden, Steroide injizierenden Monstern ist, nicht mit der Palace werben, einer hübschen, zarten und zerbrechlich wirkenden Schriftart. Ihre Werbung würde lächerlich aussehen! Natürlich muss Ihr Produkt keine Schriftart aufweisen, die eine bestimmte Emotion oder ein bestimmtes Bild so kategorisch ausdrückt, aber egal welchen Schriftstil Sie wählen, Sie müssen einfach wissen, dass er etwas vermitteln wird.

> **Es ist möglich, drei Viertel unserer Leser durch die Wahl der falschen Schriftart zu vertreiben. Wenn Sie sich beim Verkauf auf Worte verlassen, sollte Sie das zutiefst beunruhigen.**
>
> Colin Wheildon, Autor von Type & Layout: »Are You Communicating or Just Making Pretty Shapes?«

Zusätzlich zu Dutzenden von Studien, der letzten Jahrzehnte, wurden in jüngster Zeit mehrere Tests durchgeführt, um festzustellen, welche Schriftarten am leichtesten zu lesen sind. Ich habe einige Leute sagen hören: »Was auch immer Sie zu lesen gewohnt sind, ist für Sie am leichtesten zu lesen.«

Papperlapapp! Natürlich sind einige Schriften leichter zu lesen als andere; es ist lächerlich, etwas anderes zu behaupten. Trotzdem kann man sich daran gewöhnen, seine schmutzige Wäsche auf einem Stein zu schrubben, aber das bedeutet nicht, dass es nicht einfacher ist, »Start« an der Waschmaschine zu drücken.

Betrachten Sie die Schriftart namens Flag Day. Jeder Buchstabe sieht aus wie eine kleine wehende Fahne, die aus abwechselnden und wellenförmig angeordneten horizontalen schwarzen und weißen Streifen besteht. Es ist eine der am schwierigsten zu lesenden Schriftarten, die ich je gesehen habe. Bei 24 Punkt und darunter kann ich sie nicht lesen. Bei mehr als 24 Punkt kann ich sie immer noch nicht lesen. Selbst wenn ich meinen eigenen Namen tippe, könnte ich genauso gut die zufälligen Worte »Drehender Flunder Affe« getippt haben. Nun, es ist mir egal, wie viele Schriftstudien Sie durchgeführt haben, Tatsache ist, dass der Flag Day extrem schwierig zu lesen ist, weil die Buchstaben einfach nicht wie Buchstaben aussehen, sondern wie wackelige gestreifte Kleckse. Ich bin sicher, Sie *könnten* sich daran gewöhnen. Aber das bedeutet nicht, dass eine klarere, schlichtere Schrift wie Arial nicht viel besser lesbar ist. Etwas anderes zu sagen ist so, als würde man sagen: »Verdammt, ich benutze seit 28 Jahren dieselbe stumpfe Rasierklinge … eine brandneue zu benutzen, wäre nicht einfacher; ich habe mich schon an die alte stumpfe Klinge gewöhnt!« Hä?

Serifenbetonte oder serifenlose Schrift für Drucksachen?

Kennen Sie den Unterschied zwischen einem serifenbetonten und einem serifenlosen Schriftbild? Ihr Auge kennt ihn sicherlich. Eine Serifenschrift ist eine Schrift, die kleine Füße und Verzierungen an den Spitzen und am Fuß jedes Buchstabens hat, wie diese Schrift. Sans-Serif-Schriften (»sans«: Französisch für »ohne«) wie diese Schrift, haben keine solchen Serifen. Die Serifen machen jeden Buchstaben deutlicher und erkennbarer.

Etliche Forscher bestätigen, dass Serifenschriften Wörter leichter lesbar machen. (Wordon, 1991; Hartley, 1994). Beispiele für Serifenschriften sind Times New Roman, Palatino, Schoolbook, Georgia, Courier, Cheltenham, Bookman und Garamond.

Im Jahr 1926 berichtete der British Medical Council, dass serifenlose Schriften zu *Strahlung* führen: eine optische Anomalie, bei der der Raum zwischen den Linien in die Buchstaben eindringe, wodurch eine Art Lichtschwingung entstehe, die das Lesen erschwere und unangenehm mache.

In einer Studie zum Verstehen stellte Wheildon (1986) fest, dass nur 12% der Teilnehmer eine serifenlose Passage effektiv verstanden, gegenüber 67% der Leser, die eine serifenbetonte Version erhielten. Diejenigen, die eine serifenlose Version erhielten, sagten, sie hätten Schwierigkeiten beim Lesen des Textes gehabt und »ständig zurückgehen« müssen, um das Verständnis wiederzuerlangen.

In einem umfangreichen Test mit mehreren Hunderttausend Lesern setzte Wheildon eine Anzeige in drei verschiedenen Schriftarten: Garamond, Times New Roman (beide serifenbetont) und Helvetica (serifenlos). Hier ist, was er herausgefunden hat:

- Garamond wurde von 670.000 Menschen gelesen und verstanden – was 66% der Testpersonen entspricht.
- Texte in Times New Roman wurden von 320.000 Menschen verstanden – weniger als der Hälfte von Garamond.
- der Inhalt von Texten in Helvetica wurde von nur 120.000 Menschen verstanden – 12,5% der Probanden.

Unterm Strich: Serifenschriften sind – zumindest auf dem Papier – einfach leichter zu lesen. Die Ergebnisse sind bei praktisch allen Forschern, die den Test jemals durchgeführt haben, die gleichen. Kein Wunder, dass die meisten Zeitungs- und Zeitschriftenverlage ihren Textkörper in einer Serifenschrift setzen.

»Okay, Drew, ich hab's verstanden, aber welche Serifenschrift *genau* soll ich verwenden?« Ahhh, genau diese Frage ist wie ein Stich ins Wespennest. Leider habe ich keine Untersuchung gesehen, die eine klare Antwort gibt. Und meine Studien reichen bis ins Jahr 1912 zurück, als B. E. Roethlin im *American Journal of Psychology* den Artikel »Die relative Lesbarkeit verschiedener Druckschriften« (»The Relative Legibility of Different Typefaces of Printing Types«) schrieb. (Viel Glück, sollten Sie das googeln!)

Am nächsten kam dem eine Studie von Paterson und Tinker (1932), die keine erkennbaren Unterschiede in der Lesegeschwindigkeit der von ihnen untersuchten Gruppe von Schriftarten aufzeigte, mit Ausnahme von zwei Stilen, die den Leser verlangsamten: Cloister Black (Old English), um 16,5%, und American Typewriter, um 5,1%. Das soll nicht heißen, dass andere Menschen nicht ihre eigene Meinung haben.

John McWade, Herausgeber des *Before & After Magazins* mag: Adobe Caslon, Adobe Garamond, ITC Stone Serif und Janson Text 55 Roman.

Co-Autoren James Craig, Irene Korol Scala und **William Bevington** von *Designing With Type: Der unverzichtbare Leitfaden zur Typografie* sagen: »Baskerville gilt als eine der angenehmsten und lesbarsten Schriften.«

Der große Werbetexter John Caples verwendete gerne Cheltenham Bold für Headlines.

David Ogilvy bevorzugte die Century-Familie: Caslon, Baskerville und Jenson.

Direktmarketing-Guru Gary Halbert schwor auf Courier für Verkaufsbriefe.

Yours truly verwendet häufig Clearface Black für Headlines und Schoolbook für den Textkörper.

Ascender Corporation's Studie »Schriftarten auf der Titelseite« (»Fonts on the Front Page«) verriet die zehn beliebtesten Schriften, die von den Top-100-US-Tageszeitungen (nach Auflage) verwendet werden, in dieser Reihenfolge: 1. Poynter-Familie, 2. Franklin Gothic, 3. Helvetica, 4. Utopia, 5. Times, 6. Nimrod, 7. Century Old Style, 8. Interstate, 9. Bureau Grotesque, 10. Miller

Bis die Forschung etwas anderes sagt, wird die Verwendung einer der hier vorgeschlagenen Serifenschriften Sie nicht nur in gute Gesellschaft bringen, sondern Ihnen auch dabei helfen, attraktive, besser lesbare Verkaufsmaterialien zu kreieren.

Setzen Sie Headlines in gemischter Schreibweise

Headlines, die länger als nur ein paar Wörter sind, wie zum Beispiel »KOSTENLOSE KEKSE!«, sollten in *gemischter Schreibweise* gesetzt werden, einer Kombination aus Groß- und Kleinbuchstaben, »Wie in diesem Satz«. Alle Großbuchstaben verlangsamten die Lesbarkeit um 11,8% (Paterson und Tinker, 1956).

Der Herausgeber der *New York Times,* Theodore Bernstein, stellte die Ergebnisse von Paterson und Tinker infrage und meinte, dass komplett in Großbuchstaben geschriebene Headlines schneller gelesen werden könnten. Die Schlacht tobte. Und als sich der Rauch verzogen hatte, durfte der arme Herr Bernstein seinen Hut verspeisen.

Ergebnisse: Ein Unterschied von 18,9% zugunsten der gemischten Schreibweise – das ist sogar noch mehr, als Paterson und Tinker in *ihrer* Studie feststellten. Schluck.

Aber warten Sie! Tinker war noch nicht fertig. Er war so fasziniert von diesem ganzen Thema der Groß-Kleinbuchstaben-Sache, dass er einen Test durchführte, um festzustellen, ob die Anzahl, wie oft eine Person blinzelte – ja, blinzelte –, ein zuverlässiges Maß für die Lesbarkeit sein könnte (Tinker, 1946).

Ergebnisse: Alles in Großbuchstaben verlangsamte das Lesen – keine Überraschung –, doch er holte kein Gold mit seiner durch die Augenlider gesteuerten »Blinzel«-Hypothese.

Aber warum verlangsamt es das Lesen, wenn die Headline komplett in Großbuchstaben geschrieben ist? Weil das Auge am *Umriss* erkennt.

Machen Sie diesen Test: Zeichnen Sie eine Linie um die zwei Wörter ADVERTISING POWER und lassen Sie Ihren Stift die Ober- und Unterseiten der einzelnen Buchstaben berühren. Die resultierende Form ist ein Rechteck mit ringsum gleichmäßigen Seiten. Zeichnen Sie nun eine Linie um die folgenden beiden Wörter, die mit Initialen (Initial Caps) versehen sind, und lassen Sie auch hier Ihren Stift die Ober- und Unterseiten jedes Buchstabens berühren: Advertising Power. Ihr Stift bewegt sich bergauf und bergab wie eine Achterbahn, wenn er über die Großbuchstaben und die Ober- und Unterlängen der anderen Buchstaben fährt.

Ergebnis: Deutlichere und wiedererkennbarere Buchstaben und Wörter. Dies führt zu einer leichteren und schnelleren Lesbarkeit.

Serifen oder serifenlos für die Online-Lektüre?

Was auf Papier gut aussieht, lässt sich auf dem Bildschirm nicht unbedingt gut lesen. Der Unterschied? Die Auflösung. Bücher, Zeitungen, Flyer und Broschüren werden beispielsweise in der Regel in einer Auflösung von 600 dpi (dots per inch) oder mehr gedruckt. Heutige Desktop-PCs haben meist einen Bildschirm mit 72 bis

144 dpi. Was in dem einen Medium gut aussieht, sieht in einem anderen Medium nicht gut aus.

Googlen Sie nach dem Thema, und Sie werden mehr Online-Tests zur Lesbarkeit von Schriften entdecken, als Sie glauben würden, dass irgendjemand Interesse daran hat. Ich werde Ihnen die Ergebnisse einiger dieser Tests vorstellen und Ihnen dann eine Empfehlung geben, die *alle* Ergebnisse berücksichtigt.

Einige Forscher nutzten das Korrekturlesen, um die Lesbarkeit zu bestimmen, wie z. B. Tullis, Boynton & Hersh 1995 in ihrer Studie für Fidelity Investments. Sie betrachteten zwölf verschiedene Schriftarten in Größen von 6 bis 9,75 Punkt.

Ergebnisse: Die beliebtesten Schriften waren Arial und MS Sans Serif bei 9,75 Punkt.

Zwei weitere Forscher (Bernard und Mills, 2000) evaluierten 10- und 12-Punkt-Arial- und Times New Roman-Schriften.

Ergebnisse: Keine zuverlässigen Unterschiede in der Lesegeschwindigkeit oder in der Fehlererkennung. Die Leser gaben jedoch an, dass sie die 12-Punkt-Schriftarten bevorzugten.

Bernard hörte an dieser Stelle nicht auf. Er legte drei verschiedene Schriftgrößen (10, 12 und 14 Punkt) in acht verschiedenen Schriften aufs Hackbrett (Bernard, et al., 2001) – vier Serifenschriften: Century Schoolbook, Courier New, Georgia und Times New Roman sowie vier serifenlose Schriften: Arial, Comic Sans, Tahoma und Verdana.

Ergebnisse:

1. Die Probanden lasen Arial und Times New Roman schneller als Courier, Schoolbook und Georgia.

2. Die Probanden lasen die 12-Punkt-Schriften schneller als die 10-Punkt-Schriften.
3. Die Probanden zogen alle Schriften – mit Ausnahme von Century Schoolbook – der Times New Roman vor.

Im Jahr 2002 veröffentlichte das Software Usability Research Laboratory die Ergebnisse einer Studie mit dem Titel »Ein Vergleich populärer Online-Schriften: Welche Größe und Schriftart sind am besten?« (»A Comparison of Popular Online Fonts«: Which Size and Type is Best?«)

Ergebnisse:

1. Die am besten lesbaren Schriften waren Arial, Courier und Verdana.
2. Bei den 10 Punkt-Schriften bevorzugten die Teilnehmer Verdana. Times New Roman wurde am wenigsten gewählt.
3. Bei den 12 Punkt-Schriften wurde Arial bevorzugt und Times New Roman am wenigsten favorisiert.
4. Die insgesamt beliebteste Schriftart war Verdana und Times New Roman fand am wenigsten Zuspruch.

Unterm Strich: Für einfachste Online-Lektüre verwenden Sie Arial für 12-Punkt und größer. Kleiner als 12 Punkt? Verdana, aber dann selten kleiner als 10 Punkt. Für ein formelleres Aussehen verwenden Sie Georgia. Für ältere Leser verwenden Sie 14 Punkt.

CA$HVERTISING-Tipp: Setzen Sie lange Überschriften in Schwarz. Andere Farben – ja, sogar Rot – sind schwieriger zu lesen. Weiße Hintergründe sind am besten, gefolgt von Gelb. Und genau wie beim Hardcopy-Druck sollten Sie vermeiden, Text umzukehren, wie in »Agentur-Geheimnis Nr. 8: Die Fallstricke der Negativschrift« besprochen.

Agentur-Geheimnis Nr. 12:
Bestehen Sie auf dem Profidesigner-Unterschied

Der Besitz eines Hammers macht Sie nicht zum Zimmermann. Ein Skalpell macht Sie nicht zum Arzt. Und die Verwendung von Grafikdesign-Software macht Sie *nicht* zum Grafikdesigner. Deshalb – ich bitte Sie inständig – entwerfen Sie nicht Ihre eigenen Verkaufsmaterialien. Ich habe Anzeigen gesehen, die so amateurhaft waren, dass sie aussahen, als seien sie von Miss Susans Spielgruppe entworfen worden. Ihr Image ist entscheidend – vor allem, wenn Sie bei Leuten werben, die Sie nicht kennen. Viele Verkäufe werden allein dadurch gewonnen und verloren, wie Sie sich grafisch darstellen.

CA$HVERTISING-Tipp: Rufen Sie einige örtliche Werbeagenturen an, fragen Sie nach einem Gespräch mit dem Art- oder Creative Director und sagen Sie: »Hallo, mein Name ist (Ihr Name hier) und ich hoffe, Sie können mir helfen. Ich führe ein kleines Unternehmen und plane eine Anzeige (Broschüre, Flyer, Website). Könnten Sie einen guten freiberuflichen Designer empfehlen?« Normalerweise arbeiten sie mit mehreren, fragen Sie also nach einigen. Wenn Sie sich dafür entscheiden, einen Designer online zu finden, sollten Sie unbedingt sein oder ihr Portfolio durchsehen. Fragen Sie, wie viel er oder sie berechnet und ob er oder sie stundenweise oder pro Projekt abrechnet. Manche sind teuer, andere nicht. Viele verlangen unterschiedlich viel, je nachdem, was sie glauben, wie groß Ihr Unternehmen ist. (Tipp: Sie sollten sich nicht groß anhören.) Oder rufen Sie, wenn das Geld knapp ist, örtliche Grafikschulen an. Sie können in der Regel Studenten empfehlen, die ganz wild darauf sind, die Arbeit günstig zu erledigen. Aber bevor Sie einen Cent ausgeben, fragen Sie nach Arbeitsproben. Einige werden großartig sein; andere werden Sie entsetzt davonlaufen lassen.

Agentur-Geheimnis Nr. 13: Die Macht der Fragen

Was für Fragen? Irgendwelche! Schauen Sie sich einfach die Texte in diesem Buch an. Sie werden viele Beispiele für diesen Trick sehen. Was bewirkt er? (Der letzte Satz ist ein perfektes Beispiel.) Er bringt Ihre potenziellen Kunden dazu, die Antwort wissen zu wollen. Was geschieht also? Sie lesen weiter, um die Antwort herauszufinden. Ich liebe diese Technik. Und warum? Weil sie wie ein Köder wirkt und mir hilft, eine größere Leserschaft zu gewinnen. Setzen Sie sie in Headlines ein. Verwenden Sie sie in Zwischenüberschriften. Und natürlich können Sie sie auch in Ihrem Haupttext verwenden.

Laut Befürwortern des Neurolinguistischen Programmierens (NLP) erzeugen Fragen eine sogenannte offene Schleife (open loop) im Gehirn des Lesers. Wollen Sie ein Beispiel? (Beachten Sie die offene Schleife, die ich gerade erzeugt habe.) *Wollen Sie eine einfache Technik kennenlernen, die Ihre Coupon-Rückläufe ohne zusätzliche Kosten oder Anstrengungen verdreifacht?* Haben Sie Ihre eigene Antwort mitbekommen? Wenn Sie den meisten anderen Geschäftsleuten ähneln, haben Sie wahrscheinlich (zumindest innerlich) mit einem Ja geantwortet. Weil Sie die Antwort auf diese Frage wissen wollen, habe ich effektiv eine offene Schleife in Ihrem Gehirn »installiert«.

Die Hypothese lautet, dass das Gehirn, sobald die offene Schleife installiert ist, weiterhin nach Informationen sucht, um die Schleife zu schließen. Und obwohl ich keine wissenschaftlichen Untersuchungen gesehen habe, die diese Behauptung stützen, sind Fragen ein kraftvolles Mittel, die Menschen dazu anzuhalten, weiterzulesen. Ich kenne einen Wirtschaftstrainer, der diese Technik anwendet. Anstatt einfach nur ausschweifend zu reden, stellt er in seinen Vorträgen immer wieder Fragen. Jede Frage erregt die Aufmerksamkeit seiner Zuhörer und fordert sie zu einer Antwort auf. Fragen zu stellen, hält alle wachsam, denn es wirkt wie ein kleiner »unangekündigter Test, der die Zuhörer auf Trab hält«.

Jetzt, da ich diesen kleinen Trick enthüllt habe, achten Sie darauf, wie ich ihn in diesem Buch verwende, okay? Achten Sie darauf, wie es Sie beeinflusst und wie es das, was sonst ein Monolog wäre, in etwas verwandelt, das sich eher wie ein Gespräch in beide Richtungen anfühlt.

Agentur-Geheimnis Nr. 14: Die Oma-Regel der Direktwerbung

Nehmen wir an, Sie stehen einem Verkäufer namens Larry gegenüber. Larry verkauft Meeresfrüchte. (Und er riecht auch danach.) Heute würde Larry Ihnen gerne Hummer verkaufen, und er glaubt, dass Sie ein verdammt guter Kandidat dafür sein werden.

Zunächst wird Larry versuchen, eine Beziehung zu Ihnen aufzubauen. Laut dem *American Heritage Dictionary* ist eine Beziehung »ein Verhältnis gegenseitigen Vertrauens oder emotionaler Affinität«. Mit anderen Worten: Larry möchte, dass Sie ihn mögen. Dann werden Sie nämlich eher seine großen leckeren Hummer kaufen.

Um Sie so zu beeinflussen, dass Sie ihn mögen, wird Larry Sie »in Ihrer Welt treffen«, indem er über Dinge spricht, mit denen Sie sich identifizieren können. Wenn Sie Autos mögen, wird er über den herrlichen neuen Lexus LF-A Roadster sprechen. Wenn Sie mexikanisches Essen mögen, wird er Ihnen von Las Palomas erzählen, einem gemütlichen kleinen Restaurant im Hafenviertel von Puerto Vallarta, das Killer-Margaritas in der Größe Ihres Kopfes macht. Wenn Sie Hunde mögen, zeigt er Ihnen ein Bild seines bezaubernden Flatcoated Retrievers Joey. Wenn Larry alles richtig macht, werden Sie anfangen zu denken, dass Larry Ihnen sehr ähnlich ist. Larry ist es also gelungen, eine Beziehung herzustellen. Sie werden nun eher akzeptieren, was er sagt, und kaufen, was er verkauft. (Kommt Ihnen das bekannt vor? Das ist das Prinzip Nr. 10 der Verbraucherpsychologie – »Die sechs Waffen der Einflussnahme« mit Cialdinis »Gefallen«-Auslösereiz.)

Nach ein paar einleitenden Schwätzchen wird Larry Ihnen schließlich alle möglichen Proben aus seiner Kühltheke anbieten, um Sie weiter dazu zu verleiten, seine frisch gefangenen – und immer noch mit den Scheren schnappenden – Hummer zu kaufen.

Nun, lassen Sie uns eine Analogie ziehen. *Verkaufsbriefe* sind wie Larrys Worte. Sie sind persönlich, eins zu eins, und versuchen, sie in Ihrer Welt zu treffen. Broschüren hingegen sind wie Larrys Kühltheke: unpersönlich und voller Muster, Fotos und detaillierter Materialien. Jede Komponente arbeitet auf eine andere Weise für das gleiche Endergebnis: den Verkauf.

Denken Sie daran: Werbung ist ein gedruckter (oder gesendeter) Verkäufer, ein Verkäufer, der sich an die Massen wendet.

Ihr Verkaufsbrief ist Ihr Verkäufer. Sehen Sie es so! Er sollte persönlich sein. Ein guter Verkäufer würde Sie nicht mit den Worten »Hallo, Bewohner …« begrüßen, und Ihr Verkaufsbrief sollte das auch nicht. Er sollte Ihre Interessenten in ihrer Welt abholen. Angenommen, Sie schreiben an Teenager (die viel Geld ausgeben!), sagen Sie nicht:

> Lieber Justin!
> Das Wochenende ist noch jung, und die meisten Deiner Freunde haben schon lange im Voraus Pläne gemacht. Du hingegen sitzt zu Hause und starrst auf das Telefon.

Stattdessen, sagen Sie:

> Hey, Justin …
> wenn Du es satt hast, jedes Wochenende zu Hause zu bleiben und nichts anderes zu tun, als im Internet zu surfen, während all Deine Freunde unterwegs sind, um fett zu feiern …

Spüren Sie den Unterschied? Es ist tatsächlich ein Gefühl! Es ist positiver, beschwingter, jugendlicher, aufregender und persönlicher. Ein guter Verkäufer spricht nicht wie ein Roboter: »Es wird empfohlen, dass Sie unabhängig von der Art Ihrer derzeitigen Dating-Situation umgehend handeln.«

ÄCHZ! Stattdessen spricht ein guter Verkäufer wie ein Mensch: »Hey Justin, hast du nicht schon lange genug ein Auge auf den heißen Feger geworfen? Hast du es nicht satt, dich zurückzulehnen und zuzugucken, wie sie jeder andere Typ mit mehr Mumm bittet, mit ihm auszugehen? Komm schon, probier mein Sofort-Selbstvertrauen-System aus … wenn es nicht funktioniert, werde ich dir innerhalb von 48 Stunden dein Geld per PayPal zurücküberweisen.« Was könnte fairer sein?

Die beste Art und Weise, Werbung zu schreiben, ist, damit zu beginnen, eine Liste aller Benefits aufzustellen, die Ihr Produkt oder Ihre Dienstleistung bietet. Also los, schreiben Sie sie auf. Sagen Sie nicht einfach: »Ja, ja. Ich habe keine Lust, sie aufzuschreiben – ich weiß aus dem Kopf, was die Benefits sind.« Tun Sie es! Und denken

Sie daran: Schreiben Sie nur die Benefits auf, nicht die Features. (Für einen schnellen Refresh lesen Sie noch einmal »Agentur-Geheimnis Nr. 2: Bombardieren Sie Ihre Leser mit Benefits«). Nachdem Sie Ihre Liste zusammengestellt haben, ordnen Sie sie in der Reihenfolge ihrer Wichtigkeit – aus Sicht Ihrer *Kunden,* nicht aus Ihrer. Das heißt, listen Sie den Nutzen, den Sie für das stärkste Verkaufsargument halten, als Nr. 1 auf, und so weiter bis zum Ende der Liste. Wenn Sie fertig sind, haben Sie eine Liste mit den wichtigsten Verkaufsargumenten für Ihr Produkt.

Nehmen Sie nun Benefit Nr. 1 und arbeiten Sie diesen Vorteil in die Eröffnung Ihres Schreibens ein.

CA$HVERTISING-Tipp: Es ist immer eine gute Sache, die Idee der Leichtigkeit und Schnelligkeit in Ihren ersten Satz einzubauen, denn wir leben in einer schnelllebigen Gesellschaft. Die Menschen wollen Leichtigkeit und Geschwindigkeit. Wenn das, was Sie anbieten, sich für diese Anliegen eignet, dann nutzen Sie es! Zum Beispiel:

- ➡ Wollen Sie eine schnelle, einfache Möglichkeit, Ihr Auto zu einer um 22% verbesserten Benzinlaufleistung zu bringen?
- ➡ Wollen Sie eine schnelle Möglichkeit, sich 20 Pfund reiner Muskeln ohne schweres Krafttraining oder verrückte Diäten draufzuschaffen?
- ➡ Möchten Sie einen einfachen, 5-Minuten-Trick kennenlernen, der garantiert Ihr Gedächtnis verbessert – oder Sie bekommen das doppelte Geld zurück?

- ➡ Kennen Sie die FBI-getestete Verhörtechnik, die sofort verrät, ob Sie jemand anlügt?

Ob Sie eine E-Mail oder einen Brief in Papierform versenden, Ihre Anrede ist am effektivsten, wenn sie personalisiert ist. »Lieber Bob« ist immer besser als »Lieber Freund«. Wenn Sie sie nicht personalisieren können, versuchen Sie es mit einer Anrede, die andeutet, wie sich Ihr Interessent nach dem Kauf Ihres Produkts ändern wird: »Lieber Breitensportler« oder »Lieber künftiger Millionär«. Und bitte, sagen Sie niemals »Lieber Bewohner«! Sie würden mir die Tür vor der Nase zuschlagen, wenn ich mit dieser »mächtigen« Eröffnung in Ihr Haus käme.

CA$HVERTISING-Tipp: Beginnen Sie Ihren Brief mit einer Frage. Das ist ein äußerst effektives Mittel, um die Leute dazu zu bringen, weiterzulesen.

Denken Sie daran: Die Absicht Ihres *ersten* Satzes und Absatzes ist es, die Leute dazu zu bringen, Ihren *zweiten* Satz und Absatz zu lesen. Und so weiter. Denken Sie daran, wenn Sie schreiben, damit Ihre Sätze reibungslos ineinanderfließen, wie heißes Karamell über cremigem französischen Vanillepudding.

Nun, zurück zu unserem Eröffnungssatz. Im ersten Satz eine Frage zu stellen – insbesondere eine Frage, die mit »Wollen Sie …?« beginnt – und ihr einen äußerst positiven Benefit folgen zu lassen, ist eine großartige Möglichkeit, Ihre Interessenten am Lesen zu halten.

- ➡ Wollen Sie das Geheimnis erfahren, wie Sie einen Wahnsinns-FETTFREIEN-Käsekuchens machen?
- ➡ Wissen Sie, wie Sie LUXUS-Immobilien für 50% des Marktwertes kaufen können?

- Kennen Sie das Geheimnis, in Ihrer Gegend KOSTENLOSEN Yoga-Unterricht zu bekommen?
- Wollen Sie Ihre Lesegeschwindigkeit in drei Tagen VERDOPPELN, ja sogar VERDREIfachen?

Erkennen Sie die Macht dieser einfachen Fragen? Was Sie tun, ist, Ihre potenziellen Kunden einfach zu fragen, ob sie den Nutzen, den Ihr Produkt ihnen bietet, auch wirklich wollen.

Harte Worte: Die Menschen erwarten, dass 99% ihrer Post Müll ist. Tatsächlich öffnen viele Leute ihre Post über einem Mülleimer. Sie haben nur Sekunden, um ihre Aufmerksamkeit zu erregen und ihr Interesse zu wecken … oder sie für immer zu verlieren.

AIDA zur Rettung

Fast jeder kennt die AIDA-Formel. Es ist eine uralte Methode zur Strukturierung der Elemente Ihrer Werbebotschaft in einer bestimmten, vorherbestimmten Reihenfolge. Sie steht für Aufmerksamkeit (attention), Interesse (interest), Begehren (desire), Aktion (action). Sie besagt, dass es Ihre Aufgabe Nr. 1 ist, die *Aufmerksamkeit* der Menschen zu wecken. Dann bauen Sie *Interesse* auf. Als Nächstes stimulieren Sie das *Begehren*. Und schließlich drängen Sie Ihren Leser zum *Handeln*.

Sagen wir zum Beispiel, Sie hätten das Heilmittel gegen Krebs entdeckt. Sie schreiben aufgeregt an die FDA (Food and Drug Administration), um die gute Nachricht zu verkünden. Mal angenommen, dass Sie die AIDA-Technik nicht kannten, schoben Sie Ihren Brief in einen Umschlag, der aussah wie Tausende anderer Umschläge, die die FDA jeden Tag bekommt. Stellen Sie sich vor … Man wird wahrscheinlich die Stromrechnung eher als Ihren Brief über die Heilung von Krebs öffnen! Nicht gut. Sie müssen irgendwie dafür sorgen, dass sich Ihr Umschlag von den anderen abhebt.

Wissen Sie, wie man anteasert?

Die Botschaft auf Ihrem äußeren Umschlag (in Agenturkreisen »OSE« oder »carrier« genannt) wird als »Teaser« bezeichnet. Der Teaser kann entweder Informationen über Ihr Angebot geben oder völlig inhaltsneutral sein. Meiner Meinung nach sollten Sie nur selten informative Teaser auf Ihrer OSE verwenden, es sei denn, Ihr Produkt ist zielgenau auf Ihre Mailingliste ausgerichtet – und das ist es hoffentlich auch. Warum? Weil Teaser dem Empfänger sofort mitteilen, dass der Umschlag ein Angebot enthält. Ich würde viel lieber nichtssagende Teaser wie »ZUR PERSÖNLICHEN BEACHTUNG DURCH:«, »PERSÖNLICHER BRIEF FÜR:« oder »WICHTIGER BRIEF FÜR:« über dem Namen und der Adresse des Empfängers verwenden, wenn überhaupt.

Versuchen Sie diese Tipps

Versuchen Sie knallig-farbige Umschläge. Stempeln oder drucken Sie das Wort »DRINGEND« mit blutroter Tinte darauf. Verwenden Sie auf der Vorderseite viele Briefmarken kleinerer Stückelung und nicht nur eine Briefmarke. Und hier ist ein toller Trick, den ich anwende, nachdem ich eine Informationsanfrage von jemandem bearbeitet habe, der mich übers Telefon kontaktiert hat: Schreiben Sie eine persönliche Nachricht auf die Vorderseite des Umschlags, neben den maschinengeschriebenen Namen und die Adresse, z. B.: »Eileen: Hier sind die Informationen, über die wir gesprochen haben! – Drew.«

Was aber, wenn Sie keinen Telefonkontakt hatten, wenn Sie an ein unspezifisches Publikum schreiben und dieses noch nicht einmal angefordert hat, was Sie senden? Wie wäre es mit: »Mirko: Bitte lesen Sie diesen Brief bis heute Abend 21:30 Uhr! – Drew.« (Anschließend rechtfertigen Sie die 21:30 Uhr-Frist in dem Brief irgendwie – wie z. B. durch eine Bestellfrist oder Ähnliches). Oder: »Cindy: Bitte sag mir, wenn ich mich in dir irre – Drew.« Die Variationen sind endlos.

Diese persönlichen Teaser funktionieren am besten mit einem persönlich aussehenden OSE, etwas, das so aussieht, als hätte es eine Einzelperson – nicht ein Unternehmen – entweder von Hand oder mit ihrem persönlichen Drucker erstellt.

Und nun, zurück zu unserer Geschichte …

Nachdem sie Ihren Umschlag geöffnet haben, werden die Leute bei der FDA als Nächstes Ihren Brief herausziehen. Wenn Sie nicht wüssten, dass es Aufgabe Nr. 1 jeder Ihrer Komponenten (OSE, Brief, Broschüre usw.) ist, zuerst Aufmerksamkeit zu erregen, könnten Sie die Wirksamkeit Ihres Briefes zerstören, indem Sie langweiligen Unsinn, der sich anhört, als ob Sie sich um eine Stelle bewerben, herunterleiern:

> Sehr geehrter Herr Manstreth,
> in den letzten 23 Jahren habe ich für einige der fortschrittlichsten medizinischen Labors des Landes gearbeitet. Von New York bis Kalifornien habe ich für das Kennedy-Institut, das Sinclair-Forschungszentrum, die Rosen-Klinik und das Lawrence Biology Lab gearbeitet. In all diesen Jahren träumte ich davon, Ihnen eines Tages diesen Brief schreiben zu können. Unter der enormenen Finanzierung von bla, bla, bla …

Gähn! Was hat der Kerl für ein Problem? Er hat das Heilmittel gegen Krebs entdeckt, und langweilt seinen Leser mit den energieaufreibenden Details seines beruflichen Werdegangs? Er hätte es per FedEx versenden oder ein Western-Union-Telegramm schicken sollen, damit es so dringend erscheint, wie es ist. Als Nächstes hätte er dieses ganze langweilige Karrieregeplustere weglassen und gleich zur Sache kommen sollen!

> Sehr geehrter Herr Manstreth,
> ich habe das Heilmittel gegen Krebs entdeckt.
> Ich wurde von Eileen Axelrod informiert, so bald wie möglich einen Termin für ein Treffen mit Ihnen und Scott Lawrence von Ihrem Forschungszentrum zu vereinbaren.
> Anbei finden Sie die vorläufigen Einzelheiten meiner Befunde sowie meine medizinischen Referenzen.
> Bitte rufen Sie mich umgehend unter (040) 1234567 an.
> Mit freundlichen Grüßen
> I. M. Rich

Der erste Satz greift mit nur sieben einfachen Wörtern nach der Aufmerksamkeit des Lesers, wie ein hungriger Riesenkrake! Natürlich ist mir klar, dass Ihr Produkt oder Ihre Dienstleistung wahrscheinlich nicht den gleichen Stellenwert hat wie das Heilmittel gegen Krebs (egal, wie gut Ihre Rückgaberichtlinien sind), also lassen Sie uns einige andere ansehen, oder?

Beginnen Sie Ihre Marketingbriefe auf diese Weise

Nehmen wir an, Sie verkaufen ein Tränengasspray an Frauen. Die Eröffnung Ihres Briefes sollte *nicht* lauten:

> Liebe Janet,
> in diesen Tagen der Unsicherheit auf unseren Straßen lesen wir immer wieder von dem Horror, dem Frauen ausgesetzt sind. Wir lesen erschreckende Statistiken, die ein düsteres Bild zeichnen von bla bla bla …

Schreiben Sie stattdessen:

> Liebe Janet,
> können Sie sich vor einem 220 Pfund schweren Vergewaltiger schützen?

Was hat Ihre Aufmerksamkeit erregt? Die Antwort ist offensichtlich!

Nehmen wir an, Sie verkaufen DVDs, die den Menschen beibringen, wie sie mehr Selbstvertrauen gewinnen können. Schreiben Sie *nicht:*

> Lieber Eric,
> die jüngsten Fortschritte in der Gehirn-Geist-Technologie sind so spannend! Indem man einfach eine DVD abspielt, kann man Selbstvertrauen aufbauen, das Selbstwertgefühl steigern, bla bla bla …

Schreiben Sie stattdessen:

> Lieber Eric,
> möchten Sie Ihr Selbstvertrauen VERDOPPELN, VERDREIFACHEN, ja sogar VERVIERFACHEN? Wenn ja, wird dieser Brief Ihr Leben verändern, denn in nur zehn Tagen werde ich an Sie das unerschütterliche Selbstvertrauen der mächtigsten Führungskräfte dieses Jahrhunderts aus Business und Militär vermitteln. Lesen Sie weiter …

Frage: Wenn *Sie* selbstbewusster werden wollten, welcher Einstieg würde *Ihre* Aufmerksamkeit erregen? Nochmals, es ist offensichtlich. Warum schreiben also nicht mehr Leute ihre Werbetexte auf diese Weise? Weil sie zu zaghaft sind. Sie haben Angst davor, Menschen zu beleidigen. Sie sind mehr damit beschäftigt, ihren Text hübsch, elegant und anmutig klingen zu lassen. Mich persönlich juckt es überhaupt nicht, wie anmutig mein Text klingt. Ich schreibe für Response.

Tatsache: Die Menschen warten nicht auf Ihr Angebot, also bleibt keine Zeit, auf Zehenspitzen herumzutippeln. Sie müssen *schnell* eine große Wirkung erzielen!

Die »Oma-Regel« besagt, dass Sie mit Ihrer Direktwerbung die Aufmerksamkeit der Leute auf sich ziehen, damit Ihre Postsendung so wird wie etwas, das Ihnen Ihre liebe Oma schicken würde. Stellen Sie sie sich vor, so süß, eingewickelt in ihren vielfarbigen, Patchwork Häkelschal, wie sie einen einfachen, *weißen* Umschlag herausholt. Sie nimmt sich einen gewöhnlichen *blauen* Kugelschreiber und schreibt *handschriftlich* Ihren Namen und Ihre Adresse darauf. Dann nimmt sie ein Stück einfaches weißes Papier und schreibt einen Brief an Sie, in dem sie Sie *beim Namen nennt* und schreibt, wie es Großmütter tun: im Plauderton, warmherzig, mit echter Sorge um Ihr Wohlergehen (zusammen mit einem wohldosierten Schuss Schuldgefühle, damit Sie sie häufiger besuchen kommen). Dann leckt sie den Umschlag an, klebt eine *echte Briefmarke* auf und verschickt ihn per Post.

Tatsache ist, dass die Dinge, die Oma tut, tatsächlich zu den effektivsten Dingen gehören, die jedes Unternehmen bei der Vorbereitung eines Direktmailings tun kann – nicht aufpoliert, nicht teuer. Dafür einfach und persönlich. Und wissen Sie was? Jeder von Omas Briefen wird geöffnet. Warum? Weil sie persönlich aussehen! Etwa 99% der heutigen Mailings sehen genauso aus wie das, was sie sind: Werbebriefe. Sie sehen aus, als würden sie schreien: »Hey, du Depp! Öffne diesen Umschlag schnell! Wir sind ein großes Unternehmen, das eine teure Werbeagentur beauftragt hat, dieses Mailing zu erstellen, um deine Brieftasche in 60 Sekunden mit der Brechstange zu öffnen!«

Was für eine Verschwendung. Wenn Ihr Mailing nicht so zielgerichtet ist (es wird an Personen verschickt, die nachweislich oder höchstwahrscheinlich genau an der Art Produkt oder Dienstleistung, die Sie verkaufen, interessiert sind), wird Ihr aalglattes Paket höchstwahrscheinlich im Papierkorb landen.

Ich weiß zum Beispiel, dass ich, wenn ich Geld verdienen möchte, indem ich ein Weight-Gain-Produkt an Bodybuilder verkaufe, nach einer Mailingliste von Bodybuildern suchen würde, die bereits online oder über den Versandhandel eingekauft haben und in letzter Zeit häufig und regelmäßig gekauft und viel Geld ausgegeben haben. Wann immer Sie eine Mailingliste kaufen, in der Sie Namen von Personen finden, die wahrscheinlich auf Ihre Art von Angebot reagieren, sind die wichtigsten Faktoren:

1. die Aktualität des Kaufs (je aktueller, desto besser),
2. die Kaufhäufigkeit (je häufiger sie Ihre Art von Produkt gekauft haben, desto besser),
3. Hoher ausgegebener Betrag (das zeigt ein größeres Interesse als bei jemandem, der nur $2,50 ausgegeben hat).

Wenn Sie z. B. eine Hotline-Liste von Menschen (die erst kürzlich gekauft haben) bekommen können, die ähnliche Produkte gekauft haben und dafür viel Geld ausgegeben haben – und die wiederholt gekauft haben –, dann haben Sie eine potenzielle Superliste für Ihr Produkt.

Bitte verwenden Sie keine Adressetiketten, um Ihre OSEs zu adressieren. Das schreit geradezu: »ACHTUNG; MASSENVERSAND!« Kaufen Sie entweder einen Drucker, in den Sie einen Stapel Umschläge einlegen können, oder lassen Sie einen guten Lettershop die Namen in einem realistischen Handschrift-Font drucken. Oder geben Sie das ganze Projekt einer Seniorengruppe und bezahlen Sie sie dafür, die Umschläge von Hand zu adressieren. Für nur ein paar Dollar erhalten Sie die ansprechendste Form der Adressierung. (Außerdem hätten Sie einer Gruppe netter Leute eine interessante Arbeit gegeben.) Handschrift erregt Aufmerksamkeit. Das sind die OSEs, die die Leute normalerweise zuerst aufreißen. Warum? Weil sie wie ein persönlicher Brief eines lieben alten Freundes aussehen.

Und der Marketingbrief? Wählen Sie eine schöne, gut lesbare Schriftart. Ich habe früher auf Courier geschworen, weil sie so persönlich aussieht, und ich benutze sie immer noch manchmal. Aber die Definition einer »persönlich aussehenden« Schriftart ändert sich, denn jeder verwendet jetzt Serifenschriften wie Times, Schoolbook, Bookman und Palatino.

Für den Antwortbogen (den wir Werbeleute das Auftragsformular nennen) wäre es eine großmütterliche Sache, es niemals als »Auftragsformular« zu bezeichnen, sondern als »Persönliches Testzertifikat« oder »Persönliches, unverbindliches Testzertifikat«. Und wenn Sie den Namen und die Adresse Ihres Empfängers bereits auf diesem Formular stehen haben, umso besser. Drucken Sie es auf ein schönes kanariengelbes Papier, damit es sich von den anderen Teilen in der Sendung abhebt. Formulieren Sie das Angebot auf diesem Papier immer noch einmal neu. Und verwenden Sie das große Wort »JA!« rechts neben einem quadratischen Kästchen mit einem fett gedruckten Häkchen darin, was eine Genehmigung bedeutet.

Meister John Caples rät, immer (auf dem Formular) ein kleines Bild davon zu zeigen, was die Leute bekommen, wenn sie antworten. Wenn es sich zum Beispiel um ein Bestellformular für ein Buch handelt, *zeigen* Sie das Buch. Betonen Sie auch Ihre Garantie. Schreiben Sie Ihre Postanschrift, Telefonnummer sowie E-Mail- und Web-Adressen unten auf dieses Formular, für den Fall, dass sie den Rest Ihres Mailings verlieren. Tatsächlich sollten Ihr Name und Ihre Adresse auf allen Ihren Komponenten erscheinen.

Und denken Sie an den Knappheitsfaktor. Betonen Sie unbedingt, wie dringend es ist, das Formular unverzüglich zurückzusenden. Wenn Sie eine Frist zur Beantwortung gesetzt haben, großartig! Achten Sie darauf, dass sie nicht nur in Ihrem Brief, Ihrer Broschüre und den anderen Materialien erscheint, sondern auch auf Ihrem Antwortbogen, um Ihren Interessenten einen zusätzlichen Anstoß zu geben. Denken Sie daran, dass Menschen ohne eine Frist dazu neigen, einfach »darüber nachzudenken«.

Und schließlich sollte ein BRE (Business Response Envelope) beigefügt werden, um das letzte Hindernis aus dem Antwortprozess herauszunehmen, falls man sich entscheidet, nicht online zu bestellen. Hey, wollen Sie einen Verkauf verlieren, weil Ihr Interessent keine Briefmarke finden konnte oder zu faul war, einen Umschlag zu adressieren? Sie können sogar eine echte Briefmarke auf ein Antwortkuvert kleben, wenn Sie keine Geschäftsantwortgenehmigung haben oder haben möchten. Und weil die Leute alle einen ultraschnellen Service wollen, sollten Sie ein wenig Psychologie anwenden, indem Sie in Rot »BEEILEN SIE SICH! BESTELLUNG BEILIEGEND!« oder »24-Stunden-Bearbeitung« oder Ähnliches auf den Antwortumschlag drucken oder stempeln, um ihm ein aktiveres, wichtigeres Aussehen zu verleihen.

Und nun schreiten Sie hinfort in die Welt der Direktwerbung wie die gute Oma und, äh, treten Sie den Leuten in den Arsch!

Agentur-Geheimnis Nr. 15: Die Psychologie des sozialen Beweises

Es spielt keine Rolle, ob Sie an Ärzte oder Pizzeriabesitzer verkaufen; die Leute glauben Testimonials. Das tun sie, seit das allererste 1926 von Ponds, der Feuchtigkeitscreme-Firma, verwendet wurde. Und *wenn Sie sie nicht benutzen,* verpassen Sie nicht nur das Schiff, sondern die 220.000 Tonnen schwere Royal Caribbean *Oasis of the Seas* – das größte Kreuzfahrtschiff auf dem Planeten Erde!

Wie bekommen Sie Empfehlungen? Fragen Sie! Schreiben Sie einfach einen Brief (oder eine E-Mail) an Ihre Kunden und sagen Sie: »Wir wollen Sie berühmt machen!« Dann sagen Sie ihnen, dass Sie ihre ehrliche Meinung über Ihr Produkt oder Ihre Dienstleistung haben möchten. Erklären Sie, dass Sie eine neue Anzeige, Broschüre oder Website zusammenstellen, was auch immer Sie haben, und dass Sie ihr Testimonial zusammen mit ihrem Foto, wenn das okay ist, verwenden möchten. Im Gegenzug werden sich die meisten Leute über ein paar Exemplare der fertigen Arbeit freuen, die sie Freunden und Familie zeigen können.

Nehmen wir zum Beispiel an, Sie sind ein Websitedesigner. Sie könnten Fragen stellen wie: »Was halten Sie von unseren Design-Dienstleistungen? Welche Art von Response erhalten Sie auf Ihre neue Website? Wie schneiden unsere Dienstleistungen im Vergleich zu anderen Designern ab, die Sie gebucht haben? Was gefällt Ihnen am besten an der Art und Weise, wie wir Geschäfte machen? Sind unsere Preise angemessen? Würden Sie uns einem Freund empfehlen? Würden Sie uns wieder buchen?«

Dann lege ich unter die Fragen einen rechtlichen Haftungsausschluss, der besagt: »Ich gebe *Flaming Radish Webdesign* die Erlaubnis, meine Zitate oben, in vollständiger oder bearbeiteter Form, [ ] mit/ [ ] ohne meinen Namen und Stadt/Bundesland (Ihre Adresse/ Telefonnummer wird nicht verwendet) für Werbezwecke zu verwenden. Als volle Entschädigung wird mir *Flaming Radish* zehn Exemplare der ersten gedruckten Exemplare, in der mein Testimonial erscheint, zur Verfügung stellen.«

Geben Sie einfach eine Unterschrift- und Datumslinie an, und das war's! Es ist so einfach, dass es mir den Verstand raubt, warum nicht mehr Unternehmen Testimonials verwenden. Vergessen Sie nicht, die Printexemplare zu verschicken. Diese Exemplare sind das, was das Gesetz »Gegenleistung« nennt, was die Vereinbarung im Wesentlichen verbindlich macht. Oder, wenn Sie es vorziehen, senden Sie in Ihrer Anfrage 1,00 Euro mit. Sagen Sie: »Wir fügen 1,00 Euro zur Deckung der Kosten für die Rücksendung dieses Formulars an uns bei.« In diesem Fall wird der Betrag von 1,00 Euro zum Gegenwert. Lassen Sie nicht zu, dass Ihren Kunden bei der

Rücksendung des Formulars irgendwelche Kosten entstehen. *Sie* bezahlen das Rückporto mithilfe eines adressierten frankierten Rückumschlags.

Denken Sie daran: Wenn Sie wollen, dass die Menschen auf Ihr Angebot reagieren, müssen Sie es ihnen so einfach wie möglich machen! Seien nicht *Sie* der Faulpelz!

Agentur-Geheimnis Nr. 16: Das Guillotine-Prinzip

Ich nenne dies die »Guillotine-Technik«, und sie ist ein bewährter Blickfang. Sie basiert auf der Vorstellung, dass ein Kopf oder ein Gesicht der beste Aufmerksamkeitsmagnet ist. Setzen Sie einfach ein Foto des Kopfes einer Person in Ihre Anzeige. Das Gesicht/der Kopf sollte den Leser direkt anschauen. Lächeln ist im Allgemeinen vorzuziehen, aber das hängt natürlich davon ab, welche Art von Produkt oder Dienstleistung Sie anbieten. Das schreiende, verzerrte Gesicht eines 235 Pfund schweren Straßenräubers wäre ein echter Schocker in einer Anzeige für Tränengas.

Sind Sie Schreiner? Setzen Sie eine Nahaufnahme Ihres Gesichts irgendwo in Ihre Anzeige! Sind Sie Zahnarzt? Zeigen Sie Ihr Gesicht! Ein Gesicht erregt nicht nur sofort Aufmerksamkeit, sondern verleiht Ihrer Anzeige auch eine wärmere, persönlichere Ausstrahlung. Es ist nichts Ausgefallenes nötig. Selbst ein winziges Schwarz-Weiß-Foto genügt.

Das Nebenprodukt von all dem ist zusätzliches Vertrauen, denn jetzt sind Sie mehr als nur ein namenloses (und gesichtsloses!) Unternehmen; Sie sind eine echte Person. Darüber hinaus kann die ständige Wiederholung Ihres Fotos Sie berühmt machen. Fügen

Sie Ihr Gesicht und Ihren Namen in all Ihre Anzeigen ein, und Sie werden bald ein Begriff sein. (Und werden möglicherweise ab und zu auf der Straße angehalten: »Hey, sind Sie nicht...?«)

CA$HVERTISING-Tipp: Setzen Sie Ihr Foto in den Kopf Ihrer Anzeige und nutzen Sie ein Zitat von Ihnen als Headline. Zum Beispiel lautet die Überschrift neben meinem Foto in meiner Anzeige (Anführungszeichen eingeschlossen): »Geben Sie mir 90 Minuten & ich zeige Ihnen, wie Sie Ihre Ad Response verdoppeln ... verdreifachen ... vervierfachen können!« Man kann nicht anders, als es zu bemerken. Also versuchen Sie es mit der »Guillotine«!

Agentur-Geheimnis Nr. 17: PVAs – die einfache Art, die Power Ihres Copytexts anzukurbeln

Frage: Welcher der folgenden Sätze erregt bei Ihnen mehr Spannung und Interesse?

1. Sie erhalten sechs rote Äpfel, die meine Mutter von Hand gepflückt hat und die so köstlich sind, dass sie wahrscheinlich die besten Äpfel sind, die Sie je gegessen haben.

2. Warten Sie nur, bis Sie die Zähne in die süßesten, saftigsten, köstlichsten Red-Delicious-Äpfel versenken, die Sie je gegessen haben! Nicht nur einer oder zwei, sondern ein ganzes Dutzend dieser knackigen, köstlichen Schönheiten, von denen jede einzelne von meiner 73-jährigen Mutter sorgfältig von Hand von den goldenen, sonnenverwöhnten Obstbäumen in unserem eigenen Garten gepflückt wurde!«

Die Antwort liegt auf der Hand, nicht wahr? Der zweite Absatz ist voll von, wie ich es nenne, *powervollen visuellen Adjektiven*. Diese PVAs erzeugen klare, helle, eindrucksvolle *bildhafte* Vorstellungen. Sie helfen Ihren potenziellen Kunden, sich Ihre Produkte in ihren Köpfen zu veranschaulichen.

SAGEN SIE NICHT:

Verdienen Sie viel Geld!

SAGEN SIE:

Verdienen Sie wöchentlich $2.750 in bar!

SAGEN SIE NICHT:

Saftige rote Äpfel

SAGEN SIE:

Köstliche, zuckersüße, handgepflückte Äpfel!

SAGEN SIE NICHT:

Trinken Sie saubereres Wasser.

SAGEN SIE:

Genießen Sie reines, kristallklares, gletscherfrisches Wasser!

SAGEN SIE NICHT:

Holen Sie sich einen brauchbaren Kreditrahmen!

SAGEN SIE:

Zücken Sie Ihre Kreditkarte, und Schmuck, Elektronik, Einrichtungsgegenstände und Ferien in den Tropen gehören Ihnen!

SAGEN SIE NICHT:

Verdienen Sie gutes Geld, indem Sie Gold auf Flohmärkten verkaufen.

SAGEN SIE:

Beherrschen Sie den Goldmarkt auf stark frequentierten Flohmärkten und beobachten Sie, wie die Dollar nur so hereinströmen!

Die Badeseifenpanne

Ich habe schön viele Haare auf dem Kopf. Und das ist gut so, denn hin und wieder habe ich mit jemandem eine »Diskussion« zu diesem Thema, die mich dazu bringt, mir viele davon auszureißen. Zum Beispiel hatte ich ein Telefongespräch mit einem Freund, dem ich beim Entwurf einer Broschüre helfe. Er und seine Frau verkaufen selbst gemachte Seifen. Genau genommen sehr schöne Seifen. Wunderschöne Farben und Düfte. Einige sehen wie schöne, große, saftige Wassermelonenstücke aus. Andere ähneln frischen Orangenscheiben, glänzenden Zitronenspalten und fleischigen Stücken Kokosnuss. Lecker. (Sehen Sie, was PVA – powervolle visuelle Adjektive – für Ihre Copy tun können?) Hier ist der Dialog, so wie ich ihn in Erinnerung habe …

Drew: Hey George … diese fruchtigen Seifen sind großartig. Aber warum nur freundlich sagen: »nach Orangen duftende Seife« oder »nach Kokosnuss duftende Seife«? Warum vergleicht ihr sie nicht mit den frischesten, saftigsten Scheiben von Florida-Orangen? Warum sprecht ihr nicht darüber, dass das Waschen deines Gesichts damit wie das Bespritzen deiner Haut mit flüssigem Sonnenschein ist? Wie der Duft einen an einen Spaziergang in den sonnigen, luftigen Orangenfeldern Floridas erinnert? Und eure Kokosnussseife – lecker! Warum sagt ihr nur: »Riecht wie echte Kokosnuss«? Warum vergleicht ihr sie nicht mit den frisch geschnittenen Kokosnüssen in der sonnengetränkten westlichen Karibik … die an das milchig-weiße Fruchtfleisch und den süßen, köstlichen Saft erinnern?

George: Das scheint ein wenig übertrieben, findest du nicht? Schließlich verkaufen wir keine Lebensmittel, sondern Seife!

Drew: Uff. [Zu mir selbst ...] Natürlich verkaufst du *Seife,* George, aber du willst ein wenig Romantik erschaffen ... ein paar Bilder ... etwas, das die Leute übernehmen können. Das nennt man *verkaufen.*

George: Das alles scheint mir nicht notwendig zu sein.

Drew: Notwendig?! Es ist nicht *nötig,* Seife zu verkaufen, George! Aber *wenn* du es tust, warum machst du es dann nicht gut? Warum machst du es nicht offensiv? Warum nicht mehr tun, als deine Konkurrenz tut? Du bist nicht der Einzige in diesem Geschäft, weißt du.

George: Hmmm ... ja.

Drew: Diese Seifen sind großartig! Aber du musst mehr tun als deine Konkurrenz. Du musst auffallen!

George: Nun, wenn das, was du sagst, so großartig ist, warum machen es dann die anderen nicht?

Drew: Ganz einfach. Weil die meisten Menschen die Dinge nicht auf die bestmögliche Art und Weise tun. Sie tun, was sie für das Beste *halten.* Und da die meisten Geschäftsleute nicht viel über die Kreation effektiver Werbung wissen, tun sie auch nicht das, was am effektivsten sein könnte!

George: [Nachdenken. Es klingt wie ein Feld voller Zikaden.]

Drew: Du verkaufst Seifenspezialitäten. Nicht Ivory, Zest oder Irish Spring. Du verkaufst *teure* Seife, für die zwei Dinge sprechen: 1.) Sie *sieht* schön aus und 2.) sie *riecht* köstlich. Diese beiden Dinge, die deine Seife so anziehend machen, nicht hochzuspielen, ist ein Riesenfehler! Die Leute kaufen deine Seife nicht, weil sie einfach nur sauber werden wollen. Sie können mit einem billigen Stück Ivory sauber werden.

George: Ja ... aber die Leute werden wissen, wie sie riecht, wenn sie sie kaufen. Außerdem weiß jeder, wie Orangen, Kokosnüsse und

Zitronen riechen. Sie riechen nach Orangen, Kokosnüssen und Zitronen.

Drew: [Zu mir selbst:] Lieber Gott, hilf mir.

George: … warum also den ganzen Raum einnehmen, nur um es Leuten zu beschreiben, die es schon wissen?

Drew: Weil es hilft, zu überzeugen! Sieh es mal so: Wenn jemand deine Broschüre sieht, und diese Person mag den Geruch von Orangen, dann wird sie von einer Beschreibung bezaubert, die zu dem passt, was ihr gefällt. (Lesen Sie das noch einmal.) Es hilft ihr, es sich vorzustellen! Es nimmt mehr »Platz« in ihrem Gehirn ein, indem es einen mentalen Film über das Produkt kreiert! Beschreibe die saftigen Schnitze, die sonnigen Felder, die Handverlesung in den Obstgärten, die süße Explosion des Aromas, wenn man eine schält. Und hör an dieser Stelle nicht auf! Schaffe einen tiefen mentalen Aufhänger mit einer Aussage, die sie nicht wieder loswird. Etwas wie: »Die saftig-orangige Art, sich zu waschen!« Nenne es nicht »Schaum«, sondern »süße Orangencremeblasen«.

George: [Ersticktes Lachen.] Ich verstehe ja, was du sagst, Drew, aber all diese ausgefallenen Beschreibungen … Ich komme nicht über die Tatsache hinweg, dass wir nur Seife verkaufen.«

Drew: [Schaut auf die Uhr.] Nun, George, das ist mein Rat. Und ich mache das erst seit 23 Jahren. Ich bin sicher, du wirst tun, was immer du für dich für richtig hältst. Ich muss los!

[Das Geräusch des Ausreißens brauner Haare.]

Denken Sie daran: Je spezifischer Ihre Worte – beschrieben mit PVAs –, desto klarer sind die Bilder. Auch wenn Ihr Produkt oder Ihre Dienstleistung dem oder der Ihrer Konkurrenten ähnelt, können Sie sich durch diese Technik von ihnen abheben.

Beispiel 1:
Reinigungsdienst

SAGEN SIE NICHT:

»Unsere Reinigungsexperten werden Ihr Büro glänzen lassen, als wäre es neu.«

SAGEN SIE:

»Wir machen Ihre Wände und Böden Krankenhaus-clean, Ihre Toiletten blitzblank und hygienisch rein, Ihre Fenster gleißend klar und Ihre Teppiche flauschig, frisch und geruchsneutral.«

Beispiel 2:
Italienisches Restaurant

SAGEN SIE NICHT:

»Die Menschen lieben unser authentisches italienisches Essen, weil wir es so zubereiten, wie wir es für unsere eigene Familie tun. Probieren Sie es, es ist köstlich!«

SAGEN SIE:

»Wir machen unsere Pasta jeden Morgen frisch. Wir backen unser eigenes Brot, golden und knusprig. Unsere Sauce wird von Grund auf mit Liebe selbst hergestellt – niemals mit dem Inhalt von Dosen. Alles, was wir servieren, ist hausgemacht, 100% natürlich und köstlich.«

CA$HVERTISING-Tipp: Das Unternehmen, das nicht das »PVA-Spiel« spielt, verliert automatisch. Denn die Werbetreibenden, die diese Technik einsetzen, erwecken den Eindruck, qualifizierter, besser ausgerüstet, gewissenhafter und eher in der Lage zu sein, die Bedürfnisse ihrer Kunden zu erfüllen. Warum? Weil sie die Einzigen sind, die die ganze Geschichte erzählen, was automatisch den Eindruck erweckt, dass die anderen diese Dinge nicht tun.

Es ist ein teuflisch wirksames psychologisches Mittel, das die Konkurrenz in Panik versetzt, weil sie schnell den Nachteil erkennt, den Sie ihr auferlegt haben.

Agentur-Geheimnis Nr. 18: Die Regie beim Kopfkino

Beantworten Sie ehrlich folgende Fragen:

1. Würden Sie lieber ein Stück Obstkuchen essen oder ein großes Stück Mürbeteig-Kirschpastete aus frisch gepflückten Bio-Früchten, mit einer knusprig-leichten, handgemachten, butterigen Kruste, gekrönt von einer großen Kugel doppelt cremigem Vanilleeis? Ooooh, schauen Sie nur, wie jedes Mal all dieser süße Kirschsaft herunterfließt, wenn Ihre Gabel in diesem schönen, dicken Kuchenstück versinkt. Yeah … tun Sie ein wenig Schlagsahne drauf, ja? Wow … haben Sie schon mal so viele Früchte gesehen?!«

2. Wären Sie angewiderter davon, ein paar Wanzen zu töten oder davon, ein aktives Nest voller zorniger Schwarzer Witwen-Spinnen zerstören zu müssen, einschließlich eines zitternden Netzes ihrer frisch geschlüpften, heißen Eier, bewacht von ihrer blindwütigen, mit Giftzähnen bewehrten Mutter? Vergessen Sie nicht, dass eine einzige weibliche Schwarze Witwe jeden Sommer vier bis neun Eiersäcke ausblasen kann, die jeweils bis zu 750 Eier enthalten und in nur 14 bis 30 Tagen eine frische neue Ladung von bis zu 750 Spinnentieren ausbrüten. Schlimmer noch, jedes giftige Spinnentier lebt – und paart und vermehrt sich auch

noch! – in Ihrem Haus mit Ihren Kindern und Haustieren, bis zu drei volle Jahre lang! Versuchen Sie, sie selbst zu töten, wenn Sie müssen, aber denken Sie darüber nach: Wenn Sie es versäumen, nur ein mit Eiern angeschwollenes Weibchen zu töten (oder eines von ihren Hunderten, fast mikroskopisch kleinen Babys), werden Sie in kürzester Zeit einen ausgewachsenen Spinnentierbefall erleiden! Ich befinde mich seit fünf Jahren im Krieg mit Schwarzen Witwen, und es gibt nichts Schlimmeres als das Gefühl, dass einem nachts im Bett etwas über die Haut krabbelt. Nun, eigentlich ist eine Sache noch schlimmer … zu entdecken, dass die »Königinmutter« einen Haufen frischer, heißer Eier unter Ihrem Kopfkissen ausgepustet hat!

Haben Sie bemerkt, was ich getan habe? Meine sorgfältige Wortwahl machte den guten alten Kirschkuchen viel attraktiver. Und – äh – dieses »kleine« Spinnenproblem (das Sie sonst selbst in die Hand genommen hätten) wandelt sich jetzt zu einem lohnenswerten $89-Anruf beim Kammerjäger. Was ist hier also passiert?

Realisieren Sie zunächst, dass alle Erfahrung nur aus diesen fünf Faktoren besteht – V-A-K-O-G:

1. Visuell (Sehkraft)
2. Auditiv (Ton)
3. Kinästhetisch (Gefühle oder Emotionen)
4. Olfaktorisch (Geruch)
5. Gustatorisch (Geschmack)

Diese Elemente – unsere Sinne – sind die Zutaten der Erfahrung. Jedes Mal, wenn wir etwas erleben, ist eine Mischung dieser Elemente vorhanden. Wir nennen diese Elemente »IRs« – interne

Repräsentationen –, weil sie unsere Erfahrung der Welt um uns herum intern, in unseren Köpfen, repräsentieren bzw. darstellen. Tatsächlich ist die Erinnerung lediglich eine Mischung aus diesen Elementen. Wann immer Sie sich an eine Erfahrung erinnern, sei es an die Pizza, die Sie gestern gegessen haben, oder an die Achterbahn, auf der Sie vor 28 Jahren geschrien haben, greifen Sie auf eine Mischung dieser fünf Elemente zu; ein festgelegtes Muster, das Ihrer Erfahrung »gleichkommt«.

Um die Wirkung Ihrer Worte zu verstärken – ganz gleich, welche Art von Werbung Sie entwickeln, seien es Anzeigen, Broschüren, Marketingbriefe, Flyer, E-Mails, Websites, Plakate oder Radio- und Fernsehwerbung –, müssen Sie in den Köpfen Ihrer Interessenten die Darstellungsstärke erhöhen. Sie müssen die Intensität der fünf Elemente erhöhen, sodass Sie ein konzentriertes internes Erlebnis mit genügend Kraft erzeugen, um sein oder ihr Verhalten zu beeinflussen. Das, mein Freund, ist das Geheimrezept, um Menschen zum Handeln zu bewegen.

Seien wir ehrlich: Ihre Interessenten sind damit beschäftigt, ihr Leben zu leben. Sie interessieren sich nicht für Sie oder Ihr Produkt, sondern nur dafür, wie Ihr Produkt oder Ihre Dienstleistung ihr Leben verbessern kann. In den meisten Fällen, was die meisten Produkte und Dienstleistungen angeht (es gibt Ausnahmen), bedeuten Sie persönlich ihnen absolut nichts. (Keuch!)

»Drew! Das ist so zynisch! Wie können Sie etwas so Schreckliches sagen?« Entspannen Sie sich. Es ist nur eine Art, den ganzen Prozess zu betrachten. Sie geht auf die alte Maxime zurück: »Die Menschen kaufen Ihr Produkt nicht wegen seiner Eigenschaften, sondern wegen seiner Benefits.« Die Art und Weise, wie wir die Menschen dazu bringen, zu handeln, zu kaufen oder nach mehr Information zu fragen ist ausschlaggebend, um das, was sonst ein stumpfes, verschwommenes Bild in ihrem Gehirn ist, in ein scharfes, superfokussiertes, lautes, farbenfrohes, schmackhaftes, duftendes, höchst sensorisches Erlebnis zu verwandeln.

Besitzen Sie eine Karateschule? Sagen Sie den Eltern nicht nur, dass Sie ihren Kindern beibringen werden, wie sie mehr Selbstvertrauen entwickeln und bessere Noten bekommen. Das sagt *jede* Schule! Sondern sagen Sie ihnen auch, dass ihre Kinder niemals zum Punchingball für den Schulhof-Tyrannen mit seinem schmutzigen Gesicht, seiner großen Klappe und seinen geballten Fäusten werden. (Spüren Sie den Unterschied?)

»Aber Drew, so schreibt doch niemand seinen Text! Eine Karateschule sagt typischerweise: ›Wir bringen Ihrem Kind Selbstvertrauen und Disziplin bei und stellen einen kostenlosen Karateanzug zur Verfügung, wenn Sie sich einschreiben.‹ Sie sagen nichts von diesem ›schmutziges Gesicht, große Klappe‹-Zeug!«

Das liegt daran, dass sie 1.) nicht daran denken, auf diese Weise zu schreiben, und/oder 2.) Angst davor haben, auf diese Weise zu schreiben, weil sie sich davor fürchten, was die Leute denken könnten, oder weil sie 3.) die mittelmäßigen Anzeigen der anderen kopieren. Das ist eine Form von »Business-Inzucht«, und das Endergebnis ist schwache, mutierte Werbung, die niemandem auch nur irgendetwas bedeutet.

Hören Sie auf, Angst davor zu haben, Ihr eigenes Gehirn zu benutzen. Schlagen Sie Ihren eigenen Weg ein und hinterlassen Sie Ihre eigenen Spuren. Sie brauchen von niemandem die Erlaubnis, Dinge auf Ihre Weise zu tun. Sie sind der Anführer. Sie sind derjenige, den die Leute kopieren, weil das, was Sie tun, so einzigartig ist. Rütteln Sie die Menschen in Ihrer Branche wach. Warum sollten Sie nur eine weitere Person in Ihrer Branche sein, die nichts Neues macht, nichts Bemerkenswertes, nichts, was die Leute zum Reden und Kaufen bringt?

Okay, haben Sie bemerkt, was wir bei diesem Spinnenbeispiel gemacht haben? Wir haben einfach die IRs, die internen Repräsentationen, in unserem Leser vergrößert oder erhöht. Wir haben unseren Leser metaphorisch an den Schultern gepackt und ihn wachgerüttelt. Mit unserer klaren (visuellen) und ekelerregenden (kinästhetischen) Beschreibung nehmen wir jetzt viel mehr Platz in seinem Gehirn ein. Und dadurch haben wir effektiv mehr Gehirnzellen aktiviert, indem wir ihn dazu gebracht haben, intensiver (Verarbeitung über die zentrale Route, erinnern Sie sich?) über sein (jetzt abstoßendes) Spinnenmartyrium nachzudenken (zentrale Routenverarbeitung, erinnern Sie sich?). Und immer dann, wenn Sie mehr Platz im Gehirn von Menschen einnehmen, ist die Wahrscheinlichkeit, dass Sie sie überzeugen können, viel größer. Es ist auch wahrscheinlicher, sie zum Handeln zu bewegen. Wir haben unscharfe Bilder (solche mit wenig Farbe und Details) genommen und sie bis zur Kristallklarheit geschärft.

Aus diesem Grund verkauft sich eine lange Copy durchweg besser als eine kurze. Aus diesem Grund wird ein Verkäufer, der zwei Stunden mit Ihnen verbringt, einen Verkäufer, der fünf Minuten mit Ihnen verbringt, in der Regel überbieten. Mehr Zeit und mehr Worte führen zu mehr Überzeugungskraft.

Was verkaufen Sie? Wie können Sie Ihre Beschreibungen »aufpeppen«? Wie können Sie Ihre Leserinnen und Leser auf eine Tour durch Ihre Produkte oder Dienstleistungen mitnehmen?

Ich habe zum Beispiel gerade einen automatischen Poolreiniger gekauft. Sie schließen ihn an die spezielle Saugleitung in Ihrem Schwimmbecken an und werfen ihn hinein. Er saugt den Boden Ihres Schwimmbeckens ab und hält ihn sauber. Wenn Sie möchten, können Sie ihn ganztags laufen lassen und sicher schwimmen, während er läuft. Er kostet $250 und wird mit einer zweijährigen Garantie geliefert.

Okay, nehmen wir an, Sie haben einen Pool, aber keinen Poolreiniger. Sind Sie bereit, nach meiner Beschreibung zu kaufen? Ich bezweifle das. Aber warum nicht? Schließlich habe ich Ihnen gesagt, was er macht, wie man ihn anschließt, was er kostet, dass er effektiv ist und dass er mit einer zweijährigen Garantie kommt! Was zum Teufel müssen Sie noch wissen? Mir scheint, Sie haben alles, was Sie für eine Kaufentscheidung benötigen. Ich habe Ihnen sogar mein Testimonial gegeben! Tatsache ist, dass Sie nicht gekauft haben, weil Ihnen nichts verkauft wurde. Sie kaufen nicht, weil Sie nicht genügend interne Repräsentationen angehäuft haben, um Geld auszugeben. Sie haben Fakten, ja, aber Fakten allein schaffen nur wenige IRs. Fakten allein machen das Gehirn nicht kaufbereit.

Was muss ich also sagen, um Sie zum Kauf dieses Produkts zu motivieren? Ich muss einfach visuelle IRs, auditive (Ton-)IRs, kinästhetische (Gefühls- oder Emotions-)IRs, olfaktorische (Geruchs-)IRs und vielleicht sogar gustatorische (Geschmacks-)IRs erstellen – so viele, wie möglich – und Sie durch die Verwendung des Produkts führen. Mein Ziel ist es, meine Worte so klar zu formulieren, dass Sie sich das Produkt tatsächlich vor dem Kauf in Ihrem Kopf vorführen. Zum Beispiel:

> Lieber Scott,
> oh mein Gott, dieser neue Poolreiniger, den ich gerade installiert habe, ist unglaublich! Sie MÜSSEN einen für Ihren eigenen Pool kaufen! Es ist bei Weitem der einfachste Poolreiniger, den ich je benutzt habe, und glauben Sie mir, ich habe viele Alternativen probiert.

Es handelt sich um einen langen, gerippten Kunststoffschlauch, der an Ihre Saugleitung oder Ihren Skimmer angeschlossen wird. Er sieht aus wie ein blauer Mantarochen (etwa 60 cm lang) und streicht anmutig über den Boden des Beckens. Er sieht fast lebendig aus, deshalb habe ich ihn »Squidly Diddly« genannt. :-)

Wie auch immer, Squidly steigt an den Wänden hoch und saugt alle Blätter, Sandbrocken und anderes ekliges Zeug durch seinen winzigen Mund auf und legt es bequem in Ihren Filterkorb zur schnellen Entfernung ab.

Er wird sogar mit einem Video geliefert, das Ihnen hilft, ihn in weniger als zehn Minuten zusammenzubauen. Es ist so einfach, dass mein Retriever Giuseppe das machen könnte!

Das Unternehmen ist in der Branche bekannt und hat weltweit mehr als 1.250.000 dieser Reiniger verkauft. Ich habe tonnenweise Nachforschungen angestellt, bevor ich es bestellt habe, und alle Bewertungen sind positiv, weit besser als die für andere Poolreiniger in dieser Preisklasse. Der Preis? Er hat nur $250 gekostet und wird mit einer zweijährigen Garantie und einem Rabatt von $50 geliefert!

Ich hatte eine Frage und bekam schnell jemanden ans Telefon … sie war wirklich freundlich und hilfsbereit.

(Ha! Während ich dies tippte, kam meine Frau ins Haus und erzählte mir, dass der Poolfilter mit dem Müll, den Squidly herausschlürfte, VOLL war. Dieses Ding funktioniert wirklich wahnsinnig gut!)

(*Anmerkung von Drew:* Der obige Absatz ist Teil der Verkaufscopy. Er ist so formuliert, dass er aus dem Kontext einer Anzeige »heraustritt« und ein Gefühl von »hier und jetzt« oder Echtzeit-Authentizität vermittelt, wie ich zu Beginn dieses Kapitels angesprochen habe.)

> Squidly macht ein lustiges Chuga-chuga-chuga-Geräusch, wenn er seine Arbeit tut, aber er ist verdammt leise. Er arbeitet so gut, dass wir einen Eimer in die Nähe des Filters stellen mussten, damit wir einen bequemeren Platz hatten, um das ganze Zeug, das er aus unserem Pool absaugt, zu entsorgen (erinnern Sie sich noch, wie braun und schlammig unser Pool letzte Woche war? Sie sollten das Wasser jetzt sehen … es funkelt wie eine karibische Lagune, und ich schwöre, es riecht sogar noch besser!)
>
> Vergessen Sie das Handabsaugen Ihres Schwimmbeckens! Mit meinem Kumpel Squidly entspanne ich mich nur und nippe an Piña Coladas, während er den Pool für mich reinigt, Tag und Nacht. Er versäumt nie einen Tag, beschwert sich nie und erhöht nie seine Preise. (Ach, übrigens, ich werde Frank, den Poolreiniger, nächste Woche entlassen. Er ist wirklich ein netter Kerl, aber dieser automatische Reiniger spart mir $850 pro Jahr!)

Die Lektion ist einfach: Wenn Sie in den Gehirnen Ihrer Interessenten nicht genügend *interne Repräsentationen* schaffen, werden Sie sie nicht ausreichend dazu bewegen, geistig ihre eigenen IRs zu schaffen, die sie letztlich dazu veranlassen, ihre Brieftaschen zu zücken und das zu kaufen, was Sie verkaufen.

Natürlich werden Sie nicht immer alle fünf Modi der internen Repräsentation nutzen können. Wenn Sie zum Beispiel ein Drucker sind, werden Sie den Leuten nicht sagen, wie wunderbar fruchtig Ihre roten und orangefarbenen Tinten schmecken (gustatorisch).

Aber Sie könnten darüber sprechen, wie Qualitätspapiere, glänzend und glatt oder reich an baumwollartiger Textur (kinästhetisch), ihr Briefpapier visuell so viel ansprechender machen können, und wie die Leute die Qualität tatsächlich spüren (kinästhetisch), wenn sie ihre Briefe und Broschüren in der Hand halten. Dies wiederum führt zu einer unbewussten Assoziation von Qualität mit Ihrem Unternehmen und auch mit Ihren Produkten und Dienstleistungen.

Es ist wie Starthilfe für eine Autobatterie: Wenn man nicht genug Saft draufgibt, springt das Auto nicht an. Genauso verhält es sich mit den mentalen Filmen, die Sie in den Gehirnen Ihrer potenziellen Kunden installieren: Wenn Sie keinen »Filmtrailer« erstellen, der engagiert genug ist, um sie dazu zu bringen, mehr darüber nachzudenken, was Sie sagen, werden sie einfach die Seite umblättern oder zu einer anderen Seite wegklicken.

Agentur-Geheimnis Nr. 19: Die menschliche Trägheit bekämpfen

Ich beginne meine Seminare oft in der Rolle eines alten, schwerfälligen Verkäufers. Ich setze mich vor meinem Publikum auf einen Stuhl und dröhne mit meiner wenig enthusiastischen Stimme das unbewegendste, unmotivierendste, uninspirierendste, unüberzeugendste und un-überhauptalles Verkaufsgespräch heraus, das man sich nur vorstellen kann. »Kein Grund, die Kaufentscheidung zu überstürzen«, sage ich. »Höchstwahrscheinlich verkaufen Dutzende anderer Unternehmen das gleiche Produkt zum gleichen Preis und bieten Ihnen den gleichen Service. Es ist noch viel Zeit; das Produkt wird da sein, wenn Sie es brauchen.«

Igitt! Dann springe ich von meinem Stuhl und rufe: »Wenn die alte Redensart wahr ist, dass Werbung nichts anderes ist als ein gedruckter Verkäufer, dann versichere ich Ihnen, dass DAS (ich zeige zurück auf den Stuhl, von dem ich eben aufgesprungen bin) der typische Verkäufer ist, den das Durchschnittsunternehmen heute auf der Straße hat und der es repräsentiert!«

Worum es geht? Egal, wie geschickt ein Verkäufer ist, egal, wie schön eine Anzeige ist, wenn die Leute dadurch nicht zum Handeln veranlasst werden, sind beide eine lausige Investition. Eine Anzeige, die die Leute nur informiert und nicht zum Kauf bewegt, ist wie ein Verkäufer, der den Sack nicht zumachen kann. Feuern Sie den Verkäufer. Werfen Sie die Anzeige weg. Sie verschwenden sowohl Ihr Geld als auch Ihre Zeit.

Die einfachste Definition von Werbung, und eine, die wahrscheinlich dem Test einer kritischen Prüfung standhalten wird, ist die, dass Werbung Verkauf in gedruckter Form ist.

Daniel Starch

Um Maßnahmen zu ergreifen, sind zwei Schritte erforderlich: 1.) tun Sie alles, um es leicht zu machen zu handeln, und dann 2.) fordern Sie zum Handeln auf.

Disclaimer: Diese Inhaltsstoffe *garantieren nicht*, dass die Menschen handeln werden. Wenn das der Fall wäre, dann wäre jede Anzeige, die Sie aufgeben und die diesen beiden Schritten entspricht, ein durchschlagender Erfolg. Sie *werden* jedoch die *Erfolgschancen* deutlich erhöhen. Das wäre doch in Ordnung, oder nicht? Lassen Sie uns also über Schritt 1 sprechen: tun Sie alles, um es leicht zu machen zu handeln.

Wie Joan Rivers sagt: »Können wir reden?« Wir Menschen sind faule Geschöpfe. Wenn wir für fast alles einen Knopf drücken könnten, was heute knopflos ist, würden wir es tun. Knopfdruck-Dusche? Mit einem Knopfdruck zur Arbeit fahren? Knopfdruck-Knopfdruck! Tatsächlich gibt es nur noch wenige Dinge, die keinen Knopfdruck-Komfort bieten. Wir wollen *jetzt* zufrieden sein. Die Ergebnisse wollen wir *gestern*.

Das bedeutet, dass die Menschen überempfindlich auf Dinge reagieren, die ihnen beschwerlich erscheinen. Wir widersetzen uns dem »Involviert-sein«.

Zum Beispiel bittet ein Autofahrer an der Unfallstelle einen Schaulustigen, als Zeuge auszusagen. Der antwortet: »Oh, da mische ich mich lieber nicht ein.« Im Kopf des Schaulustigen läuft ein Film ab, der mit unangenehmen Szenen aller Arten von Ärger, Torturen und lästigen Aufgaben gefüllt ist, die einen unbekannten Energieaufwand erfordern. Also dreht er sich um und geht weg. Und weil die Menschen hypersensibel auf Anstrengung reagieren und alles tun, was sie können, um Strapazen zu vermeiden, wäre es für uns als Werbetreibende klug, den Kauf so einfach wie möglich zu machen.

Haben Sie zum Beispiel schon einmal eine Direktwerbung mit einem Bestellformular erhalten, das bereits mit Ihrem Namen und Ihrer Adresse ausgefüllt ist? Sie brauchen nichts weiter zu tun, als Ihre Kreditkartennummer oder Ihre Bankverbindung hinzuzufügen und ihn in einen frankierten Umschlag zu stecken, der ebenfalls mit Ihrer Absenderadresse versehen ist. Der heutige Digitaldruck macht dies leicht und kostengünstig möglich. Es gibt auch eine gebührenfreie Telefonnummer. Vielleicht lässt man Sie sogar per Nachnahme bezahlen, weil man weiß, dass man, wenn man die meiste Arbeit für Sie erledigt, Hindernisse beseitigt, die Sie möglicherweise an einer Bestellung hindern würden. Man poliert sozusagen den Weg und wartet auf eine unbewusste »Mensch, guck mal, wie einfach!«-Antwort.

Akzeptieren Sie so viele alternative Zahlungsformen wie möglich: alle gängigen Kreditkarten, persönliche Schecks, Überweisungen und PayPal. Sie sollten mehrere Versandmöglichkeiten anbieten, vom normalen Versand auf dem Landweg bis hin zum Über-Nacht-Expressversand. (Sie könnten Kunden verlieren, wenn Sie nicht schnell genug versenden!) Die Geschenkverpackung erspart Ihren Kunden an Geburtstagen und Feiertagen Zeit und Mühe. Bieten Sie eine starke Garantie, um ihnen die Angst vor Verlust zu nehmen. Bieten Sie einen Zahlungsplan an – »Nur $14,99 pro Monat für drei Monate« –, um den psychologischen Schmerz des Geldausgebens zu verringern. Bieten Sie Internet-Bestellungen an, besonders wenn Ihre Konkurrenz das nicht tut. Sagen Sie Ihren Interessenten Schritt für Schritt genau, wie sie bestellen sollen. Wenn Sie ein Einzelhändler sind, geben Sie immer Ihre Adresse, Ihre Telefonnummer, eine kurze Wegbeschreibung (nicht jeder benutzt ein GPS) und Ihre täglichen Öffnungszeiten an. Sagen Sie: »Es ist einfach, zu bestellen!« Und verwenden Sie Varianten davon, die für Ihre Art von Unternehmen geeignet sind: »So erhalten Sie ganz einfach einen KOSTENLOSEN Kostenvoranschlag« oder »Es ist einfach, Ihre Hausbesichtigung zu planen« oder »Es ist einfach, Visitenkarten für 50% Rabatt gedruckt zu bekommen« oder »Es ist einfach, Ihre Teppiche selbst mit einem Dampfreiniger zu säubern und $199 zu sparen« und eine endlose Reihe von Variationen. Die Menschen wollen mehr Leichtigkeit in ihrem Leben. *Sagen* Sie ihnen, wie einfach es ist, bei Ihnen zu kaufen.

Agentur-Geheimnis Nr. 20: Bauen Sie Ihr Alleinstellungsmerkmal auf

Wenn Sie meine Seminare besucht haben, wissen Sie, dass ich darauf bestehe, sich mit irgendeiner Art von Gimmick oder USP (Unique Selling Proposition) – einem einzigartigen Verkaufsargument – auf dem Markt zu differenzieren. Sie wollen doch nicht wie eine Fünf-Pfund-Tüte mit Zucker oder Salz im Lebensmittelgeschäft sein, oder? Nur wenige Menschen sind pingelig, welche Zucker- oder Salzmarke sie kaufen. Für sie ist Zucker gleich Zucker. Und Salz ist Salz. Fragen Sie doch einmal einen Freund: »Was ist deine Lieblingssalzmarke?« Er wird Sie anschauen, als hätten Sie sie nicht mehr alle.

Die Wahrheit ist, dass sich die meisten Menschen nicht viel aus diesen Verbrauchsartikeln machen. Sie fallen nicht auf. Sie passen sich anderen Marken an. Das Ergebnis? Sie werden nicht bevorzugt.

Tatsache: Wenn die Leute Sie nicht von Ihrer Konkurrenz unterscheiden können, haben sie keinen Grund, sich für Sie zu entscheiden. Und Ihr Ziel im Geschäftsleben ist es, dass die Leute Ihr Produkt bevorzugen, dass sie Sie vor allen anderen wählen, die dasselbe oder ein ähnliches Produkt anbieten.

Ich bin im Nordosten Philadelphias aufgewachsen. Etwa eine Meile von meinem Zuhause entfernt war (und ist immer noch) ein kleines Diner im Stil der 50er-Jahre namens Nifty Fifty's, an der belebten Ecke Grant Avenue und Blue Grass Road. Dieser Laden leistet eine unglaubliche Arbeit, um sich von seinen Konkurrenten abzuheben – die Warteschlangen, die sich beim Mittag- und Abendessen durch seine Türen auf den Bürgersteig zurückstauen, beweisen es. Das Diner befindet sich in einem Einkaufszentrum, das vor etwa 30 Jahren gebaut wurde. Genau an seinem Standort befanden sich ein Tanzstudio, ein Frauen-Fitnesscenter, ein mexikanischer Imbiss, ein Videoverleih und ich weiß nicht mehr, was noch alles. Aber es ist das einzige Geschäft, das erfolgreich war – und zwar in großem Stil – und sich inzwischen auf fünf Standorte ausgedehnt hat. Kein Wunder: Der Laden macht einfach alles richtig. Schauen Sie sich nur die Preisverleihungsseite auf der Website *www.niftyfiftys.com* an – es ist phänomenal. Und genau darum geht es: *Die Inhaber behalten ihre Größe nicht für sich.*

> **Versuchen Sie nicht, amüsant zu sein. Geld ausgeben ist eine ernste Angelegenheit.**
>
> Claude Hopkins

Ganz im Gegenteil. Sie nutzen jede Gelegenheit, um Sie wissen zu lassen, wie wunderbar sie sind, indem sie dafür sorgen, dass *Sie* wissen, dass sie *niemals* gefrorenes Rindfleisch verwenden, dass ihr Hamburger-Rindfleisch täglich frisch gehackt wird, dass ihre Pommes Frites frisch geschnitten und hausgemacht sind, dass sie niemals gefrorene Zwiebelringe verwenden. Tatsächlich können Sie, sobald Sie durch die Ladentür kommen, durch ein großes Glasfenster in die Küche schauen und sehen, wie der Mann mit dem Papierhut die großen, saftig-süßen Zwiebelscheiben in ihren hausgemachten Teig und dann in ihre wunderbare, mit Kräutern gewürzte Panade taucht. Sie sagen Ihnen, in welchem Öl sie braten. Sie sagen Ihnen, warum es zu Ihrem Vorteil ist, dort zu essen, anstatt bei Burger Slop am anderen Ende des Blocks. Sie überlassen es nicht einfach Ihnen und hoffen, dass Sie diese Dinge selbst entdecken, wie 99,9% der anderen Unternehmen. Sie sind proaktiv. Sie blasen ins eigene Horn. Sie *sagen* Ihnen, warum sie großartig sind.

Denken Sie nach! Welche interessante Geschichte können Sie den Menschen über Ihr Produkt oder Ihre Dienstleistung erzählen? Wie können Sie sie erziehen?

CA$HVERTISING-Tipp: Vergewissern Sie sich, dass Ihr Produkt oder Ihre Dienstleistung von ausgezeichneter Qualität ist, ansonsten können Sie Ihren potenziellen Käufer von sich abbringen!

- Seien Sie nicht nur ein Baumarkt... seien Sie »Der Werkzeug-Superstore«!
- Seien Sie nicht nur ein Büroreiniger... seien Sie »Die Büroreinigungstechniker«!
- Seien Sie nicht nur eine kleine Tierhandlung... seien Sie »Die Tierwelt unter einem kleinen Dach«!
- Seien Sie nicht nur ein Grafikdesigner, der in Denver wohnt... seien Sie »Denvers Nummer 1 unter den überzeugendsten Grafikdesignern«!
- Seien Sie nicht nur eine Eisdiele... seien Sie »Die Heimat der Monster-Soßen«!
- Seien Sie nicht nur ein Immobilienverkaufsbüro... seien Sie die »Experten des Schnellverkauf-Systems«!

Wenn Sie kein »Schnellverkauf-System« haben, dann werden Sie kreativ und stellen Sie ein Programm zusammen, das Sie das Schnellverkauf-System *nennen* können. Manchmal erfordert die Entwicklung Ihres Alleinstellungsmerkmals, dass Sie Dinge anders machen und nicht nur einen heißen Slogan entwickeln. Nur zu *behaupten*, ein Experte zu sein, macht Sie noch lange nicht zu einem Experten. Ihre Positionierung sollte das widerspiegeln, was der Wahrheit über Sie entspricht. Und wenn Sie sich einen großartigen USP ausdenken, der aber nicht ganz das ist, was Sie sind, dann werden Sie zu dem, was Sie sind!

Wenn ich mich zum Beispiel »Die Büroreinigungstechniker« nennen wollte, meine Mitarbeiter aber wie ein Haufen unmotivierter Gammler in schlampiger Straßenkleidung aussehen würden, würde ich mit meiner Positionierung als »Reinigungstechniker« nicht sehr weit kommen, oder? Es würde sich herumsprechen, dass meine Leute gar keine Techniker sind, sondern schmuddelige Penner. Was würde ich also tun?

Erstens würde ich Leute einstellen, die passend aussehen und auftreten. (Das Image reicht nur bis hier. Es wird eine Zeit kommen, in der Sie Leistung erbringen müssen, denn Qualitätsleistung ist das, was Ihnen Wiederholungsaufträge beschert.) Als Nächstes würde ich meine Leute alle in »Hi-Tech«-Jumpsuits in Blau oder Orange mit meinem neu designten Logo auf den Ärmeln einkleiden. Ich würde meinen Lieferwagen neu lackieren und mein neues Corporate Design aufbringen lassen. Ich würde einen Designer beauftragen, mein Briefpapier neu zu gestalten und eine neue Broschüre zu entwerfen, die den sauberen, modernen Look, den ich darstellen möchte, transportiert. Jetzt hat meine Techniker-Positionierung die Chance, sich auf dem Markt durchzusetzen. Jetzt wird sie mit etwas anderem als nur einem beeindruckenden Slogan untermauert. Was ich behaupte zu sein und wie ich wahrgenommen werde, ist jetzt deckungsgleich. So sorgen Sie dafür, dass Ihr Unternehmen Ihrer neuen Positionierung entspricht.

Mein CA$HVERTISING-Seminar hat eine Frau dazu veranlasst, sich nicht länger nur als eine weitere Druckerei zu bezeichnen, sondern stattdessen damit zu beginnen, ihre Dienste mit Nachdruck als »The Business Image Maker« anzupreisen! Und um ihre Behauptung zu untermauern, reicht sie bei ihrer Lokalzeitung und ihren Wirtschaftspublikationen Artikel ein, in denen sie den Lesern erklärt, wie sie das Beste aus ihren Druckausgaben herausholen. Sie bietet kostenlose Berichte an, wie »Wie Sie zehn wenig bekannte Druckgeheimnisse nutzen können, um Ihr Unternehmen professioneller aussehen zu lassen«, »Wie Sie die Kraft der Farbe nutzen können, damit Ihre Geschäftsmaterialien herausstechen« und andere. Die Berichte umfassen lediglich ein bis vier Seiten und sind im Handumdrehen erstellt.

Zudem hält sie kostenlose Druckkurse in Bibliotheken ab, in denen sie Unternehmern Beispiele guter und schlechter Druckergebnisse zeigt und ihnen erklärt, wie sie diese Fehler vermeiden können. Sie sagt ihnen, wie sie den größtmöglichen Nutzen für ihr Geld erzielen können, und erklärt, wie sie Tausende sparen können, indem sie die neueste digitale Drucktechnologie kennen und vieles mehr. Sie lieben sie, und im Gegenzug nutzen sie ihr Angebot für ihr Geschäft. Ihr Image hilft ihr, indem es sie – und nicht die Konkurrenz – als die Expertin ausweist, der sie vertrauen können. Diese Frau hat sich in ihrer Region von der einfachen Bedienerin einer Druckmaschine zu einer glaubwürdigen Expertin entwickelt. Und das können Sie auch.

Sie können nicht nur Ihr gesamtes Unternehmen, sondern auch Ihr *Angebot* positionieren. Für die folgenden Beispiele werde ich Werbung aus der Direktmarketing-Branche verwenden. Late-Night-Infomercials, die behaupten, Ihnen beizubringen, wie man einen Batzen Geld verdient, sind produktiver als Tech-Nerds auf einem PC-Kongress. Hier ist eine großartige Positionierung wirklich notwendig, damit Ihre Anzeigen auffallen.

Ein Beispiel: Welche dieser beiden Headlines erregt Ihre Aufmerksamkeit am meisten?

Arbeiten Sie von zu Hause aus und verwandeln Sie Ihre E-Mails in große Profitbringer!

19-jähriger College-Schüler entdeckt cleveren Weg, um Menschen davon zu überzeugen, Ihnen Geld über PayPal zu senden.

Welche haben Sie ausgewählt? Wenn Sie den Marketing- und Werbedurchblick haben, den ich bei Ihnen vermute, haben Sie wahrscheinlich die mit dem College-Typen gewählt, denn die nenne ich »spezifisch einzigartig«. Sie bringt klare – nicht unscharfe – Bilder in Ihren Kopf. Wenn Sie das tun, haben Sie die Aufmerksamkeit Ihrer Leser stärker im Griff. Sie sind engagierter. Sie fragen sich: »Was ist mit diesem 19-Jährigen? Wie ist er auf diese Idee gekommen?« Sie stellen sich wahrscheinlich vor, wie er aussehen muss: sein Gesicht, seine Haare, seine Kleidung. Obwohl es Tausende von »Geld machen«-Anzeigen gibt, haben die Menschen von dieser Positionierung noch nichts gehört. Sie ist frisch und anders.

Tipp: Wenn Sie mit Ihrer Anzeige aus der Menge hervorstechen wollen, sagen Sie etwas anderes.

> **Kreieren Sie Werbung, die anders und sofort erkennbar ist. Die Forschung stellt fest, dass »etwas Neues« und »Frisches« in der Headline oder im Bild höhere »am häufigsten gelesen«-Werte liefern.**
>
> Starch Research

Weitere Beispiele:

Chinesischer Milliardär enthüllt 14 Geheimnisse, die ihm geholfen haben, so reich zu werden.

Weil er nur noch vier Monate zu leben hat, willigt der Millionär ein, seine Geheimnisse von Reichtum und Erfolg zu enthüllen.

Privates Tagebuch des Millionärs in Palm Springs gefunden – es enthüllt wenig bekannte Erfolgsgeheimnisse.

Verstehen Sie das? Es geht darum, einen Aufhänger (oder eine Positionierung) zu schaffen, der sich von dem unterscheidet, was Tausende andere Werbetreibender sagen. Seien Sie ehrlich, aber finden Sie einen faszinierenden Weg, es zu sagen! Hören Sie mit dem ganzen »Online reich werden«-Unsinn auf; die Leute sind dieses vage, allgemeine Zeug leid. Fragen Sie sich: »Was ist einzigartig an meinem Angebot? Bin ich der Einzige, der diesen Plan, dieses Produkt oder diese Dienstleistung anbietet? Was an *mir* ist einzigartig, das ich ausnutzen könnte?«

Sind Sie ein Landwirt mit einer großartigen Idee, Geld zu verdienen, die Sie an andere in Ihrer Branche verkaufen können? »Der Landwirt aus Idaho sagt: ›Der Anbau von $100-Scheinen ist genauso einfach wie der Anbau von Kartoffeln, wenn Sie meinem Plan folgen!‹«

Haben Sie sich den Kopf rasiert? »Der große kahle Chris lehrt Wing Chun Kung Fu, das Ihnen eines Tages das Leben retten könnte.« Achten Sie darauf, dass Sie auf *alles* ein Bild von sich kleben, und Sie werden sehr schnell bekannt werden.

Sind Sie ein schwerer oder großer Mann oder eine ebensolche Frau? »Zwei Meter-275-Pfund-Mann bietet die GRÖSSTEN Computer-Rabatte der Nation!« Lassen Sie ein Foto von sich aus der Bodenperspektive machen, um Ihre Größe zu betonen. Drucken Sie es überall drauf. Nennen Sie sich selbst den Computer-Riesen! (In Pennsylvania hat Big Marty's Carpets dies seit Jahren effektiv getan. Ihre Anzeigen und Schilder sind wirklich herausragend … von der Größe her!)

Sind Sie ein großartiger Fischer oder eine großartige Fischerin, die sich mit Netzwerk-Marketing beschäftigt? »Ein Angelexperte sagt: ›Menschen an den Haken zu kriegen ist genauso einfach wie eine Flunder zu fangen, wenn Sie meinen geheimen Plan befolgen, wie man ein Grundnetz auslegt!‹ Lesen Sie das Buch *Positionierung: Der Kampf um Ihren Verstand.* Es führt Sie auf der Grundlage dessen, wo Sie jetzt auf dem Markt stehen und wohin Sie wollen, Schritt für Schritt durch den Prozess der Imagebildung.

Wie ich in meinem Seminar rufe: »Seien Sie nicht einfach nur die *allgemeine* Version Ihres Business! Lassen Sie Ihre Konkurrenz mit allen anderen verschmelzen – nicht jedoch mit Ihnen! Geben Sie Ihrem Image eine Wendung – stehen Sie auf und heben Sie sich ab!«

Agentur-Geheimnis Nr. 21: Kaufen Sie Ihre eigene Insel

Warum für eine ganzseitige Anzeige bezahlen, wenn Sie die Seite mit einer Anzeige dominieren können, die weniger kostet? Sagen Sie Ihrem Anzeigenvertreter, dass Sie eine *halbseitige Inselanzeige* wünschen: Im Gegensatz zu einer typischen vertikalen oder horizontalen halben Seite ist diese Sondergröße so positioniert, dass sie visuell fast die gesamte Seite einnimmt und es der Zeitung sehr schwer macht, andere Anzeigen in ihrer Nähe zu platzieren.

Das Ergebnis? Sie setzen oft nur Lesestoff (Nachrichten) neben Ihre Anzeige, was für Sie weniger Anzeigenkonkurrenz bedeutet. Die Halbseiten-Insel ist zwei Spalten breit und eine dreiviertel Seite tief, dennoch beherrscht sie die *gesamte* Seite, was bei den Lesern – nach dem Prinzip der in Grundsatz Nr. 17 der Verbraucherpsychologie diskutierten Heuristik »Länge impliziert Stärke« – zu einem stärkeren Gefühl Ihrer Überlegenheit führen könnte. Es ist der alte »Die größten Anzeigen in den Gelben Seiten müssen die besseren, erfolgreicheren Unternehmen sein«-Effekt.

Denken Sie daran: Für eine große Resonanz brauchen Sie keine Riesenanzeigen. Winzig kleine Anzeigen – wie sie sich seit Jahren unverändert in Zeitschriften wie *Popular Science* und *Popular Mechanic* wiederholen – haben viele Werbende reich gemacht. Aufgrund ihrer Platzbeschränkungen sind sie jedoch am besten für den guten, alten zweistufigen Verkaufsprozess geeignet: 1.) Interessenten fragen an und 2.) Sie schicken die vollständigen Informationen, was sie – so hoffen wir – zum Kauf veranlasst. Wenn Sie einen umfassenderen Verkaufsauftrag erhalten möchten, brauchen Sie mehr Grund- und Boden, um Ihre Geschichte zu erzählen. Die halbseitige Inselanzeige bietet Ihnen dies, während Ihre Geschichte – und nicht die Ihrer Konkurrenten – im Rampenlicht steht.

Agentur-Geheimnis Nr. 22: Autoritätspositionierung

Sind Sie eine Autorität auf Ihrem Gebiet? Das »Auslösereize des Lebens«-Modell sagt uns, dass Autoritätspersonen sehr glaubwürdig sind. Deshalb werden ihre Behauptungen allgemein geglaubt. Indem Sie die mentale Abkürzung der peripheren Verarbeitung nutzen, begründen Sie, dass eine Autorität weiß, wovon sie spricht. Schließlich muss sie ihr Thema jahrelang studiert haben (Länge-impliziert-Stärke), die Leute hören ihr überall zu, also muss es in Ordnung sein, wenn ich es auch tue (Mitläufereffekt), sie ist unparteiisch und bezieht sich nur auf die Fakten, nicht auf Meinungen (Zweiseitigkeit der Aussage, Beweise), also kann ich mich auf das verlassen, was sie sagt.

Tatsache ist, dass auch Sie eine solche Position einnehmen können – Sie selbst als Autorität auf Ihrem Gebiet – und denselben Einflussmantel tragen können. Lassen Sie uns mit der Annahme beginnen, dass Sie bereits ein ausgezeichnetes Verständnis für Ihr Thema haben und flüssig darüber sprechen können, denn wir wollen darüber diskutieren, wie Sie sich als Autorität *positionieren,* und nicht darüber, wie Sie die Lerngewohnheiten entwickeln, genügend Wissen zu erwerben, um den Anspruch erheben zu können.

Schritt 1: Beginnen Sie sich selbst als jemanden zu betrachten, der einen Berg wertvoller Informationen besitzt, die er mit anderen teilen kann. Einfach, nicht wahr! Leider hält ein geringes Selbstwertgefühl viele Menschen davon ab, auch nur diesen ersten Schritt zu tun. Wenn Sie nicht glauben, dass Ihr Wissen wertvoll ist, sind Sie zum Scheitern verurteilt, bevor Sie beginnen.

Schritt 2: Machen Sie das, was Sie wissen, der Öffentlichkeit in möglichst vielen Formen zugänglich. Und wie? Gehen Sie zunächst zu einem örtlichen kommerziellen Fotografen und lassen Sie sich in der für Ihr Unternehmen passenden Kleidung fotografieren. Dann – und dies ist nicht der richtige Zeitpunkt, sich zu scheuen – drucken Sie es auf *allen* Ihren Verkaufsmaterialien. Von Broschüren bis hin zu Verträgen, zeigen Sie der Öffentlichkeit Ihr Gesicht. Setzen Sie es in Anzeigen, E-Mails, Webseiten, Verkaufsbriefe, Plakate! Dann machen Sie ein wenig Selbstveröffentlichung. Starten Sie ein E-Zine. Schreiben Sie mehrere drei- bis zehnseitige Artikel zu Ihrem Thema, sowohl in Papierform als auch im PDF-Format.

Nehmen wir zum Beispiel an, Sie sind ein Drucker oder Inhaber eines Copyshops. Wie wäre es mit der Erstellung einiger einfacher Artikel mit dem Titel:

Wie man schöne Hochzeitseinladungen druckt, ohne abgezockt zu werden

Wie [IHRER STADT's] Unternehmen bei hochwertigem Vierfarbdruck bis zu 27% sparen können

Wie Sie Ihren Lebenslauf um 325% aufmerksamkeitsstärker machen als den Ihrer Konkurrenten

Sehen Sie, was ich meine? Der Artikel enthält Informationen, die Sie als Copyshop-Inhaber *natürlich* kennen. Im Beispiel des Lebenslaufs können Sie in Ihrem Artikel einfach über Dinge wie die Verwendung spezieller Papiere, Schriftarten, Folien und Farben sprechen, um einen superprofessionellen Eindruck zu erzeugen und sich von der Masse abzuheben.

Die Berichte würden Ihr Porträt und Ihren Firmennamen direkt auf der Titelseite zeigen, Ihren Namen in einer Bildunterschrift unter dem Foto. Ich würde es zum Beispiel so machen:

Druckexperte verrät, wie Sie Ihren Lebenslauf
um 325% effektiver gestalten
und Ihre Konkurrenz ausschalten!

Ein Sonderbericht, erstellt von:
Drew Eric Whitman
Experte für Geschäftsdrucksachen
Whitman Press, Inc., 821 Digital Road
Litho, CA 92261
Tel.: (760) 555-5678

Im Inneren beginnen Sie mit ein paar Absätzen über die Bedeutung eines attraktiven Lebenslaufs. Dann folgen nummerierte Ideen:

> **LEBENSLAUF-ANTWORT-BOOSTER Nr. 1:**
> **Layout & Gestaltung**
> Lebensläufe sind wie jede andere Geschäftskommunikation. Aber in diesem Fall sind Sie das Produkt, das Sie verkaufen! Daher sollten Ihr Lebenslauf, Ihr Anschreiben und Ihr Umschlag genauso attraktiv sein wie jene, die die größten Unternehmen von heute verwenden, wenn sie mit ihren potenziellen Käufern kommunizieren. Ich habe die Lebensläufe für einige der talentiertesten Leute auf ihrem Gebiet gedruckt. Und in jedem Fall habe ich ihnen geraten …
>
> **LEBENSLAUF-ANTWORT-BOOSTER Nr. 2:**
> **Papierauswahl**
> Und so weiter.

Was machen Sie mit diesen Berichten? Sie preisen sie in Ihrer Werbung an. Sie bieten sie kostenlos jedem an, der in Ihr Geschäft kommt. Die Berichte werben nicht nur für Sie als Autorität, sondern sorgen auch dafür, dass sich die Menschen bei Ihnen wohlfühlen. Und während 99% Ihrer Konkurrenz absolut nichts tut, um ihr Image in der Öffentlichkeit zu verbessern, positionieren Sie selbst sich als Autorität. Denken Sie daran, dem Bericht einen Coupon beizufügen. Wenn Sie gute Arbeit geleistet haben, sollten Ihre Interessenten, bereit sein, mit Ihnen Geschäfte zu machen, weil Sie jetzt als jemand angesehen werden, der weiß, wovon sie bzgl. des Themas »Lebenslaufdruck« sprechen!

Wie noch können Sie sich selbst als Autorität profilieren? Erstellen Sie redaktionell gestaltete Anzeigen für Ihre Lokalzeitung, die wie Frage-Antwort-Spalten aussehen. *Sie* stellen die Fragen und *Sie* stellen die Antworten zusammen. Fügen Sie etwa drei Fragen mit kurzen Antworten in jede Spalte ein, und stellen Sie sicher, dass Ihr Porträt oben mit Ihrem Namen als Bildunterschrift erscheint. Einige Zeitungen akzeptieren Ihre »Kolumne« sogar kostenlos, wenn sie ihren Lesern nützliche Informationen bietet. Achten Sie auf jeden Fall darauf, Ihren Firmennamen, Ihre Adresse und Ihre Telefonnummer am unteren Ende der Anzeige auf diese listige Weise einzufügen: »Haben Sie Fragen dazu, wie Sie Druckerzeugnisse am effektivsten nutzen? Senden Sie sie an: [Ihre Adresse hier] …«

Geben Sie Seminare, halten Sie Workshops ab, erstellen Sie Bildungsprodukte, schreiben Sie ein Buch, geben Sie Radio- und Fernsehinterviews, bloggen Sie Ihr Fachwissen! Die Zahl der Möglichkeiten, wie Sie anderen helfen können, ist unbegrenzt, was wiederum auch für Ihr Unternehmen Wunder bewirken kann.

Agentur-Geheimnis Nr. 23: Ein Werbebrief im Mäntelchen einer Umfrage

Ich habe dies für praktisch jeden wichtigen Kunden getan, mit dem ich zusammengearbeitet habe, und es hat sich immer gelohnt. Sie verschicken eine Umfrage an Ihre Kunden, in der Sie ihnen fünf oder sechs Fragen zu dem Thema stellen, zu dem Sie Informationen wünschen: Wie sie über Ihr Produkt oder Ihren Service denken, was sie über Ihre Preise denken, ob sie wahrscheinlich in den nächsten ein bis zwei Monaten bei Ihnen kaufen werden. Mit anderen Worten: Stellen Sie ihnen Fragen, die Ihnen wertvolle Einblicke in ihre Denkprozesse geben.

Machen Sie ihnen dann am Ende der Umfrage ein attraktives Angebot, das sie nicht ablehnen können. Vielleicht ist es ein Gutschein für 50% Rabatt auf ihren nächsten Kauf, eine Bescheinigung für eine kostenlose Beratung oder ein Gutschein für ein besonderes Geschenk beim nächsten Einkauf – was immer Sie denken, was verlockend sein könnte. Als Nächstes schreiben Sie einen kurzen Brief, in dem Sie etwas Ähnliches sagen wie:

> Liebe Eileen,
> darf ich Sie um einen Gefallen bitten?
> Ich würde gerne Ihre ehrliche Meinung über unseren Deluxe Autopflegedienst erfahren, den wir kürzlich für Sie erbracht haben.
> Würden Sie bitte Ihre Antworten auf die unten stehenden Fragen ankreuzen und mir dann diese Umfrage in dem beiliegenden frankierten Umschlag zurückschicken? Danke, dass Sie so ein großartiger Kunde sind.
> Hochachtungsvoll,
> [Unterschrift]
> Drew Eric Whitman, Eigentümer Shimmy Shine Shop
>
> Kreisen Sie eine (1) Nummer für jede der folgenden Fragen ein…
> 1) Wie zufrieden sind Sie auf einer Skala von 1 bis 10 (10 ist die beste Note) mit unserer Deluxe-Pflege?
> 1 2 3 4 5 6 7 8 9 10
> Nicht glücklich Sehr glücklich

2) Was halten Sie auf einer Skala von 1 bis 10 (10 ist die beste Note) von unserem Service?

1 2 3 4 5 6 7 8 9 10

Schlecht Exzellent

Und so weiter und so fort. Nun, der wichtigste Part steht am Ende der Umfrage, und so sieht er aus.

Danke, Eileen! Um Ihnen meine Wertschätzung für das Ausfüllen dieser wichtigen Umfrage zu zeigen, sende ich Ihnen diese 1-Liter-Flasche **Liquid Mirror Spray** mit **50% Ermäßigung** zu, um die gerade fertiggestellte Politur Ihres Autos zu schützen. Einfach aufsprühen und abwischen. Normalerweise kostet sie $10, aber ich schicke sie Ihnen – portofrei – für nur $5 zu, wenn Sie diese ausgefüllte Umfrage bis zum [DATUM] zurücksenden. Dieses wichtige Produkt hält Ihr Auto glänzend und weist Schmutz bis zu 50% länger ab, wenn Sie es innerhalb von 30 Tagen nach der Politur auftragen, also warten Sie nicht! Schützen Sie Ihre Investition. **KREUZEN Sie einfach das »JA«-Kästchen UNTEN an** und senden Sie diese Umfrage mit Ihrer Bezahlung zurück. Ein regulärer Wert von $10, das ist meine Art, »Danke« für die Teilnahme an meiner Umfrage zu sagen.

Sonderangebot zum halben Preis nur für Umfrageteilnehmer erhältlich!

[ ] JA, DREW! Ich habe Ihre Umfrage, wie von Ihnen gewünscht, abgeschlossen. Bitte senden Sie mir eine $10-Dose Liquid Mirror Spray für nur $5. Das ist eine

50%ige Ermäßigung, die nur für Personen verfügbar ist, die auf diese spezielle Umfrage antworten. Bargeld, Scheck, Geld oder eine Kreditkarte:
Karten-Nr. ____________________ Exp.__/__

Erkennen Sie, welche Power das hat? Es macht sich die Tatsache zunutze, dass 1.) Menschen es lieben, ihre Meinung zu Dingen zu äußern, und 2.) weil sie ihre Umfrage bereits zurücksenden, es für sie so einfach ist, ihre Zahlung in den frankierten Rückumschlag zu stecken.

Der Schlüssel liegt darin, etwas anzubieten, das Sie ohnehin angeboten hätten, es aber nur den Personen zugänglich zu machen, die auf Ihre Umfrage antworten. Die Tatsache, dass Sie sagen, der niedrige Preis sei »Ihre Art, sich zu bedanken«, ist ein großartiger Qualifikationsfaktor für den niedrigen Preis und verleiht dem Angebot einen Hauch von Exklusivität.

Das Umfrageformat ist ein Kinderspiel. Es ist einfach ein persönlicher Brief auf einem DIN-A4-Blatt Ihres Geschäftspapiers. Um die beste Antwortrate zu erreichen, versenden Sie es als Serienbrief, damit Ihre Schreiben persönlich und nicht massenhaft produziert aussehen.

Sie können diese Umfragetechnik für fast jedes Produkt oder jede Dienstleistung verwenden. Neben den zusätzlichen Verkäufen erhalten Sie auch wertvolles Feedback. Tatsächlich könnte das Feedback mehr wert sein als der Gewinn, den Sie aus den zusätzlichen Verkäufen erzielen! Eine wichtige Frage, die man stellen sollte, um Menschen dazu zu bewegen, sich frei auszudrücken, lautet: »Wenn *Sie* der Eigentümer meines Unternehmens wären, was würden Sie anders machen?« Sie werden erstaunt über einige der großartigen Antworten sein, die Sie erhalten werden. Das Feedback, das Sie erhalten, könnte die Art und Weise, wie Sie Ihr Unternehmen führen, völlig verändern. Weitere Informationen darüber, wie Sie die Gedanken Ihrer Kunden in Gewinn verwandeln können, finden Sie unter »Agentur-Geheimnis Nr. 28: Umfragekraft«.

Agentur-Geheimnis Nr. 24: Verstärken Sie Ihre Anzeigen mit Bildern

Jeder kennt den Ausdruck »Ein Bild sagt mehr als tausend Worte«, aber die meisten wissen nicht, dass diese Redewendung durch wissenschaftliche Forschung gestützt wird.

1991 führte Roper Starch Worldwide eine Studie mit 2.000 Kunden in zehn US-Märkten durch, die auf 650 Zeitungsanzeigen in einer Vielzahl von Einzelhandels- und überregionalen Kategorien antworteten. Die Ergebnisse wiesen wissenschaftlich nach, wie sich die Einbeziehung von Bildern, seien es Fotos oder Illustrationen, direkt auf die Werbewirkung niederschlägt – unabhängig davon, welche Art von Produkt oder Dienstleistung beworben wird. Hier sind die Ergebnisse dieser Studie.

- Anzeigen, die zu 50% aus Visuals (Fotos, Illustrationen, Grafikelementen) bestanden, wurden 30% häufiger bemerkt (gesehen und erinnert) als Anzeigen ohne Bildmaterial.
- Anzeigen, die zu 75% aus Visuals bestanden, wurden um 50% häufiger wahrgenommen als Anzeigen mit wenig oder ohne Bildmaterial.
- In der Kategorie »Am häufigsten gelesen« punkteten dieselben Anzeigen ebenfalls 60% höher.

- Vier bis neun Visuals erhöhen die »Bekanntheits«-Werte um 30% gegenüber Anzeigen mit weniger oder ohne jegliches Bildmaterial.
- Anzeigen mit zehn oder mehr Visuals werden mit einer 55% höheren Wahrscheinlichkeit wahrgenommen als Anzeigen mit weniger oder ohne Bildmaterial.
- Die »Am häufigsten gelesen«-Werte sprangen bei Anzeigen mit zehn oder mehr Bildern um 70% nach oben.
- Das Produkt zu zeigen zieht die Leser 13% stärker an, als kein Produkt zu zeigen.
- Fotos sind die überzeugendste Art von Abbildungen und ziehen die größte Leserschaft an.

Die sieben besten Fotoarten

Zahlreiche Studien belegen, dass die im Folgenden genannten Arten von Fotos die meiste Aufmerksamkeit auf sich ziehen. In einer klassischen Umfrage des Gallup Research Bureau für die Kimberly-Clark Corporation mit dem Titel »Lassen Sie sich von 4.979.855 Lesern erzählen, was sie Sonntag gelesen haben« (»Let 4,979,855 readers tell you what they read on Sunday«) wurden 29.000 Leser von 20 verschiedenen Sonntagszeitungen in 16 Städten befragt. Gallup stellte fest, dass die Leser Bilder mit den folgenden Motiven in der Reihenfolge ihrer Präferenz auswählten:

1. Kinder und Babys
2. Mütter und Babys
3. Gruppen von Erwachsenen
4. Tiere
5. Sportszenen
6. Prominente
7. Nahrungsmittel

Das *Parade Magazine* berichtete einmal, dass die folgenden Bilder die größte Aufmerksamkeit erhielten:

1. Säuglinge
2. Mütter und Babys
3. Tiere
4. Persönlichkeiten
5. Bilder von Lebensmitteln

Warum sind diese Bilder so anziehend für uns? Weil sie unsere Life-Force-8-Bedürfnisse anzapfen. Wir wollen Liebe, Schutz und Fürsorge für unsere Familie, soziale Akzeptanz, den Antrieb zu gewinnen, Status sowie Essen und Trinken. In Douglas Adams' *Per Anhalter durch die Galaxis* ist die Antwort auf die Frage nach dem Sinn des Lebens, nach dem Universum und dem Rest »42«. In Wirklichkeit ist die Antwort auf fast alle Warum-Fragen, die man über menschliche Wesen stellen kann, »8« – die Life-Force 8. Probieren Sie es aus und sehen Sie selbst.

> **Bilder sind nur dann wirksam bei der Beeinflussung der Markenwahl, wenn ein klarer Zusammenhang mit der Marke und der Botschaft besteht.**
>
> Giep Franzen, Advertising Effectiveness, 1994

Die Macht von Präsentation, Aktion und Pseudo-Bewegung

Die Platzierung eines Fotos Ihres Produkts in Ihrer Werbung zieht die Leser 13% stärker an, als hätten Sie es nicht gezeigt. Produkt-im-Gebrauch-Aufnahmen sorgen für einen zusätzlichen 13-prozentigen Anstieg gegenüber reinen Produktaufnahmen. Warum? »In Gebrauch«-Fotos sorgen für Action, Dramatik, Interesse, demonstrieren Ihr Produkt oder Ihre Dienstleistung und regen die Fantasie der Leser an. Anzeigen mit Fotos oder Abbildungen von Personen erhöhen die »notierten« Werte um fast 25% im Vergleich zu Anzeigen ohne Personen oder Bildmaterial.

In meinem CA$HVERTISING-Seminar zeige ich Beispiele von zwei Anzeigen für Pfefferspray zweier konkurrierender Unternehmen. Die Headline von Firma A lautet »STRASSENRÄUBER STOPPER!« und zeigt eine Nahaufnahme der Hand einer Frau, die das Produkt hält, als ob sie Ihnen das Etikett zeigen würde. Gähn. Ich kann mir kein anderes Produkt vorstellen, das so viele dramatische Möglichkeiten bietet, und doch hat sich dieses Unternehmen dafür entschieden, zu zeigen, dass sein Produkt … ähm, gar nichts tut.

Unternehmen B hingegen war klug. Seine Headline »Straßenräuber auf Knopfdruck stoppen« zeigt die Illustration einer Frau, die eine Gruppe schäbig aussehender Angreifer besprüht, die sie in einem Halbkreis umringen. Jeder der Strolche wird in verschiedenen Stadien der Verzweiflung gezeigt: auf den Knien, flach auf dem Boden, hustend, nach dem Gesicht greifend, schreiend und weglaufend.

Nun sagen Sie mir, lieber Leser, wenn Sie nur die Headlines und die Bilder gesehen hätten, welches dieser beiden Produkte würden Sie lieber mit sich führen, wenn Sie in Sachen Pfefferspray unterwegs wären? Die Antwort liegt auf der Hand. Firma B hat Ihnen sozusagen demonstriert, wie ihr Produkt funktioniert. Und auch wenn es sich dabei um eine Schwarz-Weiß-Illustration handelt (ein Foto wäre besser gewesen), so vermittelt sie doch einen Eindruck von der Wirksamkeit des Pfeffersprays, während die mistige Anzeige von Unternehmen A nicht mehr als ein Gefühl von Werbeignoranz vermittelt.

> **Geben Sie immer den Kontext für Ihre Fotos an. Zeigen Sie einen Kühlschrank nicht vor einem einfachen Studiohintergrund, sondern in einer schön ausgestatteten Arbeitsküche.**
>
> Starch Research

Agentur-Geheimnis Nr. 25: Fangen Sie sie mit einem Grabber (Blickfang)

Was ist ein Grabber? Es ist ein kleines Item, das Sie oben auf der ersten Seite Ihres Salesletter unterbringen und das den Blick der Menschen einfängt und es ihnen fast unmöglich macht, nicht weiterzulesen, wie z. B. eine Cent-, Euro- oder Dollarmünze oder ein Dollarschein.

Wenn ich Ihnen einen Brief mit einem $1-Schein schicke, der oben angeheftet ist, wären Sie dann nicht interessiert? Es ist zwar nur ein Dollar, aber dieser Brief würde Sie wahrscheinlich mehr interessieren als alles andere, was an diesem Tag mit der Post ankam. Hier ist ein Beispiel dafür, wie Sie mit dieser Technik Ihre Copy beginnen können. Nehmen wir zum Beispiel an, dass ich Teppiche verkaufe und eine Liste von Leuten in die Hände bekomme, die gerade neu in die Nachbarschaft gezogen sind.

> Lieber Scott,
>
> wie Sie sehen, habe ich oben an diesen Brief einen druckfrischen $1-Schein geheftet.
>
> Warum? Um ein klares Bekenntnis abzugeben.
>
> Ich werde Ihnen – gleich hier in diesem Brief – zeigen, wie Sie 100 dieser Scheine (ja, $100) sparen können, wenn Sie einen Teppich für Ihr neues Zuhause kaufen.

Oder nehmen wir an, ich besitze ein Day Spa und schreibe eine Reihe von Frauen im Umkreis von 10 Kilometern um mein Geschäft an.

> Liebe Louise,
> wie Sie sehen können, habe ich oben an diesen Brief einen druckfrischen $1-Schein geheftet.
> Warum? Um ein klares Bekenntnis abzugeben.
> Ich werde Ihnen – gleich hier in diesem Brief – zeigen, wie Sie bei Ihrem allerersten Besuch bei Caribbean Blue 20 dieser Scheine (ja, $20) sparen können.

Oder nehmen wir an, ich bin ein Network-Marketer, der tropischen Mangostan-Saft verkauft, und schicke das Folgende an eine Liste von Gelegenheitssuchenden.

> Lieber Eric,
> wie Sie sehen können, habe ich oben an diesen Brief einen druckfrischen $1-Schein geheftet.
> Warum? Um ein klares Bekenntnis abzugeben.
> Ich werde Ihnen – gleich hier in diesem Brief – zeigen, wie Sie bis zu 10.000 dieser Scheine (ja, $10.000) in weniger als drei Monaten verdienen können, mit dem heißesten neuen Gelderdien-Programm, das die Network-Marketing-Branche seit Jahrzehnten erlebt hat!

Verstanden? Es hat sich als wirksames Mittel erwiesen, die Neugier Ihrer Leser zu wecken – und ihnen vielleicht sogar das Gefühl zu geben, dass sie sich ein wenig verpflichtet fühlen, Ihren Brief zumindest zu lesen. Aber es gibt viel mehr Blickfänge als die einfache

Dollarnote. Alle möglichen Dinge sind interessante und effektive Eyecatcher.

Nehmen wir zum Beispiel an, ich bin ein gewiefter Hochzeitsfotograf und bekomme eine Mailingliste von Frauen, die heiraten wollen, in die Finger.

> Liebe Louise,
> wie Sie sehen können, habe ich oben an diesen Brief ein FÜRCHTERLICHES Hochzeitsfoto angehängt.
> Warum ich das getan habe? Um SIE davor zu bewahren, denselben tragischen Fehler zu begehen, den dieses arme Paar begangen hat.
> Esther und Sam (die Braut und der Bräutigam) hatten keine Ahnung, worauf sie achten mussten, als sie ihren Hochzeitsfotografen auswählten.
> Das Ergebnis? Eine himmelschreiende Schande! Die Beleuchtung war schaurig. Die Leute sehen steif aus. Die Blickwinkel sind amateurhaft. Die Farbe ist uneinheitlich. Und sogar ihr Hautton ist fleckig. Ihr einziger großer Tag und alles, was sie vorzeigen können, ist ein Haufen mittelmäßiger Fotos.
> Wissen SIE, wie Sie den Fehler, den Esther und Sam gemacht haben, vermeiden können? Ich sage Ihnen wie, gleich hier in diesem Brief.

Sie würden Ihren Brief mit einigen hilfreichen Tipps fortsetzen und dann den Vorteil Ihrer Dienstleistungen beschreiben. Legen Sie einen Bogen mit Testimonials bei (die natürlich Ihre besten Fotos zeigen) und verlängern Sie Ihr Sparangebot. Ein gut aussehender »Sparbrief« würde das i-Tüpfelchen hinzufügen.

- Verkaufen Sie Immobilien in Laguna Beach, Kalifornien? Bringen Sie einen kleinen Sack mit Sand an!
- Sind Sie ein Inkassobüro? Legen Sie einen ungedeckten Scheck bei!
- Ein Süßwarengeschäft? Bringen Sie die Hülle einer Tafel Ihrer feinsten Schokolade an und legen Sie einen Gutschein bei, der eine kostenlose Probe von dem verspricht, was einst in dieser Hülle war! (Was für ein fieser Trick!)
- Eine Druckerei? Legen Sie eine schlecht gedruckte Broschüre bei.
- Die Möglichkeiten sind endlos! Stellen Sie nur sicher, dass Ihr Blickfang den Umschlag nicht zerreißt, sonst sehen die Postangestellten eine Menge sehr bizarrer Objekte im Poststrom herumschwimmen! Wenn Sie sich für einen mit Luftpolsterfolie ausgekleideten Umschlag entscheiden, sind Ihre Möglichkeiten noch größer.

Diese Technik funktioniert. Sie funktionierte bei Robert Collier bereits 1937, und sie wird auch heute noch bei Ihnen funktionieren. Skeptisch? Testen Sie sie! Machen Sie eine A-B-Aufteilung: A) Versenden Sie 500 Verkaufsbriefe mit dem Blickfang, und B) versenden Sie weitere 500 Briefe ohne den Blickfang. Vergleichen Sie die Ergebnisse, und ich heiße Sie als neuestes Mitglied des Great Grabber Fanclubs willkommen!

Agentur-Geheimnis Nr. 26: Lange vs. kurze Copy

Ah ja, die alte lange vs. kurze Copy-Debatte. Ich dachte, dieser Streit wurde vor Jahrzehnten begraben. Nicht nur vermodernd, sondern knochentrocken staubend tot. Tatsache ist, dass reale (nicht akademische) Tests seit fast einem Jahrhundert zeigen, dass es nichts mehr zu diskutieren gibt. Aber einige weniger informierte Menschen sind anderer Meinung.

> **Direct-Response-Werber wissen, dass kurze Texte nicht verkaufen. In Tests mit geteiltem Durchlauf verkaufen lange Texte ausnahmslos besser als kurze Texte.**
>
> David Ogilvy

Tatsächlich geht der eine Kommentar, der mir sofort sagt, dass jemand sehr wenig über Werbung weiß, in diese Richtung: »Oh, halten Sie die Copy besser kurz! Niemand liest lange Texte. Die Leute sind heutzutage beschäftigter denn je. Halten Sie es nett und kurz.«

Obwohl die Warnungen, es kurz zu halten, logisch *klingen* mögen, ist das völliger Unsinn! Die Direct-Response-Copy-Größe Gary Halbert, einer meiner frühen Mentoren, schrieb einmal: »Eine Copy kann nie zu lang sein, nur zu langweilig!« Wie wahr.

Es wurden Hunderte von Studien und Tausende von Experimenten durchgeführt. Und alle Giganten der Werbung, John Caples, Claude Hopkins, David Ogilvy, John E. Kennedy, Eugene Schwartz, Maxwell Sackheim, Walter Weir und all die anderen Copywriter-Ruhmeshallenbewohner stimmen dem zu: Gut geschriebene *lange* Texte verkaufen besser als kurze Texte. Keine Einschränkungen. Keine Haftungsausschlüsse. Es ist einfach so.

Der häufigste Ausspruch, den man über Werbung hört, ist, dass die Leute nicht viel lesen werden. Doch eine riesige Menge der bestbezahlten Werbung zeigt, dass die Menschen sehr wohl viel lesen.

Claude Hopkins

Tatsache ist, wenn jemand ein echter Interessent für Ihr Produkt ist, dann würden Sie nicht glauben, wie viele gut geschriebene Verkaufstexte er oder sie lesen wird. Natürlich dürfen Sie in Ihrer Copy nicht schwafeln. Schreiben Sie nicht einfach, um Platz zu füllen oder um die Leute mit Ihrem Vokabular zu beeindrucken. Aber schreiben Sie genug, um zu informieren, Begehrlichkeiten zu wecken, zu überzeugen und die Menschen zum Handeln zu motivieren. Der alte Ausspruch »Je mehr Sie erzählen, desto mehr verkaufen Sie« ist wahr … wenn Sie richtig erzählen.

Denken Sie darüber nach: Würden Sie eher kaufen, nachdem Sie zwei Stunden mit einem guten Verkäufer verbracht haben oder wenn es nur zehn Minuten gewesen wären? Zwei Stunden natürlich. Sie würden jedes Verkaufsgespräch aus seinem Repertoire hören, er würde Sie mit jedem erdenklichen Benefit treffen, er würde jeden Ihrer Knöpfe erkennen – und dann drücken, immer und immer wieder.

Der einzige Grund eine kurze Copy zu verwenden, ist, wenn es nicht viel zu sagen gibt.

Maxwell Sackheim

Warum sollten die Leute also denken, dass Ihre Verkaufsmaterialien so anders sind als die anderer Verkäufer? Natürlich können Ihre Anzeigen, Broschüren und Verkaufsbriefe das Feedback nicht beurteilen. Sie können nicht sehen, was den Interessenten anmacht oder abturnt. Deshalb müssen Sie alle Grundlagen abdecken. Formulieren Sie jeden Benefit aus verschiedenen Blickwinkeln und aus verschiedenen Perspektiven.

Ist Ihnen schon einmal aufgefallen, wie viele Autowerbungen zum Beispiel nicht nur das ansprechen, was Sie über Ihr neues Auto denken werden, sondern auch, was *andere* darüber denken? Die Köpfe drehen sich, während das Auto vorbeisaust (Life-Force 8: gesellschaftliche Zustimmung; mit den Nachbarn mithalten). Und praktisch gesehen: Es ist so verdammt sicher. Crashtests beweisen es. (Life-Force 8: Überleben; Freisein von Schmerz und Gefahr; Schutz von geliebten Menschen.) Sehen Sie, wie Ihre Interessenten nicht nur auf Ihre Emotionen, sondern auch auf Logik und Vernunft ansprechen? Auf diese Weise sprechen sie sowohl die peripheren als auch die zentralen Denker an.

Aber das ist noch nicht alles! Der niedrige Preis und die hohe Kilometerleistung bedeuten, dass Sie clever kaufen. Sie sind verantwortungsbewusst. (Life-Force 8: gesellschaftliche Anerkennung.) Und Sie können Geld für die wichtigeren Dinge im Leben sparen, wie die Ausbildung Ihres Kindes oder einen schönen Urlaub mit Ihrem Ehepartner.

Erkennen Sie, was passiert? Mit je mehr Möglichkeiten Sie den Kauf Ihres Produkts rechtfertigen, desto wahrscheinlicher werden Sie die Menschen zum Kauf beeinflussen. Also nehmen Sie sie an die Hand und erzählen Sie ihnen die ganze Geschichte. Sie häufen die Benefits an (Länge impliziert Stärke), zeigen Bilder, um ihnen zu helfen, es besser zu erkennen, tragen dick Testimonials auf (sozialer Beweis) und untermauern das Ganze mit einer Garantie (um die Angst zu unterdrücken). Wenn Sie damit fertig sind, haben Sie ein recht überzeugendes (und oft ausführliches) Verkaufsstück. Halten Sie es interessant und relevant. Je mehr Verkäufen es ausgesetzt ist, desto stärker der Einfluss.

Ein Verkäufer sagt nicht: »Guten Tag«, spricht ein paar Worte über sein Produkt und bittet Sie dann, die Bestellung zu unterschreiben. Nein, er verwendet genügend Worte, um Ihre Emotionen und Ihre Argumentationskraft auf einen Verkauf hinzulenken.

Victor Schwab

Hier ist der Grund, warum ich glaube, dass die meisten Menschen es nicht verstehen: Sie denken, dass die Leute *die ganze* Copy lesen müssen, um kaufen zu können. Das ist doch Unsinn! Wenn ich z. B. eine lange Anzeige oder einen Marketingbrief erhalte und schon nach dem Lesen der Überschrift zum Kauf bereit bin, nehme ich den Telefonhörer in die Hand und gebe sofort meine Bestellung auf. Ich werde nicht sagen: »Verflixt! Ich wollte das Ding wirklich haben, aber es gibt noch mehr Copy zu lesen. Verdammt … jetzt kann ich nicht bestellen.« Das ist doch lächerlich! Manche Leute brauchen lange Texte, um überzeugt zu werden; andere können mit weniger Informationen entscheiden. Eine lange Copy stellt *beide* Parteien zufrieden. Frau Long erhält alle ihre Angaben. Herr Short kann aufhören zu lesen, wann immer er will, und seine Bestellung aufgeben. Andererseits, wenn ich nur eine *kurze* Copy verwende, gebe ich Frau Long nicht, was sie braucht, und sie geht nicht überzeugt weg. Wie dumm, Verkaufsmaterialien nur für eine Art von Käufer zu erstellen.

»Aber Drew, was ist mit der Web Copy? Das ist doch was ganz anderes, oder?« Falsch. Studien zeigen, dass eine lange Copy die kurze Copy übertrifft … ja, sogar online.

User Interface Engineering ist ein Forschungs-, Schulungs- und Beratungsunternehmen, das sich auf die Benutzerfreundlichkeit von Websites und Produkten spezialisiert hat. Hier steht, was sie berichten:

1. »Unsere Forschung zeigt, dass weniger längere Seiten für die Benutzer die beste Lösung sein können. Bei dem Kompromiss zwischen dem Ausblenden von Inhalten unter dem Falz oder dem Verteilen auf mehrere Seiten haben die Nutzer mehr Erfolg, wenn sich der Inhalt auf einer einzigen Seite befindet.«

2. »Eine Erhöhung des Informationsniveaus, ähnlich dem Hinzufügen von Abschnitten zu einer Gliederung, schien den Benutzern ebenfalls zu helfen.«

3. »Benutzer können uns sagen, dass sie das Scrollen hassen, aber ihre Aktionen zeigen etwas anderes. Die meisten Benutzer scrollten bereitwillig durch die Seiten, normalerweise ohne Kommentar.«

MarketingExperiments.com führte mehrere Tests durch, um herauszufinden, welchen Einfluss die Länge der Copy auf die Konversionsrate einer Website hat. **Ergebnis**: Die lange Copy übertraf die kurze Copy in allen drei Tests.

Trotz interner Debatten darüber, ob man es mit einer langen Copy versuchen sollte oder nicht, vervierfachte Online-Learning.com die Länge der Copy auf ihrer Homepage. Doug Talbott berichtete: »Die Zahl der Leute, die unsere Website verlassen haben, nachdem sie nur die Homepage angesehen haben, ist um etwa 5% zurückgegangen … wir haben auch festgestellt, dass unsere Anmeldungen um etwa 20% gestiegen sind.«

Wenn sich Werbetreibende mehr Sorgen um die *Qualität* ihrer Verkaufsmaterialien machen würden, hätten sie keine Zeit, sich über dieses lächerliche Hühner-Ei-Rätsel Gedanken zu machen. Sie wären zu sehr damit beschäftigt, die Verkäufe in ihrer Kasse einzutippen.

Nachdem Sie Ihre effizienteste Anzeigengröße gefunden haben, sollten Sie Ihren Platz mit Copy vollstopfen, unabhängig davon, ob es sich um eine 2,5 Zentimeter-Anzeige oder eine ganzseitige Anzeige handelt.

John Caples

Jeder, der über diesen Punkt mit mir debattiert, macht sich lächerlich. Jeder, der mit John Caples und den anderen Werbegrößen, die ich in diesem Abschnitt zitiert habe, debattiert, ist ein Werbe-Armleuchter.

Agentur-Geheimnis Nr. 27: Bieten Sie Testangebote an

Genauso wie Sie verschiedene Schlagzeilen testen sollten, ist es von entscheidender Bedeutung, verschiedene *Angebote* zu testen. Nur weil die Leute nicht auf Ihre Anzeige reagieren, bedeutet das nicht, dass sie nicht wollen, was Sie verkaufen. Möglicherweise hat Ihre Anzeige nicht effektiv kommuniziert oder war einfach nicht ansprechend genug.

Nehmen wir zum Beispiel an, Sie sind Dr. McCracken, Chiropraktiker, und Ihre aktuelle Anzeige kündigt Ihre feierliche Praxiseröffnung an. Die Anzeige scheint großartig zu sein, aber niemand ruft an. Also schreiben Sie Ihre Anzeige um und bieten eine kostenlose Wirbelsäulenuntersuchung an. Oder Sie bieten 50% Rabatt auf den ersten Besuch. Was Sie getan haben, ist, Ihr Angebot zu ändern. Tatsächlich wurde zu Ihrer feierlichen Eröffnung niemandem irgendetwas angeboten, nicht wahr? Sie haben den Leuten nur gesagt, dass sie sich glücklich schätzen können, weil Sie im Geschäft sind. Nicht gut. Sie müssen verschiedene Angebote entwickeln und herausfinden, welches am besten funktioniert.

Wie könnten Sie Ihr Angebot sonst gestalten? Wie wäre es, wenn Sie statt 50% Rabatt auf den ersten Besuch sagen: »Zwei Besuche zum Preis von einem!« Das ist das Gleiche wie 50% Rabatt, nicht wahr? Aber Tests haben gezeigt, dass »Kauf eins, bekomme das zweite UMSONST« wirksamer ist als 50% Rabatt. *Kostenlos* ist ein starkes Wort.

Was könnten Sie noch sagen? Wie wäre es mit »April-Angebot: KOSTENLOSE Wirbelsäulenuntersuchung für Läufer«, dann versuchen Sie es mit »Mai-Angebot: KOSTENLOSE Wirbelsäulenuntersuchung für Bodybuilder« und so weiter. Warum versuchen Sie es nicht mit »KOSTENLOSE Massage bei jedem Besuch«? Was könnte ein solch attraktives Angebot für Ihren Kundenstamm bewirken? Es ist mir egal, ob Sie einen Massageschüler mit der Arbeit beauftragen, Sie würden mehr bieten als Dr. Vertebrae und den Menschen das geben, was sie suchen: mehr! Mit einer Gratismassage können Sie in Ihrer Anzeige ein sehr attraktives Angebot machen und die Aufmerksamkeit von Ihrer Konkurrenz ablenken, die nichts extra bietet.

Stellen Sie sich immer wieder die Frage: »Wie kann ich meinen Kunden mehr geben, wenn ich weiß, dass sie mich mit mehr Business belohnen werden?« Ist es nicht das, was Sie sich beim Einkaufen wünschen? Wollen Sie nicht mehr für Ihr Geld? Doch, natürlich. Welche anderen Angebote können Sie machen? Wie wäre es mit einem Familien-Special? Oder ein Ehemann-und-Gattin-Deal? All dies sind unterschiedliche Angebote, unterschiedliche Möglichkeiten, das Geschäft zu positionieren. Testen Sie weiterhin verschiedene Angebote, bis Sie eines finden, das Ergebnisse liefert, die Sie aus den Socken hauen.

Wie wäre es mit einem Sondertarif für Senioren? Wie wäre es, wenn jeder fünfte Besuch kostenlos ist? Wenn Sie ein Chiropraktiker sind, der die Wirbelsäule von Kindern korrigiert, wie wär's mit: »Ein kostenloser Sammy, das lächelnde Skelett, bei jedem Kindertermin« und setzen Sie ein Bild davon in Ihre Anzeige. Sicher, das ist gruselig, aber wer weiß? Es könnte Bombe sein … oder es könnte Ihre Praxis in eine ganz neue profitable Richtung führen! Das ist genau der Grund, warum Sie testen. Wie wäre es mit einer kostenlosen Rückenstütze bei jedem ersten Besuch? Oder mit einem streng klingenden Bericht: »14 Dinge, die Sie gerade tun und die Ihren Rücken und Ihre Wirbelsäule foltern.«

Wenn Ihre Anzeigen nicht funktionieren, werfen Sie nicht das Handtuch und sagen Sie: »Niemand will das, was ich verkaufe! Wehe mir!« Versuchen Sie zunächst, Ihre Headline zu ändern, denn die entscheidet in den ersten Sekunden über Erfolg oder Misserfolg Ihrer Anzeige. Überprüfen Sie dann Ihren Preis, denn Sie könnten einfach außerhalb der marktüblichen Spanne sein. Versuchen Sie dann ein anderes Angebot.

Denken Sie daran: Was Sie versuchen, ist herauszufinden, was den Markt anspricht. Sie können dem Markt nicht vorschreiben, was er von Ihnen kaufen soll. *Die Menschen* werden Ihnen sagen, was *sie* wollen. Wenn Ihre Anzeige nicht funktioniert, sagen sie es Ihnen. Wenn Ihr Telefon nicht klingelt, sagen sie es Ihnen. Wenn niemand Ihre Coupons einlöst, sagen sie es Ihnen. Es liegt an Ihnen, herauszufinden, was sie wollen, und es ihnen dann zu geben. Und das ist das Thema von …

Agentur-Geheimnis Nr. 28: Die Macht der Umfrage

Wie lässt sich am besten herausfinden, was die Menschen wollen? Fragen Sie sie. Das ist genau das, was die Werbeleute bereits in den 1930er-Jahren zu tun begannen. Sie wandten sich an Taxifahrer, Hausfrauen, Geschäftsleute, Bauarbeiter, Einzelhändler – an alle, die der Beschreibung des Zielmarktes entsprachen, auf den sie es abgesehen hatten – und feuerten die Fragen auf sie ab: »Was mögen Sie? Was gefällt Ihnen nicht? Was wollen Sie? Was würden Sie vorziehen? Wie könnte es besser sein?«

Die Antworten gaben den Herstellern wertvolles Feedback für neue und verbesserte Produkte. Sie gaben ihren Werbeagenturen auch die Munition, um Kampagnen zu entwickeln, die mit der Genauigkeit eines Marschflugkörpers auf die Wünsche der Verbraucher abzielten, im Gegensatz zu den Kampagnen mit »fallen, wohin sie wollen«- Schwerkraftbomben, die sie vor den Umfragen einsetzten.

Heute ist es nicht anders. Und trotz der Art und Weise, wie sie im Fernsehen und in Filmen dargestellt wird, ist die Arbeit in einer Agentur nicht so, wie die meisten Menschen glauben. Man sitzt nicht einfach herum und denkt sich clevere Slogans aus. Der Prozess der Entwicklung einer erfolgreichen Werbekampagne und des Begleitmaterials beginnt nicht mit kreativen Geistesblitzen. Er beginnt mit der *Recherche*.

Wenn Sie zum Beispiel das beste abgefüllte Wasser der Welt haben und versuchen, es in einer Stadt, in der die Mehrheit der Einwohner ihren eigenen Brunnen im Garten hat, von Tür zu Tür zu verkaufen, haben Sie Pech gehabt. Sie haben Ihre Recherche nicht ordentlich gemacht.

Statt Tausende von Dollar für die Schaltung von Anzeigen auszugeben, in denen Sie versuchen zu erraten, was Ihre Kunden oder Interessenten wollen, warum fragen Sie sie nicht einfach und kreieren dann Werbung um ihre Antworten herum? Eine clevere Abkürzung, oder?

Machen Sie also eine Umfrage! Fragen Sie die Leute, was sie über Ihr Produkt oder Ihre Dienstleistung denken. Wenn Sie zum Beispiel eine Pizzeria betreiben, fragen Sie die Leute, was ihnen beim Pizza-Essen am wichtigsten ist. Was mögen sie? Was hassen sie? Was würden sie maximal für eine 45-Zentimeter-XXL Pizza mit allem Drum und Dran bezahlen? Würden sie häufiger herkommen, wenn Sie zu jeder großen Pizza zwei Gratisgetränke anbieten würden? Was ist ihre größte Beschwerde? Wie oft gehen sie Pizza essen oder holen welche ab?

An wen schicken Sie diese Umfrage? Wie wäre es mit allen Personen im Umkreis von zehn Kilometern um Ihre Pizzeria? Oder vielleicht nur an Ihre eigenen Kunden. Als Dankeschön für ihr Feedback erhalten sie ein kostenloses Stück. Jepp … *bestechen* Sie sie, damit sie an Ihrer Umfrage teilnehmen. Und wehe, Sie meckern über meinen Vorschlag! Der Betrag, den Sie für Gratis-Stücke ausgeben, ist unbedeutend im Vergleich zum Wert der Informationen, die Sie erhalten werden. Begrenzen Sie die Antwortzeit, um sie unter Kontrolle zu halten.

Ein gutes Format für eine Umfrage ist eine doppelte Postkartengröße. Das ist einfach eine Postkarte, die mit einer Perforation geteilt ist. Auf einer der Postkarten steht die Adresse des Empfängers. Die Rückseite erklärt die kostenlosen, tollen Dinge, die sie für das Ausfüllen und Zurücksenden der Umfragekarte erhalten, die sich auf der anderen Seite der Perforation befindet. Auf der Rückseite der Umfragekarte befindet sich *Ihre* Absenderadresse. Nach dem Ausfüllen der Umfrage reißt Ihr Empfänger einfach die Perforation auf, trennt die beiden Karten und steckt die Umfragekarte in den Briefkasten. Verwenden Sie für eine bessere Beantwortungsrate einen Geschäftsantwortsendung-Aufdruck auf der Antwortkarte, damit die Leute nicht abgeschreckt werden, weil sie die Karte frankieren müssen. Hey, Sie erhalten wertvolle Informationen, also machen Sie es den Leuten so leicht wie möglich, Ihre Umfrage auszufüllen!

Ein weiteres einfaches Format ist eine einseitige Umfrage im Briefformat. Sie schicken Ihren einseitigen Brief, in dem Sie Ihr großartiges Angebot erläutern, und legen die einseitige Umfrage zusammen mit einem frankierten, an Ihr Unternehmen adressierten Rückumschlag bei. Ihre Interessenten lesen Ihren Brief, füllen die Umfrage aus, stecken sie in Ihren adressierten und frankierten Rückumschlag und bringen ihn zur Post. Versuchen Sie, sich kurz zu fassen. Möglicherweise können Sie sowohl Ihren Brief als auch die Umfrage auf die Vorderseite einer DIN-A4-Seite bekommen, oder wenn nötig auf beide Seiten. Das spart Papier und macht den gesamten Prozess für den Empfänger weniger kompliziert, da weniger Blätter zu bearbeiten sind. Der Vorteil dieses Formats besteht darin, dass Sie es viel einfacher selbst ausdrucken können, und der

Brief und die Umfrage im Format eher wie eine persönliche Mitteilung aussehen, was wahrscheinlich größere Aufmerksamkeit erregt. (Lesen Sie unbedingt »Agentur-Geheimnis Nr. 14: Die Oma-Regel der Direktwerbung«, um Design-Tipps zu erhalten, wie Sie die Leute dazu bringen können, Ihren Umfragebrief zu öffnen.).

Denken Sie daran: Das Geheimnis einer guten Umfrage-Antwortrate ist Leichtigkeit! Machen Sie die Beantwortung supereinfach. Wählen Sie wenn möglich ausschließlich Multiple-Choice-Antworten und verwenden Sie Polaritätsprofile. Zum Beispiel:

> Wie wahrscheinlich ist es auf einer Skala von 1 bis 10, dass Sie eine Pizza essen gehen, anstatt sie selbst zu Hause zu backen?
>
> 1 2 3 4 5 6 7 8 9 10
>
> unwahrscheinlich sehr wahrscheinlich
>
> Wie viel besser ist auf einer Skala von 1 bis 10 Franco's Pizza im Vergleich zu gekauften Tiefkühlpizzen?
>
> 1 2 3 4 5 6 7 8 9 10
>
> schlechter besser
>
> Wie wahrscheinlich ist es auf einer Skala von 1 bis 10, dass Sie innerhalb der nächsten zwei Wochen zu Franco's Pizza zurückkehren werden?
>
> 1 2 3 4 5 6 7 8 9 10
>
> unwahrscheinlich sehr wahrscheinlich

Wäre es nicht eine Schande, wenn Sie, nachdem Sie Tausende für neue Werbung, Hunderte für Anzeigen und Hunderte für Ihre neue Broschüre ausgegeben haben, feststellen, dass das, was Sie vorantreiben, nicht das ist, was Ihre Kunden und Interessenten wollen? Uff. Sie müssen Ihre Recherche *zuerst* durchführen. Und eine Umfrage ist der einfachste und kostengünstigste Weg, dies zu tun.

Stellen Sie sich die Vorteile vor, die Sie gegenüber Ihrer Konkurrenz haben, wenn Sie genau wissen, wie sich Ihre Interessenten fühlen, was sie wollen, wann sie planen, wiederzukommen und sogar, wie viel sie zahlen würden! Stellen Sie sich nun vor, wie dumm Sie sich fühlen würden, wenn Sie alle Antworten zusammengezählt und über all die lächerlichen Werbemaßnahmen nachgedacht hätten, die Sie durchgeführt haben und die das genaue Gegenteil von dem anbieten, was Ihre Kunden wirklich wollten. Ich bin zuversichtlich, dass nur wenige – wenn überhaupt einer – Ihrer Konkurrenten dies jemals getan haben. Werbeagenturen schätzen die Kraft der Umfrage und die unglaublichen Einblicke, die sie bietet. Versuchen Sie es einmal, und ich garantiere Ihnen, dass sie es zu Ihrer Standardpraxis machen werden.

Agentur-Geheimnis Nr. 29: Redaktionelle Energizer

Sie müssen nicht mit Walter Cronkite verwandt sein, um davon zu profitieren, dass Ihre Anzeigen wie ein redaktioneller Beitrag aussehen. Advertorials sind ein erprobter und bewährter, effektiver Weg, Ihren Rücklauf zu steigern, und sie sind easy umzusetzen. Diese unglaublich einfache Idee wird von vielen der bekanntesten Werbefachleute aller Zeiten gefeiert.

David Ogilvy sagte, dass redaktionelle Anzeigen eine um 50% höhere Leserschaft erreichen. John Caples sagte, es seien 80%. Der Direct-Response-Spezialist Richard Benson gibt 500 bis 600% an.

Eugene Schwartz, einer der größten Direct-Response-Texter aller Zeiten, widmet dieser Technik in seinem Buch *Breakthrough Advertising* einen ganzen Abschnitt. Schwartz nennt diese Technik *Camouflage*, weil das Ziel darin besteht, Ihre Anzeige mit den redaktionellen Beiträgen der Publikation zu verschmelzen. Und so funktioniert sie.

Nehmen wir an, Sie sind ein professioneller Hypnotiseur, der sich darauf spezialisiert hat, Menschen zu helfen, mit dem Rauchen aufzuhören. Anstatt eine Anzeige zu kreieren, die genauso aussieht wie jede andere Anzeige in Ihrer Lokalzeitung, schreiben Sie Ihre Anzeige im Stil eines Nachrichtenartikels. Sie haben sie in der gleichen Schriftart, der gleichen Spaltenbreite und dem gleichen Zeilendurchschuss (das ist der Abstand zwischen den einzelnen Zeilen) wie die redaktionellen Artikel dieser Zeitung gesetzt. Machen Sie dasselbe auch mit Ihrer Headline. Ihre »Nachrichtenanzeige« könnte in etwa so beginnen:

> **Örtlicher Hypnotiseur verkündet neuen Weg zur Raucherentwöhnung in 48 Stunden**
>
> Wenn Sie in Orlando leben und von der Sucht loskommen wollen, aber die Willenskraft nicht aufbringen können, dann erhalten Sie in diesem Artikel gute Nachrichten. Der Meisterhypnotiseur und in Orlando lebende Burgess J. Halshire hat einen neuen Weg entdeckt …

So einfach ist das. Sie machen einfach so weiter, mit den gleichen Benefits wie in einer normalen Anzeige, nutzen aber die »Nachrichtenreporterstimme«.

Eine großartige Technik ist es, ein paar Zitate einzufügen, wie zum Beispiel: »Ich dachte, ich würde nie aufhören«, sagte Scott

Lawrence, einer von Halshires erfolgreichen Patienten. »Ich habe absolut alles versucht, einschließlich mich eine Woche lang in einen Putzschrank einzuschließen. Es hat nicht funktioniert, und schließlich habe ich es vorgezogen, in Putzschränken zu rauchen.«

Nachdem Sie Ihre Geschichte erzählt haben, drängen Sie zum Handeln. »Für weitere Informationen über Halshires leistungsstarke neue 48-Stunden-Nichtrauchertechnik rufen Sie einfach sein Büro unter (040) 345-6789 an. Oder besuchen Sie ihn online unter HalshireHypnosis.com.«

CA$HVERTISING-Tipp: Klingen Sie in redaktionellen Anzeigen nie *zu* enthusiastisch bezüglich dem, was Sie verkaufen. Nachrichtenberichterstattung soll objektiv sein, wenn Sie sich also zu sehr hinreißen lassen, zu »rummelig« werden, dann wird der ganze Effekt zunichtegemacht. Es ist eine gute Idee, zuerst ein paar Artikel der Publikation zu lesen, bevor Sie sich zum Schreiben Ihrer Anzeige hinsetzen. So bekommen Sie ein Gefühl für den Ton, den Sie duplizieren müssen. Um die Resonanz zu erhöhen, bieten Sie jedem, der anruft oder Ihre Website besucht, einen kostenlosen Bericht an: »Für ein Gratisexemplar von Dr. Halshires Bericht »Wie Hypnose Ihnen helfen kann, in 48 Stunden mit dem Rauchen aufzuhören« rufen Sie einfach sein Büro unter (407) 345-6789 an. Oder besuchen Sie ihn online auf HalshireHypnosis.com.«

Es hat sich gezeigt, dass, je weniger eine Anzeige wie eine Anzeige aussieht und je mehr sie aussieht wie ein redaktioneller Artikel, desto mehr Leser halten inne, schauen und lesen.

David Ogilvy

Agentur-Geheimnis Nr. 30: Der Coupon-Verführer

Kann eine einfache unterbrochene, couponartige Linie um Ihre Anzeige herum dazu beitragen, Menschen zum Kauf zu motivieren? Ja, in der Tat. Selbst wenn es sich bei Ihrer Anzeige nicht um einen echten »Günstiger«-Coupon handelt, erhöht diese Technik oft die Response, da die Menschen darauf konditioniert sind, Coupons zu lesen und darauf zu reagieren, weil sie sich einen finanziellen Vorteil erhoffen.

Wer hat diesen kleinen Geldmacher entdeckt? Gegrüßt seien Sie, Mr. Asa Griggs Candler, Apotheker aus Philadelphia, der das Unternehmen Coca-Cola vom Erfinder des Erfrischungsgetränks, Dr. John Pemberton, kaufte. Candler gilt als Pionier der Coupon-Werbung. Im Jahr 1894 bot Candler jedem, der einen seiner kleinen handgeschriebenen Gutscheine einlöste, ein erfrischendes Glas Coca-Cola gratis an. Das war so erfolgreich, dass er als Nächstes »jedem Einzelhändler oder Soda-Brunnen-Mann« zwei Gallonen Coca-Cola-Sirup anbot, der 128 kostenlose Portionen (im Wert von einer Gallone) des Getränks an Kunden abgab, die eine seiner Gutscheinkarten vorlegten. Candlers aggressive Werbeaktionen trieben Coca-Cola bis 1895 in alle Bundesstaaten und Territorien der Vereinigten Staaten.

Ignorieren Sie Gutscheine nicht, egal in welcher Art von Geschäft Sie tätig sind. Kleine Coupons bringen große Erträge! Sehen Sie sich diese Statistiken vom Coupon Council an:

- 86% der Bevölkerung der Vereinigten Staaten verwenden Coupons.
- Käufer sparten im vergangenen Jahr durch die Verwendung von Coupons etwa 2,7 Milliarden Dollar.
- Der typische Coupon war 2007 $1,28 Ersparnis wert.
- Coupon-Nutzer berichten von einer durchschnittlichen Ersparnis von 11,5% bei ihren Lebensmittelausgaben durch Coupons.
- Die Hersteller boten 2007 mehr als 350 Milliarden Dollar an Coupon-Ersparnissen an.

»Ja, das klingt großartig, Drew, aber nur ältere Menschen sammeln Coupons; Rentner, die viel Zeit zur Verfügung haben. Mein Markt ist anders.« Stimmt nicht! Alle – Junge wie Alte – lieben es, Geld zu sparen. Sehen Sie sich diese Statistiken an.

Alter	Prozent der Couponnutzung
18–24	71
25–34	87
35–44	89
45–54	85
55–64	90
65+	91

»Aber Drew, nur Leute mit niedrigem Einkommen nutzen Gutscheine!« Wieder falsch! Tatsächlich verdient der größte Prozentsatz der Couponbenutzer bis zu $100.000 pro Jahr!

Einkommen	Prozent der Couponnutzung
Unter $25.000	86
$25.000–$50.000	85
$50.000–$75.000	88
$75.000–$100.000	88
$100.000+	81

Couponstatistiken mit freundlicher Genehmigung
von CMS, Inc., PMA Coupon Council

Das Fazit? Die Leute sind verrückt nach Gutscheinen! Tatsächlich werden viele einen Gutschein, mit dem sie 50 Cent sparen können, abschneiden und fünf Meilen weit fahren, nur um das verdammte Ding einzulösen. Bei den heute üblichen 58,5 Cent an Kilometerkosten (USA 2007) braucht man kein Einstein zu sein, um zu sehen, dass diese Person $5,35 in den Sack gehauen hat.

Aber das ist noch nicht alles. Werben Sie mit Doppelcoupons, und manche Leute sabbern vor Erwartung, bis die Zeitung am nächsten Sonntag vor ihrer Haustür liegt. Nun, auch Sie können sich die psychologische Kraft der Coupons zunutze machen. Umgeben Sie einfach Ihre Anzeige, Ihr Bestellformular, Ihren Flyer oder Ihren Antwortcoupon mit einem fett gedruckten, gebrochenen, blockartigen Rand. Ich habe gerade eine Copy für ein kostenloses Bonusgeschenk geschrieben, das mein Kunde auf seiner Website veröffentlichen wird. Ich habe den Designer angewiesen, die Copy innerhalb eines Couponrahmens von 1 mm Stärke auf einem sehr hellen Gelbton hinter dem Text zu platzieren. Was für ein Eyecatcher!

Wenn Sie diese Idee verwenden, machen Sie sich das zunutze, was man im Neuro-Linguistischen Programmieren (NLP) einen

Anker nennt. Ein Anker ist eine konditionierte Reaktion, die durch die Einführung eines bestimmten Reizes ausgelöst wird. Der russische Wissenschaftler Iwan Pawlow läutete die Glocke und fütterte den Hund, läutete die Glocke und fütterte den Hund, läutete die Glocke und fütterte den Hund. Bald, nach all diesen Wiederholungen, gelang es ihm, den Hund durch einfaches Läuten der Glocke zum Sabbern zu bringen. Die Glocke war der Anker. Im Gehirn des Hundes wurde eine Verbindung zwischen der Glocke und dem Futter hergestellt, und ein *konditionierter Reflex* – ausgiebiges Sabbern – wurde ausgelöst. Für den Hund *bedeutete* die Glocke genau genommen Nahrung. Pawlow nannte die Antwort *Signalisierung,* was später als klassische Konditionierung bekannt wurde.

CA$HVERTISING-Tipp: Ein Coupon muss nicht unbedingt eine bestimmte Größe haben, um wirksam zu sein. Er kann alles von einer winzigen 2,5-Zentimeter-Spaltenanzeige (schauen Sie in Popular Science nach Beispielen dieser powervollen, kleinen Ein-Zoll-Coupon-Anzeigen) bis zu einer riesigen Broschüre sein. Ich verwende gerne fett gedruckte Couponränder, bei denen jeder der »Punkte«, die den Rand bilden, eigentlich ein kleines Rechteck ist.

Können Sie nun erkennen, wie ein Coupon als Anker fungiert? In der menschlichen Vorstellung bedeutet ein Coupon: Sparen. Er bedeutet einen guten Kauf, er bedeutet dass jemand ein kluger Käufer ist. Und obwohl es unwahrscheinlich ist, dass Sie jemanden dazu bringen, auf Ihren Coupon zu sabbern (falls doch, lassen Sie es mich bitte wissen; das ist eine Technik, die ich noch zu entwickeln versuche), *können* Sie sich die positiven Gefühle, die Coupons – entweder bewusst oder unbewusst – stimulieren, zunutze machen; Gefühle, die oft zu Verkäufen führen.

Agentur-Geheimnis Nr. 31: 7 Online-Response-Booster

1. Die beste Zeitabstand für E-Mail-Versand

Wie oft sollten Sie E-Mails schreiben, um die beste Response zu erhalten? Sowohl Forrester Research als auch NFO World Group kamen zu dem identischen Schluss, dass 31 bis 35% der E-Mail-Empfänger am liebsten ein Mailing pro Woche erhalten; 18% sagten an zwei bis drei Tagen pro Woche; 13% sprachen sich für einmal im Monat aus; 12% meinten täglich; 10% antworteten zwei- bis dreimal im Monat; 6% sagten weniger als einmal im Monat; und die NFO-Studie berichtete, dass 8% mit »Nie« antworteten.

2. Click-Through-Rates (CTR) – Studien verraten, was zu erwarten ist

Die Gaspreise steigen, die E-Mail-Response sinkt. Es gibt keinen Zusammenhang, aber es ist eine Realität, der wir uns alle stellen müssen. Studien zeigen, dass die Klickraten bei E-Mail-Marketing rückläufig sind. Gegenwärtig können Sie alles erwarten, von weniger als 1% bei schlecht gestalteten Angeboten, die per E-Mail an Mietlisten verschickt werden, bis zu mehr als 20% bei Angeboten, die hochattraktive Anreize enthalten und an Adressaten Ihrer eigenen Kundenliste geschickt werden.

Denken Sie daran: Klickraten bedeuten keine Bestellungen, aber um den Verkauf zu tätigen, muss Ihr Publikum natürlich zuerst Ihre Botschaft lesen.

3. Das HTML vs. Text-Rätsel

Laut *Opt-In News* sind mehr als 68% des gesamten E-Mail-Marketings im HTML-Format angelegt – oder, einfacher, es sind mit

Grafiken angereicherte E-Mails. Heute haben etwa 60% der E-Mail-Nutzer die Möglichkeit, diese bildlastigeren E-Mails zu erhalten. Nach Angaben von Jupiter Research erhält HTML eine 200% bessere Response als einfacher Text. Der Haken an der Sache ist, dass manche Leute sich dafür entscheiden, HTML-formatierte E-Mails zu blockieren.

CA$HVERTISING-Tipp: Führen Sie einen A-B-Splittest durch. Vergleichen Sie die Response, die Sie von HTML erhalten, mit einer reinen Textwerbung. Teilen Sie Ihre Liste in zwei Hälften und versenden Sie beide Versionen gleichzeitig. Die erhöhte Responsekraft einer gut strukturierten HTML-E-Mail könnte die höhere Zustellbarkeitsrate einer reinen Text-E-Mail ausgleichen.

4. Der beste Weg, damit Ihre E-Mails geöffnet werden

Laut *Opt-In News* sind 69% die durchschnittliche Öffnungsrate für Opt-In-Mails und Business-to-Business E-Zines; 60% oder höher gelten als ausgezeichnet. Was beeinflusst Ihre Öffnungsrate am meisten?

1. vertrauter Absender (verwenden Sie Ihren Namen, wenn er dem Empfänger bekannt ist)
2. persönliche Betreffzeile (geben Sie immer den Namen des Empfängers an)
3. interessantes Angebot (genau auf Ihren Markt ausgerichtet)

5. Anzeigengröße und Leserschaft

Wie bei der Printwerbung sind auch bei der Online-Werbung Skyscraper (vertikale, hohe Anzeigen) und Leaderboards (große Banner) wirksamer als normal große Banner. Außerdem sind große Anzeigen wirksamer als kleine, und interaktive (DHTML) Anzeigen sind wirksamer als nicht interaktive. Diese Ergebnisse stammen aus einer Studie, die für C-NET durchgeführt wurde, und sie bestätigen, dass Menschen online *nicht* dramatisch anders agieren als offline, da die Printwerbeforschung ähnliche Reaktionsmuster zeigt. So viel zu den heutigen Techies, die immer wieder die den unzutreffenden Satz nachplappern: »Die Regeln für Online-Werbung sind anders!« Wie alle anderen Formen der Werbung wird auch eine Online-Bannerwerbung entweder gut oder schlecht abschneiden, je nachdem, wie gut sich an die grundlegenden, unveränderlichen Prinzipien der Werbung gehalten wird, wie sie in diesem Buch vorgestellt werden.

6. Click-Through-Booster durch Animation

Animierte Werbung generiert Klickraten, die mindestens 15% höher sind als bei statischer, bewegungsloser Werbung – und in einigen Fällen sogar 40% höher. Warum? Bewegung erregt Aufmerksamkeit. Sie ist Teil eines Überlebensmechanismus, der uns vor drohender Gefahr warnt. Aber bedeutet das, dass Ihre Anzeigen um der Bewegung willen mit Bewegung übersät sein sollten? Nein. Testen Sie einfache bewegliche Elemente, die Ihre Werbebotschaft verstärken.

Vorsicht: Schnell blinkende Elemente nerven. Ziel ist es, anzuziehen, nicht zu irritieren. Erwägen Sie Überblendungen, Wischer, Verblassen und andere ähnliche Aktionen.

7. Mystery-Anzeigen erzielen hohe Klickraten

… aber geringe Umwandlung in Verkäufe. Kryptische Online-Werbung und E-Mails können laut einer Studie den Click-Through um 18% steigern. Das Problem? Viele Klicks, wenige Verkäufe. Und warum? Schlechte Zielgruppenansprache. Senden Sie Ihre Hypothekenwerbung an Namen aus dem Telefonbuch. Schreiben Sie in großen Buchstaben »SEX!« auf den Umschlag: Die meisten Menschen werden den Umschlag öffnen. Sogar diejenigen, die keine Hypothek brauchen. Aber man kann es ihnen nicht verübeln, oder? Sex und Überleben sind die Großväter aller Life-Force 8. Das Problem ist, dass »SEX!« sie dazu gebracht hat, den Umschlag zu öffnen, nicht Ihr wunderbarer anpassbarer Niedrigzins. Versuchen Sie es nächstes Mal also so: »Brauchen Sie eine zinsgünstige Hypothek?« Sie verwenden dann die richtigen Worte gegenüber dem richtigen Publikum. Weniger Menschen werden Ihre E-Mail öffnen, aber diejenigen, die es tun, werden bessere Kunden sein. **Denken Sie daran:** Verwechseln Sie Klicks nicht mit Verkäufen.

Agentur-Geheimnis Nr. 32: Mehrseitigkeit – Ihr Weg zum Erfolg

Medieneinkäufer von Werbeagenturen verstehen die Bedeutung von Wiederholungen. Sie wissen, dass ihre Werbung, jedes Mal wenn sie läuft, wahrscheinlich nur einen Bruchteil der Aufmerksamkeit auf sich zieht. Also lassen sie sie wiederholt laufen in der Hoffnung, ihren Standpunkt zu verdeutlichen. Wenn es Sie bei den ersten 10 Malen, die Sie sie gesehen haben, nicht interessiert hat, hoffen sie, dass Sie bei den nächsten 50 Vorführungen sich zum Kauf gezwungen fühlen.

Die gleiche Strategie gilt für die Printwerbung. Sie können nicht einfach mal eine Anzeige aufgeben und fertig damit sein. Genau wie bei der TV-Werbung kann es sein, dass Ihre erste Anzeige die Aufmerksamkeit Ihrer potenziellen Kunden nicht auf sich zieht. Nur ein bestimmter Prozentsatz liest jede einzelne Anzeige. Das ist die Bedeutung der *Frequenz*. Umfassende Tests von Starch Research haben gezeigt, dass die Platzierung von mehr als einer Anzeige in derselben Ausgabe derselben Publikation bemerkenswert effektiv sein kann und einen 1 + 1 = 3-Effekt hat, den keine einzelne Anzeige kopieren kann. Wenn Sie in Ihrem Markt Wellen schlagen wollen, gibt es zehn Möglichkeiten, dies zu erreichen.

Die zehn effektivsten Multi-Ad-Formationen

1. drei einseitige Anzeigen in Folge auf der rechten Seite
2. zwei einseitige Anzeigen in verschiedenen Abschnitten derselben Ausgabe auf der rechten Seite
3. doppelseitig
4. einseitige Anzeigen auf der rechten Seite
5. einseitige Anzeigen auf der linken Seite mit Streifenanzeige auf der rechten Seite
6. einseitige Anzeigen auf der linken Seite
7. rechtsseitiges Schachbrett (eine viertelseitige Anzeige in jeder der vier Ecken der Seite)
8. schachbrettartige Anzeigen auf der linken Seite
9. halbseitige Anzeige, oben rechts
10. halbseitige Anzeige, unten rechts

Agentur-Geheimnis Nr. 33: Garantien, die eine höhere Response garantieren

Glauben Sie an Ihr Produkt oder Ihre Dienstleistung? Wie stark glauben Sie an Ihr Produkt oder Ihre Dienstleistung? Ich biete für viele meiner Produkte eine volle einjährige Geld-zurück-Garantie an. Warum? Sie flößt den Käufern Vertrauen ein und beruhigt sie. Sie denken: »Drew muss sich bei diesem Produkt ziemlich sicher fühlen. Ich habe ein ganzes Jahr Zeit, es zurückzugeben und mein ganzes Geld zurückzubekommen. Was gibt es da zu verlieren?«

Käufer fühlen sich verwundbar. Als Gegenleistung für ihr hart verdientes Geld geben sie jedes Mal einen Vertrauensvorschuss, wenn sie etwas davon weggeben. Sie fragen sich, ob das, was sie kaufen, zumindest den Geldbetrag wert ist, den sie dafür eingetauscht haben. Und zwischen dem Zeitpunkt, zu dem sie ihr gesetzliches Zahlungsmittel freigeben, und dem Zeitpunkt, zu dem sie das Produkt erleben, liegt eine Zeit voller Stress und Unsicherheit. Je höher der Dollarbetrag der Transaktion ist, desto größer ist natürlich der Stress. Kaufen Sie einen faulen Apfel, wird Ihnen das nicht den Tag verderben. Aber kaufen Sie ein Haus und finden Sie fünf Jahre später heraus, dass das Besitzrecht gefälscht war und es nie wirklich Ihr Eigentum war, begrüßen Sie einen Migräne-Kopfschmerz, der sich über anderthalb Jahre erstrecken wird.

Während der Weltwirtschaftskrise waren die Menschen sehr vorsichtig, das wenige Geld, das sie hatten, auszugeben. Entgegen der Logik der damaligen Zeit schaltete Hormel eine große Anzeige in einer Zeitung in Chicago mit der Illustration eines mit einer Schürze bekleideten Lebensmittelhändlers, der eine Dose Suppe in der ausgestreckten Hand hielt. Und so begann sie:

DOPPELTES GELD ZURÜCK

... wenn Sie nicht sagen können, dass diese NEUE Gemüsesuppe nach Hausmacherart die köstlichste ist, die Sie je gekauft haben.

DAS ANGEBOT gilt nur Freitag und Samstag. Gehen Sie in das Lebensmittelgeschäft in Ihrer Nähe. Zahlen Sie den regulären Preis von 13 Cent für eine große Halbliter Hormel geschmacksversiegelte Gemüsesuppe, und befolgen Sie dabei die Anweisungen auf dem Etikett. Wenn Sie nicht finden, dass es die beste Gemüsesuppe ist, die Sie je gekauft haben, geben Sie den leeren Behälter an Ihren Lebensmittelhändler zurück… der autorisiert ist, Ihnen das DOPPELTE zurückzuzahlen, von dem, was Sie bezahlt haben.

Es war das erste Mal, dass ein Werber den Mut hatte, eine »doppelte Geld-zurück-Garantie« anzubieten. Viele ängstliche Unternehmensleiter warnten: »Tun Sie das nicht! Angesichts der Wirtschaftslage werden die Menschen Unmengen von Suppe kaufen und sie alle mit großem Gewinn zurückgeben!«

Die Anzeige war ein durchschlagender Erfolg, und nur zwölf Frauen nahmen die Garantie in Anspruch. Aber die Frage ist: Hat die Garantie dazu beigetragen, den Verkauf abzuschließen? Das kann man wohl sagen. Sie reduzierte den Stress der Käufer vor dem Kauf. Und, was am wichtigsten ist, sie gab ihnen das Selbstvertrauen zum Kauf.

Jedes Mal wenn Ihr potenzieller Kunde über einen Kauf nachdenkt, wird sein Kopf zum Schlachtfeld zweier gegensätzlicher Kräfte: Skepsis und der Wunsch zu glauben. Stellen Sie sich nun eine alte Apothekerwaage mit Skepsis auf der einen Seite und dem Wunsch zu glauben auf der anderen Seite vor. Nehmen wir an, sein Grad der Skepsis ist eine 7 auf einer Skala von 1 bis 10, wobei 10 »am skeptischsten« ist. Und sein »Wunsch zu glauben« ist eine 5. Es liegt an Ihnen, mehr Gewicht auf die Seite des »Wunsches zu glauben« zu legen, um die Menge an Skepsis auszugleichen, die er jetzt erfährt. Eine starke Garantie trägt dazu bei, die skeptische Seite zu entlasten und auf die Seite des Wunsches zu schieben. Manchmal ist das alles, was man braucht, um den Verkauf abzuschließen.

Längere und stärkere Garantien fördern nicht nur Ihre Verkäufe, sondern führen (ironischerweise) auch zu weniger Rückgaben. Warum? Studien zeigen, dass kurzfristige Garantien (30, 60 oder 90 Tage) die Kunden in Bereitschaft für eine Rückgabe halten und sie dazu zwingen, sich der Rückgabefrist bewusster zu sein. Längere Garantien (sechs Monate, ein, fünf, zehn Jahre, lebenslange Garantie) geben den Kunden Vertrauen in das Produkt und vermeiden die »Schneller als vorgesehen fertig sein«-Mentalität, also das Produkt zu benutzen und es innerhalb der kurzen Frist zurückzusenden.

CA$HVERTISING-Tipp: Bieten Sie die längste und stärkste Garantie in Ihrer Branche. (Ihre Konkurrenz wird Sie dafür hassen.) Eine solche Garantie vermittelt Ihr Vertrauen in das, was Sie verkaufen, was wiederum den Interessenten das Vertrauen gibt, Ihnen ihr Geld zu geben. Als Bonus veranlasst es Ihre potenziellen Käufer, die schwache – oder fehlende – Garantie Ihrer Konkurrenten zu hinterfragen. Sie können auch in großer, fetter Schrift fragen: »Warum geben unsere Konkurrenten auf ihren [PRODUKTTYP] nur 90 Tage Garantie?« Es folgte die heimtückische Frage: »Wissen sie etwas über ihren [PRODUKTTYP], das sie Ihnen nicht sagen?«

Eine gut ausgearbeitete Garantie ist kein Nebengedanke. Sie ist ein verdammt mächtiges Verkaufsinstrument – eines Ihrer wichtigsten, vor allem wenn die Garantie Ihrer Mitstreiter im Vergleich dazu schwach ist. Zeigen Sie Ihre Garantie, verstecken Sie sie nicht! Umranden Sie sie mit einem ausgefallenen Urkundenrahmen und drucken Sie Ihre Unterschrift darunter. Integrieren Sie sie in Ihre Anzeigen, in Broschüren, auf Ihrer Website, überall. Seien Sie stolz darauf! Und sehen Sie zu, wie sie Wunder für Sie vollbringt.

Agentur-Geheimnis Nr. 34:
Die Psychologie der Größe?

Tatsache: Größere Anzeigen ziehen mehr Aufmerksamkeit auf sich. Diese Vorstellung wurde von verschiedenen Forschern mit unterschiedlichen Methoden getestet, und sie sind alle zu demselben Ergebnis gekommen. Was jedoch nicht gemessen wurde, ist die Frage, wie hoch der proportionale Anstieg der Aufmerksamkeit durch eine größere Anzeige ausfällt. Die Forschung hat Folgendes gezeigt: *Der Aufmerksamkeitswert von Anzeigen steht nicht in direktem Verhältnis zu ihrer zunehmenden Größe.* Mit anderen Worten: Eine Vervierfachung der Anzeigengröße führt im Allgemeinen nicht zu einer Vervierfachung der Leserzahl.

Wenn also Ihr Chef, Kunde, Partner oder Ehepartner sagt: »Hey, wir haben 100 Antworten auf unsere viertelseitige Anzeige erhalten. Vergrößern wir sie doch zu einer ganzseitigen Anzeige, damit wir 400 Antworten erhalten«, müssen Sie sich mit ihm oder ihr zusammensetzen und ein kleines Gespräch führen.

In der folgenden Tabelle wird der *Aufmerksamkeitswert* einer viertelseitigen Anzeige mit 100% dargestellt. Entsprechend wird der Aufmerksamkeitsgrad sowohl der halb- als auch der ganzseitigen Anzeige im Verhältnis zum Wert der viertelseitigen Anzeige berechnet.

Okay, machen wir es uns leicht. Im Experiment des praktischen Psychologen Walter Dill Scott (erste Spalte, fett gedruckt) ließ er die Probanden Zeitschriften in ihrem eigenen Tempo lesen und fragte später: »An welche Anzeigen erinnern Sie sich?« Beachten Sie, dass die halbseitige Anzeige (die zweimal so groß war wie die Fläche der Viertelseite) 300% oder die dreifache Aufmerksamkeit erzielte. Die ganzseitige Anzeige (die viermal so groß war wie die

Fläche der Viertelseite) erzielte 666% oder mehr als das Sechsfache der Aufmerksamkeit. Scotts Schlussfolgerung: *Der Aufmerksamkeitswert übersteigt die Zunahme der Anzeigengröße.* Dies würde bedeuten, dass Sie Ihre Anzeigengröße verdoppeln und weit mehr als die doppelte Aufmerksamkeit erhalten könnten. Toll, nicht wahr? Aber warten Sie …

Verhältnis von Größe zu Aufmerksamkeit	Viertelseitige Kontrollanzeige	Halbseitige Anzeige (2x Größe)	Ganzseitige Anzeige (4x Größe)
W. D. Scott	100%	300%	666%
E. K. Strong	100%	141%	215%
G. B. Hotchkiss	100%	151%	213%
D. Starch	100%	168%	314%
H. F. Adams	100%	178%	keine Daten
Durchschnittswerte	100%	187,6%	352%

Der Stanford-Universitätsforscher E. K. Strong (Schöpfer von *The Strong Interest Inventory,* das heute Menschen bei der Berufswahl hilft) war der Meinung, dass die Verwendung echter Zeitschriften die Testergebnisse verfälschen würde. »Hey Leute, es ist nicht nur die *Größe* der Anzeigen, die eure Testpersonen beeinflusst […] es sind die Anzeigen selbst!« Also schuf Strong ein Dummy-Magazin – eine Attrappe für sein Experiment. Die Ergebnisse zeigten, dass der Aufmerksamkeitsgrad für die größeren Anzeigen nicht so dramatisch anstieg wie in Scotts Experiment. Das Fazit von Strong: *Der Aufmerksamkeitswert hinkt der Zunahme der Anzeigengröße hinterher.*

Die Studie von Professor G. B. Hotchkiss von der New York University kam zu ähnlichen Ergebnissen. Ohne etwas über die Anzeigen selbst zu erwähnen, brachte er die Studenten in seiner Klasse dazu, einen Artikel in einer Zeitschrift zu lesen, und bat sie später, sich daran zu erinnern, welche Anzeigen sie gesehen hatten.

Was ist mit unserem Kumpel Daniel Starch? In seinem Klassiker *Analyse von über drei Millionen Coupons*, die 1927 veröffentlicht wurde, sammelte er 1.400.000 Antworten auf 907 verschiedene Anzeigen von verschiedenen Inserenten. Diese verblüffend umfangreiche Studie erbrachte Ergebnisse, die denen von Strong, Hotchkiss und Adams nicht unähnlich sind. Schauen Sie sich die Daten von Starch an, und Sie werden sehen, dass eine halbe Seite 68% besser abschneidet als eine Viertelseite und eine ganze Seite etwas mehr als 300% besser als die Viertelseite.

Die Schlussfolgerung von Starch: *Der Aufmerksamkeitswert hinkt der Zunahme der Anzeigengröße hinterher.* Starch sagte: »Die Anzeigen brachten die Rückmeldungen, die sehr nahe zum Verhältnis ihrer Größe lagen, obwohl die kleineren Formate einen leichten Vorteil hatten. Dies könnte auf die Möglichkeit zurückzuführen sein, dass die kleineren Anzeigen [...] mehr Wert auf die Sicherstellung von Response legten.«

Der Psychologieprofessor Henry Adams von der Universität Michigan mochte *keine* der Studien. Er wollte jede mögliche Variable eliminieren, die nicht direkt Größe und Aufmerksamkeit betraf. Magazine? Verschwunden! Artikel? Entfernt! Bilder? Beseitigt! Stattdessen zückte Adams seine Schere und klebte farbige Quadrate in vier verschiedenen Größen auf: ein, eineinhalb, zwei und drei Quadratzoll. Das ist Minimalismus. Mithilfe eines Tachistoskops – eines Projektionsgeräts mit kurzer Belichtungszeit, mit dessen Hilfe die Kampfflieger des Zweiten Weltkriegs trainiert wurden, feindliche Flugzeuge zu identifizieren – setzte er seinen Probanden das Material mit vier Quadraten auf einmal vor. Langer

Rede, kurzer Sinn: Seine Ergebnisse waren ähnlich wie die aller anderen.

Wie können wir also all diese verrückten Forschungen auf eine Weise sinnvoll umsetzen, die für uns als Werbetreibende praktikabel ist? Es läuft auf Folgendes hinaus: Der Aufmerksamkeitsgrad einer Anzeige ist ungefähr proportional zur Quadratwurzel der Fläche. Hä? Okay, das bedeutet, wenn Sie die Aufmerksamkeit, die Ihre Anzeige jetzt erhält, verdoppeln wollen, müssen Sie sie um 400% vergrößern. (Wenn es sich also um eine viertelseitige Anzeige handelt, müssen Sie eine ganze Seite laufen lassen.) Um die Aufmerksamkeit zu verdreifachen, vergrößern Sie sie um 900% (was nur praktisch ist, wenn Sie mit einer sehr kleinen Anzeige wie einer Kleinanzeige beginnen). Andernfalls müssten Sie zu einer mehrseitigen Anzeige übergehen, wie in »Agentur-Geheimnis Nr. 32: Mehrseitig – Ihr Weg zum Erfolg« beschrieben.

Jetzt haben Sie also eine Faustregel, die Ihnen sagt, wie Sie die Anzahl der Blicke, die über Ihre Anzeigen schweifen, erhöhen können. Beginnen Sie mit einer nachweislich wirksamen Anzeige und mehr Aufmerksamkeit = mehr Lesen = mehr Überzeugung = mehr Kaufen = mehr Geld in der Tasche. Das ist die Art von Gleichung, die mir gefällt!

Agentur-Geheimnis Nr. 35: Die Psychologie der Positionierung von Seiten und Abschnitten

Linke Seite? Rechte Seite? Oben? Mittlere Seite? Unten? Fragen Sie 100 verschiedene Werbetreibende und Sie erhalten 100 verschiedene Gründe, warum Ihre Anzeige an einer bestimmten Stelle innerhalb einer Publikation erscheinen sollte. Allerdings werden die wenigsten, wenn überhaupt, über Untersuchungen verfügen, um ihre Empfehlungen zu untermauern, aber Mannomann, sie *glauben* hartnäckig daran!

Mehrere Studien über Hunderte von Ausgaben von Zeitschriften und zahlreiche Anzeigen in Dutzenden von Branchen haben praktisch keinen Unterschied in der Wirksamkeit von Anzeigen gezeigt, ob auf den Innenseiten, der Vorder-, Mittel- oder Rückseite einer Ausgabe oder auf der linken oder rechten Seite. Die Forscher Starch, Stanton, Nixon, National Magazine, Lucas und andere kamen im Allgemeinen zu dem Schluss, dass das Wichtigste die Anzeige selbst ist: die Stärke ihres Angebots und die Ausführung von Text und Design.

Eine gute Anzeige fällt unabhängig von ihrer Position innerhalb der Zeitung auf.*

Roper Starch Worldwide

* Aber vier von ihnen werden stärker wahrgenommen. Siehe »Agentur-Geheimnis Nr. 36: Die Fantastischen Vier«

Agentur-Geheimnis Nr. 36: Die Fantastischen Vier

Obwohl es, wie wir gerade diskutiert haben, keine eindeutigen Gewinner der Debatte zwischen linker und rechter Seite gibt, haben die Forscher von Starch INRA Hooper eindeutige Vorteile der Anzeigenpositionierung aufgedeckt, für die es sich eigentlich lohnt, mehr zu bezahlen. Sie verglichen 618 Zeitschriftenanzeigen, die Titelseitenpositionen belegen, mit 10.789 einseitigen, vierfarbigen Anzeigen, die auf Innenseiten erschienen. Sie überprüften sowohl

Männer- als auch Frauenzeitschriften, sowohl für Unternehmen als auch Verbraucher, und die Ergebnisse waren einheitlich. Diese »Fantastischen Vier« können dazu beitragen, dass Ihre Botschaft selbst in den überfülltesten Publikationen auffällt. Hier sind die Ergebnisse:

- Anzeigen, die auf der vorderen Umschlaginnenseite erscheinen, haben die höchsten durchschnittlichen »Noted«-Werte (gesehen und erinnert) mit dem größten Zuwachs – 29% – gegenüber ähnlichen Anzeigen, die irgendwo anders in derselben Ausgabe geschaltet werden.
- Anzeigen, die gegenüber einem Inhaltsverzeichnis platziert werden, erhalten bis zu 25% höhere Punktzahlen.
- Anzeigen, die auf der hinteren Umschlagseite erscheinen, erhalten 22% mehr Punkte als Anzeigen im Inneren.
- Anzeigen, die auf der hinteren Umschlaginnenseite platziert werden, haben einen Vorteil von 6% gegenüber den Innenseiten.

Machen Sie sich also keine Gedanken darüber, wo innerhalb der Publikation Ihre Anzeige erscheint. Das wird wahrscheinlich nicht den geringsten Unterschied ausmachen, es sei denn, Sie entscheiden sich dafür, mehr bunte Scheinchen für die forschungserprobten, aufmerksamkeitsstärkeren Titelseiten-Slots lockerzumachen.

Agentur-Geheimnis Nr. 37: Farbvorlieben der Verbraucher und wie Farbe sich auf die Leser auswirkt

Wissen Sie, welche Farben die Menschen am liebsten mögen? Es sind Dutzende von Experimenten von verschiedenen Forschern in den Vereinigten Staaten und im Ausland zur Frage der Farbpräferenzen der Verbraucher durchgeführt worden. Und wie die menschliche Psychologie es will, sind die Ergebnisse auf der ganzen Linie ziemlich einheitlich. Hier sind, in aller Kürze, die zusammengestellten Ranglisten.

Ranking	Farbe
1	Blau
2	Rot
3	Grün
4	Violett
5	Orange
6	Gelb

Die erste Präferenz der meisten getesteten Personen ist Blau, wobei Rot an zweiter Stelle steht, dann folgen Grün, Violett, Orange und Gelb, die genau in dieser Reihenfolge angeordnet sind. Sehen Sie sich Ihr aktuelles Verkaufsmaterial an – online und offline – und prüfen Sie, ob es diese weltweiten Ergebnisse widerspiegelt.

Leider sind sich nicht alle Grafikdesigner über diese Forschung im Klaren (sie sollten es sein), sodass es an Ihnen liegt, die Farben anzugeben, die Sie am liebsten an prominenter Stelle sehen würden.

Kampf der Gelbtöne

Männer und Frauen unterscheiden sich nur geringfügig in ihren Farbpräferenzen. Auf der Grundlage von 21.000 Berichten war die Reihenfolge der Präferenzen von Männern und Frauen gleich, mit der Ausnahme, dass Männer Orange auf Platz fünf und Gelb auf Platz sechs platzierten, während Frauen Gelb auf Platz fünf und Orange auf Platz sechs platzierten.

Farbpräferenzen ändern sich mit dem Alter

Kleinkinder nehmen Rot als ihre erste Wahl. Danach folgen Gelb, Grün und Blau. Mit etwa 12 bis 14 Monaten ändert sich diese Präferenz. Rot bleibt an der ersten und Gelb an der zweiten Stelle, aber Blau springt vor Grün. Wenn die Kinder fünf Jahre alt sind, werden Rot, Grün und Blau etwa gleich stark bevorzugt, aber Gelb ist weiter unten auf der Skala (weniger ansprechend). Während der Grundschulzeit überholt Blau allmählich Gelb. Diese Vorzugsrichtung setzt sich bis ins Erwachsenenalter fort. Während Blau in der Bevorzugung zunimmt, nimmt Gelb ab, und zwar mit zunehmendem Alter des Einzelnen. Die Präferenz von Rot bleibt jedoch hoch.

Je älter, desto blauer

Warum wird Blau bevorzugt, wenn wir älter werden? Die universelle Vorliebe für Blau könnte in gewisser Weise mit dem zusammenhängen, was sich im alternden menschlichen Auge abspielt. Schauen Sie in das Auge eines alten Mannes (oder einer alten Frau), und Sie werden sehen, dass die Linse getrübt oder vergilbt ist. Tatsächlich kann die Linse des Kinderauges nur 10% des blauen Lichts absorbieren, während ein älteres Auge 85% des blauen Lichts absorbieren kann. Eine Theorie besagt, dass die Natur auf diese Weise das Auge im Alter vor schmerzhaft hellem Licht schützt.

Beliebteste Farbkombinationen

Wie viel Geld wird jedes Jahr für mehrfarbige Anzeigen ausgegeben? Milliarden. Aber werden einige Farbkombinationen tatsächlich von mehr Menschen bevorzugt als andere? Schauen wir mal nach ...

Künstlern zufolge sind die Primärfarben Rot, Gelb und Blau. Viele bestehen darauf, dass die besten Farbkombinationen diejenigen sind, die nicht »einen Primärfarbton kreuzen«. Im Gegensatz zu Künstlern glauben Psychologen, dass es tatsächlich vier Primärfarben gibt: Rot, Grün, Gelb und Blau. Sie bestehen darauf, dass die besten Farbkombinationen diejenigen sind, die Komplementärfarben verwenden. Es wurden nur wenige Experimente durchgeführt, sodass die Jury noch nicht entschieden hat, aber die durchgeführten Studien zeigen Ähnlichkeiten in den Ergebnissen.

In einem Experiment unseres alten Forscherkollegen Daniel Starch wurden 32 Männern und 25 Frauen (mit 25 Künstlern als Beobachtern/Sachverständigen) paarweise zusammengestellte Farben gezeigt, um festzustellen, welche Kombinationen sie bevorzugten. Die Ergebnisse waren schlüssig. Die Konsumenten bevorzugten Farben mit niedrigem Farbwert (hell oder dunkel) und hohem Chroma oder hoher Farbsättigung (Reinheit der Farbe). Diejenigen Kombinationen, die aus großen blauen Flächen bestehen, wurden hoch eingestuft. Diejenigen, die aus großen Bereichen von Orange und Gelb bestehen, wurden als niedrig eingestuft:

Verbraucherpräferenz	Farbkombination
1 (am beliebtesten)	Blau und Gelb
2	Blau und Rot
3	Rot und Grün
4	Violett und Orange
5 (am unbeliebtesten)	Rot und Orange

Fazit? Es ist sinnvoll, die höher eingestuften Farbkombinationen in Ihrer nächsten Anzeige, Broschüre (Flyer), E-Mail oder Website zu verwenden. Damit würden Sie sich auf dokumentierte Forschungsergebnisse stützen, anstatt Ihren Designer einfach auswählen zu lassen, welche Farben ihm am besten gefallen.

Effizienteste Papier- und Druckfarbenkombinationen

Leserstudien bestätigen, dass Weiß und Gelb die beiden besten Papierfarben für einfaches Lesen sind. Verwenden Sie schwarze, dunkelblaue und rote Druckfarbe für maximale Wirkung. Die beste Kombination? Schwarze Druckfarbe auf gelbem Papier. Die schlechteste? Rote Druckfarbe auf grünem Papier, eine optisch abstoßende Mischung, die praktisch unleserlich ist – völlig unleserlich, wenn man farbenblind ist!

Farbenfrohe Forschung

Starch Research zeigt, dass Farbe nicht nur die Leser anzieht, sondern sie auch stärker einbindet. Darüber hinaus fördert Farbe auch eine vertiefte Lektüre bei:

- 60% gegenüber Schwarz-Weiß-Anzeigen,
- 40% gegenüber nur zweifarbigen Anzeigen.

Tatsächlich hat die Farbe mehr Einfluss darauf, ob Ihre Anzeige gesehen wird, als die Größe. Wenn es also weniger kostet, Farbe hinzuzufügen, als eine größere Anzeige zu schalten, entscheiden Sie sich für Farbe. Untersuchungen haben ergeben, dass der Unterschied bzgl. der Leserschaft zwischen einer Schwarz-Weiß- und einer vierfarbigen Anzeige größer ist als zwischen einer ein- und zweiseitigen Farbanzeige!

> **Eine Schwarz-Weiß-Anzeige funktioniert am besten, wenn sie den Endnutzen hervorhebt, dramatische Situationen darstellt und den Intellekt anspricht.**
>
> Starch Research

Agentur-Geheimnis Nr. 38: Die Psychologie der Preisgestaltung

Was ist der Unterschied zwischen $19,98 und $20,00? Nein, ich meine nicht zwei Cent. (*Das* hätte ich selbst herausgefunden.) Ich meine, psychologisch, motivierend, überzeugend?

Man nennt es *psychologische Preisgestaltung*, und man sieht, dass sie überall eingesetzt wird, von Kaufhäusern über Restaurants bis hin zu Möbelhändlern und sogar Juwelieren. WalMart ist bekannt für seinen starken Einsatz psychologischer Preisgestaltung, wobei seine bevorzugten Endziffern »97« sind.

Die Odd-even-Preistheorie besagt, dass Preise, die in ungeraden Beträgen wie 77, 95 und 99 enden, einen größeren Wert suggerieren als Preise, die auf den nächsten ganzen Dollar aufgerundet werden. $9,77 scheint ein besseres Angebot zu sein als $10,00. Und 64 Cent für ein Pfund Bananen scheint ein akzeptabler Preis zu sein … aber

70 Cent? Sie machen wohl Witze! Aber es ist mehr als die Idee, ein paar Cent zu sparen. Für Werbetreibende wie Sie und mich können die Auswirkungen einer anscheinend so einfachen Technik dramatisch sein.

Im Gegensatz dazu besagt die Prestige-Preisgestaltung, dass man, damit etwas als höhere Qualität wahrgenommen wird, bei der Preisgestaltung nur gerundete ganze Zahlen verwendet. Beispielsweise suggerieren $1.000,00 eine höhere Qualität als $999,95, einfach deshalb, weil wir darauf konditioniert wurden, fraktionierte Preise als Hinweise auf den Wert zu interpretieren. Das gehobene Einzelhandelsunternehmen Nordstrom verwendet Prestigepreise, und das tun auch viele Juweliere und andere Verkäufer von hochwertigen Waren. Surfen Sie rüber zu SaksFifthAvenue.com und Sie werden nur Beträge mit 00 Cent finden. Tatsächlich sind die einzigen Cents, die Sie sehen werden, in den Preisen der wenigen angebotenen Sale-Artikel enthalten.

Fractional Pricing ist weiter verbreitet, als Sie wahrscheinlich wissen. Die Forscher Holdershaw, Gendall und Garland (1997) fanden heraus, dass etwa 60% der beworbenen Einzelhandelspreise mit 9, 30% mit 5 und 7% der Einzelhandelspreise mit 0 endeten und die verbleibenden sieben Ziffern zusammengenommen etwas mehr als 3% der untersuchten Preise ausmachten.

Aber warum funktioniert das? Psychologen sagen, dass 1.) ein fraktionierter Preis suggeriert, dass der Verkäufer den niedrigstmöglichen Preis berechnet hat, also die ungerade Zahl, und 2.) wir die letzten Ziffern ignorieren, anstatt geistig aufzurunden. Auf diese Weise können wir einen Kauf rechtfertigen, der möglicherweise an die Schwelle zur Erschwinglichkeit stößt.

Schindler und Kibarian (1996) testeten ungerade Preise anhand von drei Versionen eines Direktversandkatalogs für Damenbekleidung. Alle drei Kataloge waren identisch, mit Ausnahme der Preise, die mit 00, 88 und 99 endeten. Der Gewinner? Der Katalog mit den 99-Cent-Beträgen erzielte 8% mehr Verkäufe und wies mehr Käufer auf als die 00-Version. Der 88er-Katalog fuhr ebenso viele Verkäufe und Käufer ein wie die 00-Version.

Im Jahr 2000 führte die Rutgers-Universität eine Studie über Menschen durch, die eine Anzeige für ein Damenkleid lasen. Die Testpersonen berichteten, dass das Kleid zum Preis von $49,99 von geringerer Qualität sei als das in der gleichen Anzeige beworbene, exakt gleiche Kleid zum Preis von glatten $50.

Interessanterweise finden die Menschen einige faszinierende Begründungen für Bruchteilpreise. Zum Beispiel fand Schindler (1984) heraus, dass Verbraucher, die einen Preis mit den Nachkommastellen bis 98 oder 99 sehen, eher glauben, dass der Preis kürzlich nicht erhöht wurde. (Wie jemand zu dieser Schlussfolgerung kommt, werde ich nie verstehen.)

Laut Quigley und Notarantonio (1992) glaubten Personen, die in einer Anzeige einen Endpreis mit den Nachkommastellen 98 oder 99 sahen, viel eher, dass das Produkt ein Sonderangebot war, als bei Produkten mit 00-Endpreisen.

Wie sieht es mit Preisen aus, die auf 95 enden? Sind sie genauso wirksam wie bei 99? Die Forschung zeigt, dass sie es nicht sind. Ebenso wenig sind die Nachkommastellen 49, 50 und 90 ein Hinweis auf einen niedrigen Preis. Aber es ist erwiesen, dass Preise, die mit 79, 88 und 98 enden, Wertigkeit vermitteln.

Psychologische Preisgestaltung ist kein zufälliges Spiel, bei dem Zahlen aus dem Hut gezogen werden, sondern ein gut recherchiertes Thema mit großen Auswirkungen auf Ihr Endergebnis. Und nachdem Sie nun gelesen haben, was die Verbraucher denken und was die Forschung empfiehlt – wie sehen *Ihre* Preise jetzt aus?

Agentur-Geheimnis Nr. 39: Die Psychologie der Farben

Streichen Sie die Wände eines Gefängnisses rosa, und es gibt weniger Gewalt unter den Insassen. Bringen Sie ein Baby in einen gelben Raum, und das Weinen beginnt. Wollen Sie Ihren Appetit unterdrücken? Versuchen Sie den »blaue Wand-Diätplan«. Ebenso pusht ein rotes Klassenzimmer Kinder auf und blaue Räumen beruhigen sie. Freiwillige Spendensammler, die rosa Uniformen tragen, erhalten größere Spenden, und salbeigrüne Krankenhauskorridore beruhigen die strapazierten Nerven der Patienten.

Farbe beeinflusst uns stark, inklusive unserer Wahrnehmung von Gewichtung. Zum Beispiel kann das Heben und Tragen von Kisten den ganzen Tag lang eine echte Schlepperei sein. Um seinen Mitarbeitern etwas Erleichterung zu verschaffen, hat ein Hersteller seine schwer aussehenden schwarzen Kisten hellgrün gestrichen. Voilà! Psychologisch »leichtere« Kisten. Um seine Verpackungen schwerer aussehen zu lassen, stellte ein Lebensmittelhersteller auf eine dunkler gefärbte Verpackung um. Voilà! »Mehr« Essen drin.

Verwechseln Sie dieses Phänomen nicht mit dem Rat der Modeexperten, wegen des »Schlankheitseffekts« Schwarz zu tragen. Aufgrund seiner Fähigkeit, Schatten zu verbergen, die durch »Bier- und Kuchenspeckrollen« verursacht werden, hilft schwarze Kleidung, die Körperkonturen zu glätten. Dies wiederum führt dazu, dass den einzelnen »Problemzonen« weniger Aufmerksamkeit geschenkt wird, weil die Umrisse des Körpers als eine einzige optische Einheit ohne spezifische Auffälligkeiten dargestellt werden. Aus diesem Grund sehen Bodybuilder in weißen und hellen Hemden kräftiger aus. All diese Schatten – leicht kontrastierend zur hellen Kleidung – verleihen ihrer Muskulatur mehr Tiefe.

Diese »Dunkler ist schwerer«-Täuschung wird *scheinbares Gewicht* genannt, und es geht einfach darum, die richtige Farbe zu wählen, um Ihnen die Gewichtswahrnehmung zu geben, die Sie suchen.

In einem Artikel im *American Journal of Psychology* mit dem Titel »Der Einfluss von Farbe auf scheinbare Größe und Gewicht« (»The Effect of Color on Apparently Size and Weight«) führten die Psychologen Warden und Flynn einige Tests an. Sie stellten acht Schachteln – alle gleich groß – in eine Glasvitrine. Sie ließen die Leute nach dem Zufallsprinzip jede Schachtel in unterschiedlicher Reihenfolge betrachten und baten sie anschließend, die Schachteln danach zu sortieren, wie viel sie ihrer Meinung nach wogen. Hier sind die Ergebnisse, von leicht nach schwer:

Farbe der Schachtel	Punktbewertung (höher = »schwerer«)
Weiß	3,1
Gelb	3,5
Grün	4,1
Blau	4,7
Violett	4,8
Grau	4,8
Rot	4,9
Schwarz	5,8

Farbe kann sogar den Geschmack beeinflussen. Das »Barrelhead Sugar-Free Root Beer« der Dr. Pepper Snapple Group wurde als vollmundiges, vom Fass gezapftes Rootbeer beworben. Als die Verpackungsexperten von Berni Corp. die Hintergrundfarbe der Dosen ihres zuckerfreien Getränks von Blau in Beige änderten, berichteten die Leute, dass es eher wie uriges Frosty-Mug-Wurzelbier schmecken würde, obwohl das Rezept nie geändert wurde. In ähnlicher Weise sagen Verbraucher, dass dunkler gefärbte orangefarbene Getränke süßer schmecken.

Farben können – wenn sie stark mit anderen Produkten assoziiert werden – auch verwirren. In der Getränkeindustrie »besitzt« zum Beispiel Coca-Cola die Farbe Rot. Als die Designer der Berni Corp. die zuckerfreie Ginger Ale-Dose von Canada Dry von Rot auf Grün und Weiß umstellten, stieg der Absatz um mehr als 25%. Die rote Dose hatte die Verbraucher an Cola denken lassen.

Aufgrund ihrer Fähigkeit, nicht nur Aufmerksamkeit zu erregen, sondern auch die Wahrnehmung in einer Weise zu verändern, die selbst die Experten nicht erklären können, sind Werbeagenturen hypersensibel dafür, wie sie Farbe in ihren Anzeigen und Verpackungen einsetzen. Und jetzt, da wir diese Fakten kennen, sollten Sie und ich es auch sein.

Die Ergebnisse einer Untersuchung von 21 Sprachen ergaben, dass Wörter für Grundfarben fast überall in der folgenden Reihenfolge in die Sprache eingehen:

1. Schwarz und Weiß, 2. Rot, 3. Grün oder Gelb, 4. Gelb oder Grün, 5. Blau, 6. Braun, 7. Grau, Violett, Rosa und Orange

Berlin und Kay (1969)

Agentur-Geheimnis Nr. 40: Verpacken Sie Ihre Anzeigen in Weiß

Es ist schnell, einfach, erfordert weder Zeit noch Geschicklichkeit, und Untersuchungen zeigen, dass *es funktioniert* – die Kraft der White-Wrap-Isolation. Es handelt sich dabei um ein weiteres dieser wenig bekannten und wenig genutzten Agenturgeheimnisse, das durch jahrzehntealte Tests aufgedeckt wurde und Ihrer Response Auftrieb verleihen kann.

Kaufen Sie mehr Platz für Ihre Anzeige – sagen wir eine halbe Seite anstelle einer viertel Seite –, aber statt sie mit mehr Text und Bildern zu füllen, platzieren Sie Ihre ursprüngliche viertelseitige Anzeige in der Mitte und ummanteln Sie sie mit Leerraum. Mehrere Experimente der Forscher Poffenberger und Strong kommen zu dem Schluss, dass zum Beispiel eine weiß umhüllte viertelseitige Anzeige mehr Aufmerksamkeit erregt als eine vollständig ausgefüllte halbseitige Anzeige beladen mit Text und Grafiken. Die Tests von Poffenberger ergaben folgende Verbesserungen durch das White-Wrapping:

Die Aufmerksamkeitssteigerung durch White-Wrap-Isolation

Standard-zusammensetzung	weiß umhüllt
Halbe Seite = 100%	**Halbe Seite = 176%**
Ganze Seite = 141%	–

Strong rät, dass der zusätzlich gekaufte Platz nicht mehr als 60% der Fläche der Anzeige selbst ausmachen sollte. Strong meint dazu:

»Wenn mehr als 60% genutzt werden, werden die erhöhten Kosten nicht durch eine entsprechende Steigerung des Aufmerksamkeitsgrades kompensiert. Darüber hinaus bieten etwa 20% zusätzliche Fläche, die als Weißraum um die Anzeige herum genutzt wird, die größte Steigerung der Wirksamkeit unter Berücksichtigung der Kosten.«

Agentur-Geheimnis Nr. 41: Gönnen Sie sich selbst eine »Cleverektomie«

Es ist frustrierend. Der Versuch, effektive Werbung für Menschen zu machen, die nicht die geringste Ahnung davon haben – aber denken, dass sie sie hätten –, reicht aus, dass man sich die Haare auf dem Kopf rauft.

Ein Zenmeister sagte einmal, dass der beste Weg, etwas zu lernen, darin besteht, zuerst den Kopf von Vorurteilen zu leeren, um Platz für neues Wissen zu schaffen.

Um Ihnen ein Beispiel zu geben, lade ich Sie ein, einem Gespräch zuzuhören, das ich mit einem Webdesigner über eine Headline geführt habe, die ich für ihn geschrieben habe. Das ist die farbenfroheste Art und Weise, die ich kenne, um Ihnen diese Lektion zu erteilen.

Scott: Diese Headline ist Mist! »Leistungsstarke Webseiten, in 24 Stunden von berühmtem Marketingexperten für $199 entworfen« ist nicht sehr kreativ!

Drew: Einverstanden. Überhaupt nicht.

Scott: Nun, können wir nicht ein kleines Wortspiel, einen Kalauer machen oder dem Ganzen eine Wendung geben?

Drew: Warum eine Wendung machen?

Scott: Damit es eingängiger wird. Damit es mehr Leute lesen. Etwas wie: »Nur $250 halten Sie davon ab, sich in einem klebrigen Netz im Web zu verfangen.«

Drew: [Ein Lachen unterdrückend] Der Zweck Ihrer Headline ist nicht, »eingängig« zu sein, Scott. Sie soll effektiv sein. Um der Kreativität willen kreativ zu sein, ist eine Verschwendung von Zeit und Geld und ein völliges Missverständnis der Prinzipien der Gestaltung einer Headline. Sich von dem Nervenkitzel verführen zu lassen, eine »clevere« Headline zu kreieren, die Freunde und Familie (aber nicht Ihre Kunden) beeindrucken wird, ist ein schrecklicher Fehler! Außerdem ist diese »Klebriges Netz«-Überschrift albern! Sie sagt dem Leser nicht, was Sie verkaufen! Und weil 60% der Menschen, die Anzeigen lesen, nur die Headlines lesen – sie scannen –, verlieren Sie mindestens 60% Ihres Publikums. Ich unterrichte diese Ideen in meinem Audio-Seminar für kleine Unternehmen.

Scott: Da bin ich anderer Meinung. Große Unternehmen schaffen sehr einprägsame Schlagzeilen und gewinnen dafür ständig Auszeichnungen. Haben Sie jemals die Werbespots während der Super Bowls gesehen? Sehr kreatives Zeug.

Drew: [Seufzt] Sie haben recht. Sie gewinnen Auszeichnungen. Und die Super-Bowl-Werbespots sind wirklich sehr kreativ. Aber »kreativ« bedeutet nicht »effektiv«. Wenn Sie eine Headline entwickeln können, die alle Elemente enthält, die Sie zu einem potenziellen Gewinner machten, warum wollen Sie sie dann verwerfen, indem Sie versuchen, clever zu sein?

Scott: Warum machen wir es nicht erst clever und dann effektiv – so erreichen wir beides. Die Headline »Klebriges Netz« kann die Leute neugierig machen, mehr zu lesen.

Drew: Aber was passiert mit denen, die nicht neugierig genug werden und nicht mehr lesen als diese Headline?

Scott: Das wären keine Interessenten.

Drew: Stimmt nicht! Sie könnten sehr wohl Interessenten gewesen sein, aber weil sie *keine Ahnung* hatten, was Sie verkaufen, haben sie sich nicht die Mühe gemacht, weiterzulesen. Sie haben sie direkt verloren!

Scott: Ja, gut …

Drew: Na, nichts ist gut! Werbung soll *keine* Unterhaltung sein! Sie kann unterhaltend sein, aber das ist nicht ihr Zweck. Es ist kein Kreativitätswettbewerb. Sie ist nicht dazu gedacht, die Wände des Louvre in Paris zu schmücken. Sie ist auch keine Poesie, Komödie oder ein Rätsel, das es zu lösen gilt. In der Werbung geht es nicht darum, Preise dafür zu gewinnen, dass sie trickreich, ausgefallen oder genial ist. Werbung – schlicht und einfach – hat mit dem Verkauf von Produkten und Dienstleistungen zu tun. Es handelt sich um Geschäftskommunikation mit dem Ziel, den Umsatz zu erhöhen, indem man Menschen so ausreichend für ein Produkt oder eine Dienstleistung interessiert, dass sie letztlich ihr Geld dafür eintauschen.

Scott: Aber das bedeutet nicht, dass es langweilig sein muss!

Drew: Habe ich etwas über Langeweile gesagt? Es sollte immer interessant sein! Aber etwas muss nicht clever oder trickreich sein, um die Aufmerksamkeit eines Interessenten zu erregen und zu halten. Sie schreiben keine Texte, um die Massen, die keine Käufer für Ihr Produkt sind, anzusprechen, damit Sie ihnen für die Lektüre Ihrer Anzeige danken! Und diejenigen, die an dem Angebot interessiert sind, brauchen keine Unterhaltung, um zu kaufen. Sie brauchen Benefits. Fakten. Ein Angebot. Und die Gewissheit, dass Sie halten, was Sie versprechen.

Scott: Ich habe immer noch das Gefühl, dass wir etwas mehr tun können, als einfach nur anzugeben, was wir verkaufen.

Drew: Lesen Sie es noch einmal, Scott. Diese Headline tut viel mehr, als nur anzugeben, was Sie verkaufen. Sie hat Durchschlagskraft; sie macht sich das Bedürfnis der Menschen nach sofortiger Befriedigung zunutze, indem sie sagt, dass Sie in 24 Stunden liefern werden; sie macht sich Ihre Glaubwürdigkeit als Experte zunutze, indem sie deutlich macht, dass Sie einer sind; sie spricht diejenigen an, die Geld sparen wollen; sie ist spezifisch; sie macht ein Angebot; sie ist klar; sie fordert den Leser nicht auf, herauszufinden, was sie bedeutet; und sie bringt Ihren Standpunkt schnell zum Ausdruck. Wen wird sie Ihrer Meinung nach ansprechen?

Scott: [Schweigen]

Drew: Sie wird diejenigen ansprechen, die eine Website brauchen, die sie von einem Profi erstellen lassen wollen, die sie schnell erstellen lassen müssen und die keine Zeit dafür aufwenden wollen. *Ihren Markt!*

Scott: Nun, ich denke, wir können es versuchen.

Drew: Genau. Versuchen Sie es. Werbung muss getestet werden, um sich als gut zu erweisen. Und weil Ihnen das »Klebriges Netz«-Konzept so gut gefällt, wollen Sie vielleicht ein paar Tausend Dollar darin versenken und sehen, ob Sie von den wenigen Leuten, die über die Headline hinaus lesen werden, eine Reaktion erhalten.

Scott: Sehr lustig.

Drew: Habe ich gelacht?

Unterm Strich: In der Werbung ist es nicht clever, clever sein zu wollen.

Nehmen wir an, Sie haben $1.000.000 in Ihrer kleinen Firma gebunden und plötzlich funktioniert Ihre Werbung nicht mehr und die Verkäufe gehen zurück. Und alles hängt davon ab. Ihre Zukunft hängt davon ab, die Zukunft Ihrer Familie hängt davon ab, die Familien anderer Menschen hängen davon ab.
Also, was wollen Sie von mir? Schöne Literatur? Oder wollen Sie, dass die verdammte Umsatzkurve nicht mehr nach unten, sondern nach oben geht?

Rosser Reeves, CEO, Ted Bates Advertising Agency, Schöpfer des Konzepts der »Unique Selling Proposition« (USP)

– 4 –
Hot Lists: 101 einfache Methoden, um Ihren Response anzukurbeln

22 Response-Supercharger

1. **VERGESSEN** Sie Stil – *verkaufen* Sie stattdessen!
2. **SCHREIBEN** Sie: »Kostenlose Information!«
3. **SCHREIBEN** Sie kurze Sätze und halten Sie sie lesbar.
4. **VERWENDEN** Sie kurze, einfache Wörter.
5. **SCHREIBEN** Sie eine lange Copy.
6. **KOMMEN** Sie auf den Punkt; lassen Sie den Zierrat weg!
7. **HEIZEN** Sie das Verlangen an, indem Sie Benefits anhäufen.
8. **ZEIGEN** Sie, was Sie verkaufen – Action-Aufnahmen sind am besten.
9. **WERDEN** Sie persönlich! Sagen Sie: *Du, Sie, Ihr.*
10. **VERWENDEN** Sie *verkaufende* Zwischentitel, um lange Copys aufzubrechen.
11. **SETZEN** Sie verkaufende Bildunterschriften unter Ihre Fotos.
12. **SCHREIBEN** Sie starke visuelle Adjektive, um mentale Filme zu erzeugen.
13. **VERKAUFEN** Sie *Ihr* Produkt, nicht das Ihres Konkurrenten.
14. **HALTEN** Sie sich nicht zurück, geben Sie ihnen jetzt den *vollen* Verkaufsprozess!

15. **IMMER** Testimonials einbinden!
16. **MACHEN** Sie es lächerlich einfach, zu handeln.
17. **SCHLIESSEN** Sie *immer* einen Antwortcoupon ein, um zum Handeln anzuregen.
18. **SETZEN** Sie eine Deadline, um die Trägheit zu unterbrechen.
19. **BIETEN** Sie ein kostenloses Geschenk für schnelle Antworten an.
20. **SAGEN** Sie die Worte: »Jetzt bestellen!«
21. **BIETEN** Sie kostenlosen Versand an.
22. **BOOSTEN** Sie die Response 50% oder mehr mit einer Onlinezahlungs- oder Ratenoption.

9 Wege, Wertigkeit zu vermitteln

1. **SCHREIBEN** Sie: »SALE!« drauf.
2. **GEBEN** Sie ihnen einen Gutschein.
3. **REDUZIEREN** Sie den Preis: »Weniger als eine Tasse Kaffee pro Tag!«
4. **ERKLÄREN** Sie, warum der Preis niedrig ist: »Unser Chef hat zu viele bestellt!«
5. **AMORTIEREN** Sie es: »Nur $1,25 pro Tag.«
6. **STEIGERN** Sie den Wert: Sagen Sie, was es wert ist, nicht nur, was es kostet.
7. **SAGEN** Sie, wie viel andere bezahlen mussten (und wir tun es gerne!).
8. **SCHAFFEN** Sie mit Deadlines ein Gefühl der Knappheit.
9. **NUTZEN** Sie die psychologische Preisgestaltung.

13 Wege, das Kaufen leicht zu machen

1. **GEBEN** Sie Ihre Straße, E-Mail-Adresse und Webadresse an.
2. **GEBEN** Sie Ihre Telefonnummer an.
3. **STELLEN** Sie eine Wegbeschreibung und Parktipps zur Verfügung.
4. **SAGEN** Sie: »Es ist leicht, zu bestellen …«
5. **NEHMEN** Sie telefonische Bestellungen an.
6. **AKZEPTIEREN** Sie Versand (und verschiedene Versandarten).
7. **AKZEPTIEREN** Sie Online-Bestellungen.
8. **AKZEPTIEREN** Sie Fax-Bestellungen.
9. **AKZEPTIEREN** Sie Kreditkarten.
10. **AKZEPTIEREN** Sie persönliche Schecks.
11. **BESORGEN** Sie sich eine gebührenfreie Telefonnummer.
12. **SCHLIESSEN** Sie eine lange, starke Garantie ein – länger als die Ihrer Konkurrenz.
13. **BIETEN** Sie Ratenzahlungen für Produkte an, die mehr als $15 kosten (z. B. »Drei einfache Zahlungen von nur $10,99«), was die Resonanz nachweislich um 15% steigert.

11 Wege zur Steigerung des Coupon Returns

1. **SAGEN** Sie ihnen in der Headline oder der Zwischenüberschrift, dass sie den Coupon zurückgeben sollen.
2. **SAGEN** Sie: »Kaufen Sie 1 und erhalten Sie 1 gratis!« statt »50% Rabatt«.
3. **VERWENDEN** Sie oben in Ihrer Anzeige ein großes »KOSTENLOS!«.
4. **SAGEN** Sie, was der Gutschein bringt; sagen Sie es noch einmal auf dem Gutschein selbst.
5. **ZEIGEN** Sie mit einem kleinen Foto oder einer Illustration, was der Gutschein bringt.
6. **VERWENDEN** Sie einen fett gedruckten Couponrand.
7. **SETZEN** Sie eine *harte* (festes Datum) oder *weiche* Deadline (»Die ersten 100 Personen ...«).
8. **BIETEN** Sie Ankreuzkästchen an, um die Leute zum Mitmachen zu bewegen.
9. **SAGEN** Sie ganz oben »Wertvoller Coupon«.
10. **GEBEN** Sie genügend Platz zum Ausfüllen.
11. **ZEIGEN** Sie mit fetten Pfeilen auf den Coupon.

46-Punkte-Checkliste für Killer-Anzeigen

Hier finden Sie eine schnelle und einfache Möglichkeit, wie Sie sicherstellen können, dass Ihre Anzeigen die für den Erfolg notwendigen Informationen enthalten. Prüfen Sie alles, was auf Ihre Anzeige zutrifft; je mehr, desto besser.

Headline

[ ] Kommt der größte Benefit Ihres Produkts darin vor? (Die wichtigste Regel.)

[ ] Ist sie ergreifend? Löst sie eine emotionale Reaktion aus?

[ ] Enthält sie einen der 22 psychologisch wirksamen Headline-Anfänge aus Kapitel 3?

[ ] Ist sie wesentlich größer als Ihre Bodycopy? Ist sie auch fett gedruckt?

[ ] Ist sie powervoll genug, die Leute dazu zu bringen, Ihre Bodycopy zu lesen?

[ ] Macht sie eine Art Angebot?

[ ] Ist sie bestimmt und nicht schwammig?

[ ] Ist die Überschrift in gemischter Schreibweise gesetzt? (Das hier ist gemischte Schreibweise. DAS SIND VERSALIEN = GROSSBUCHSTABEN und das sind kleinbuchstaben oder auch »gemeine« buchstaben.) Verwenden Sie KOMPLETTE GROSSSCHREIBUNG nur, wenn Ihre Überschrift nur etwa vier bis fünf Wörter kurz ist.

[ ] Steht sie in Anführungszeichen? Das kann die Leserate um 25% steigern.

Bodycopy: Erster Satz

[ ] Benutzen Sie eine der 12 Bodycopy-Starter, die in Kapitel 3 gezeigt werden?

[ ] Geht der Fließtext natürlich aus der Headline hervor?

[ ] Kommen Sie direkt auf den Benefit für den Leser, statt mit Ihrem Unternehmen zu prahlen?

[ ] Zwingt sie den Leser fast, den zweiten Satz zu lesen?

[ ] Ist *Du* oder *Sie* eines der ersten Wörter?

Bodycopy: Allgemein

[ ] Fokussiert sich der Text auf den Nutzen für den Leser?

[ ] Erklärt er Ihren Lesern, warum sie bei *Ihnen* kaufen sollten und nicht bei einem Konkurrenten, der das gleiche Produkt/die gleiche Dienstleistung anbietet?

[ ] Wenn Ihr Produkt oder Ihre Dienstleistung spannend ist, *klingt* Ihr Text spannend?

[ ] Geht er auf logische, methodische Weise vor?

1. Aufmerksamkeit erregen
2. Interesse wecken
3. Verlangen aufbauen
4. Beweise anbieten
5. zum Handeln auffordern

[ ] Versuchen Sie, jeweils nur ein Produkt zu verkaufen? (Das ist am besten. Einige Geschäfte, wie z. B. Delikatessengeschäfte und Möbelhäuser, können mit mehr durchkommen, ähneln dann aber eher Kataloganzeigen: »Hier ist alles, was wir haben.«)

[ ] Nutzen Sie verkaufende Untertitel, um lange Copy-Blöcke zu unterteilen, damit sie augenfreundlicher sind?

[ ] Ist die Copy farbenfroh und gegebenenfalls mit starken visuellen Adjektiven versehen?

[ ] Ist sie glaubwürdig? (Nicht übertrieben oder lächerlich.)

[ ] Ist sie respektvoll gegenüber dem Leser und nicht beleidigend für seine Intelligenz?

[ ] Ist sie emotional? Erzeugt sie Emotionen (positive oder negative)?

[ ] Benutzen Sie das Prinzip der extremen Genauigkeit?

[ ] Sind Ihre Worte, Sätze und Absätze kurz? Verwenden Sie einfache Wörter?

[ ] Sind Ihre gedruckten Anzeigen, Verkaufsbriefe, Broschüren und dergleichen in einer Serifenschrift wie z. B. Schoolbook gesetzt? Sind Ihre Webtexte in einer serifenlosen Schrift wie Arial oder Verdana gesetzt?

[ ] Sagen Sie Ihren Lesern auf supereinfache Art und Weise, was sie tun sollen?

1. Schneiden Sie diesen Coupon aus.
2. Bringen Sie ihn bis zum 21. August in unser Geschäft.
3. Sparen Sie 50%.

[ ] Bitten Sie unverblümt um den Verkauf?

[ ] Haben Sie eine Deadline gesetzt, falls angemessen? (Meistens ist sie das!)

[ ] Wenn Sie viele Benefits zu bieten haben, führen Sie diese mit Aufzählungszeichen oder in nummerierter Form auf?

[ ] Nutzen Sie Testimonials? Wenn Sie noch keine haben, holen Sie sich welche!

[ ] Sind der Name und die Telefonnummer Ihres Unternehmens groß angegeben und fallen sie sofort auf?

[ ] Haben Sie Ihr Logo eingefügt? (Nutzen Sie es immer und überall – je häufiger die Menschen es sehen, desto mehr Markenwert baut es auf.)

[ ] Geben Sie Wegbeschreibungen, Karten oder Orientierungspunkte an? (Sie können nützlicher sein, als Sie denken.)

[ ] Haben Sie Ihre Anzeige kodiert, um die Response besser verfolgen zu können?

Layout und Gestaltung

[ ] Hat ein professioneller Designer Ihre Anzeige gestaltet? (Kein Layouter!)

[ ] Ist Ihre Headline groß und fett?

[ ] Ist die Überschrift bei den richtigen Worten umbrochen? Zum Beispiel:

FALSCH:

Jetzt können Sie Ihre Brille
wegwerfen und wieder normale
Sehstärke genießen!

RICHTIG:

Jetzt können Sie Ihre Brille wegwerfen
und wieder
normale Sehstärke genießen!

[ ] Ist die Anzeige leicht zu lesen? Gibt es einen Schwerpunkt? (Das Auge sollte natürlich zuerst von bestimmten Stellen angezogen werden, nicht herumspringen.)

[ ] Ist genügend Weißraum vorhanden? Haben Sie die Anzeige in Weiß verpackt?

[ ] Haben Sie Ihre Absätze eingerückt? Das macht das Lesen leichter.

[ ] Ist die Anzahl der einzelnen Elemente auf ein Minimum beschränkt? (Nutzen Sie *nicht* eine Million kleiner Farbblöcke mit Typo, drei Umbrüche, zwei Blöcke mit Aufzählungszeichen, eine Eckfahne und vier Balken mit Negativschrift!)

[ ] Verwenden Sie Kunst (Fotos oder Illustrationen), die für Ihre Verkaufsbotschaft relevant ist? (Bitte, keine Babys für Stahlgürtelreifen-Werbung!)

[ ] Haben Sie so wenige Schriftarten wie möglich verwendet? (Eine oder zwei; maximal drei! Es sei denn, ein professioneller Designer empfiehlt in einer speziellen Situation anderes.)

[ ] Zeigen Sie ein Bild von einer Person, die Sie anschaut? (Das ist eine der wirkungsvollsten Methoden, um die Aufmerksamkeit der Menschen zu erregen.)

Alle Checklisten erhalten Sie kostenlos zum Download auf

www.cashvertising.eu

Epilog

Ob Sie sich dessen bewusst sind oder nicht, Sie wissen jetzt mehr darüber, wie man effektive Werbung schafft, als die Mehrheit Ihrer Konkurrenten. Wollen Sie es beweisen? Fragen Sie sie nach irgendeinem der Konzepte, die wir diskutiert haben. Im Gegenzug werden Sie vermutlich falsche Antworten und leere Blicke erhalten. Das liegt daran, dass die meisten Ihrer Konkurrenten zu sehr damit beschäftigt sind, ihre Geschäfte am Laufen zu halten als anzuhalten und zu lernen, wie sie sie erfolgreicher gestalten können. Ich gratuliere Ihnen dazu. Tatsächlich sind die Tipps, Tricks, Techniken und wenig bekannten Prinzipien, die ich Ihnen in CA$HVERTISING mitgeteilt habe, die gleichen, die ein Marketingberater oder eine Werbeagentur verwenden würden, wenn Sie sie für viel Geld anheuern würden. Es gibt keinen Grund, warum Sie sie nicht selbst anwenden und die Früchte ernten.

Wir wissen nicht einmal ein millionstel Prozent der Dinge.
Thomas A. Edison

In meinen 35 Jahren in der Werbebranche habe ich viel gelernt, und erst seit dem Zweiten Weltkrieg ist die Verbraucherpsychologie als eigenes Fachgebiet anerkannt. Obwohl werbepsychologische Experimente bereits Jahrzehnte zuvor durchgeführt wurden – wobei die meisten Ergebnisse auch heute noch gültig sind –, gibt es noch viel mehr zu lernen. Die Erforschung des menschlichen Geistes ist so unendlich wie der Geist selbst.

Täuschen Sie sich nicht: Der Markt wird immer der letzte Schiedsrichter unserer Arbeit sein. Unsere besten Bemühungen können spektakulär scheitern, selbst wenn wir alle Regeln einhalten. Aber mit den Informationen in diesem Buch bewaffnet, werden Sie Ihre Erfolgschancen erheblich erhöhen – das heißt, wenn Sie sie nutzen.

Aber lassen Sie Ihr Lernen nicht mit diesem Buch enden! Studieren Sie die Werbung. Lesen Sie die Klassiker, die in meiner Liste der Literaturempfehlungen aufgeführt sind. Es ist mir egal, ob Sie nur eine Seite pro Tag lesen. Halten Sie Ihre Motivation hoch, indem Sie sich mit den großartigen Lektionen der Meister der Werbung füttern. Bekommen Sie diese Informationen in Ihren Kopf, damit Sie Ihre Methodik verfeinern und die Frequenz Ihrer Erfolge erhöhen. So habe ich es gemacht und Sie können das Gleiche tun, oder auch mehr.

Denken Sie daran: Ganz gleich, was Sie verkaufen oder wo Sie es verkaufen, effektive Werbung ist der Motor, der Ihr Unternehmen in guten wie in schlechten Zeiten am Laufen hält.

In der Mitte des ersten Jahrh. n. Chr. sagte der römische Philosoph Lucius Annaeus Seneca: »Wenn mir Weisheit mit der Bestimmung angeboten würde, dass ich sie für mich behalten und nicht verkünden sollte, würde ich sie ablehnen. Es gibt keine Freude, etwas Ungeteiltes zu besitzen.«

Ich bin dankbar für die Wertschätzung, die Sie mit der Lektüre dieses Buches zum Ausdruck gebracht haben. Es ist meine aufrichtige Hoffnung, dass das, was ich tue, Ihnen von Nutzen ist – und wenn es nur auf die geringste Art ist. Dadurch lohnt sich meine Mühe.

Auch wenn ich Sie nicht persönlich kenne – oder vielleicht haben wir uns in meinen CA$HVERTISING-Workshops kennengelernt oder Geschäfte miteinander gemacht –, möchte ich, dass die Tatsache, dass wir durch das gedruckte Wort Freunde geworden sind, für Sie einen Unterschied macht. Wenn ich Ihnen in irgendeiner

Weise helfen kann, zögern Sie bitte nicht, mich unter drew@cashvertising.com zu kontaktieren. Ich würde auch gerne hören, wie die Ideen, die ich in diesem Buch geteilt habe, Ihnen geholfen haben.

Bis dahin wünsche ich Ihnen Gesundheit, Glück und Wohlstand!

Drew Eric Whitman

Empfehlenswerte Lektüre

Sie müssen nicht Hunderte von Büchern über Werbung lesen – nur die besten. Deshalb habe ich für Sie eine Liste zusammengestellt, die viele der Klassiker enthält. Diese Liste repräsentiert die jahrhundertelange Erfahrung vieler Branchengrößen in der Werbung… und sie gehört Ihnen für ein paar Wochen angenehmer Lektüre. Wir sprechen hier über eine Abkürzung zum Erfolg! Sie werden nichts Unnützes finden, denn ich habe Bücher ausgewählt, die nur solide, sofort einsetzbare Informationen enthalten. Beginnen Sie also damit, die Bücher auszusuchen, die Sie am meisten interessieren, und legen Sie los.

Über Copywriting, Werbung und Marketing

Advertising Ideas von John Caples, McGraw-Hill (1938)

Dies ist eine super Sammlung von alten Zeitschriftenanzeigen. Caples untersucht jede Anzeige und zeigt auf, was sie so erfolgreich gemacht hat. Die Anzeigen sind ziemlich veraltet, aber die Lektionen sind heute nicht weniger wertvoll (menschliche Grundbedürfnisse – die Life-Force 8 – ändern sich nicht).

Tested Advertising Methods von John Caples, Prentice Hall (1998)
Ein weiteres ausgezeichnetes Buch von Caples. Eine Pflichtlektüre.

Making Ads Pay von John Caples, Dover Publications (1957)
Dito.

Ogilvy über Werbung von David Ogilvy,
Klarsicht Verlag (2020)
Wie fühlt es sich an, in den Kopf einer der legendären Ikonen der Werbung hineinzusehen? Die Lektüre dieses Buches kommt dem wohl am nächsten. Sie werden sicher mit einer drastisch veränderten Sichtweise daraus hervorgehen, wie die Branche funktioniert, und wie nicht. Ich habe Ogilvy in diesem Buch oft zitiert, weil seine zielstrebige Herangehensweise an Werbung eine starke Resonanz auf alles hat, was ich in den letzten 23 Jahren gelehrt habe.

How to Write a Good Advertisement von Victor O. Schwab,
Wilshire Book Company (1985)
Dieses hübsche kleine Buch ist eine super Verdichtung der Schlüsselelemente, die notwendig sind, um eine effektive Werbung zusammenzustellen. Es ist leicht zu lesen und sehr gehaltvoll. Sie könnten das ganze Buch in weniger als einer Stunde lesen.

Small-Space Advertising for Large and Small Advertising von
Printers Ink, Funk & Wagnalls (1948)
Dieses großartige Buch wurde vom Pionier unter den Werbemagazinen, Printers Ink, zusammengestellt. Es enthält

eine Fülle von Informationen über das Schreiben und Gestalten von Kleinanzeigen. Ähnlich wie die Caples-Bücher ist es veraltet; wie auch immer, es ist wichtig zu erkennen, dass die Menschen über die Jahre hinweg ziemlich gleich geblieben sind. Es ist vollgepackt mit praktischen Tipps und Vorschlägen.

Breakthrough Advertising von Eugene M. Schwartz, Boardroom Classics (1984)
Dies ist einer meiner absoluten Favoriten von einem Zauberer der Direct Response. Er erörtert die Psychologie der Werbung und die Phasen, die Ihr Produkt oder Ihre Dienstleistung in den Köpfen der Verbraucher durchläuft. Es wird viel über Headlines gesprochen, es wird untersucht, wie Sie Ihre Copy anheizen können, und es enthält einige der wirkungsvollsten Direct-Response-Anzeigen, die ich je gesehen habe.

The Robert Collier Letter Book von Robert Collier, Prentice Hall Trade (2000)
Dies ist ein weiterer meiner großen Favoriten. Dieses faszinierende Buch konzentriert sich auf das Verfassen von Marketingbriefen und lehrt Sie, wie Sie Texte schreiben können, die das emotionale Herz Ihrer Interessenten treffen. Es ist eine absolute Goldgrube großartiger Beispiele, die in der Werbebranche als Klassiker gelten. Verpassen Sie es nicht!

The 100 Greatest Advertisements von Julian L. Watkins, Dover Publications (1959)

Genau das, was der Titel sagt: ein werbliches Meisterwerk nach dem anderen. Können Sie erkennen, was diese Anzeigen so großartig gemacht hat? Eine lustige Zeitreise in die Vergangenheit und eine tolle Lernerfahrung!

Words That Sell von Richard Bayan, McGraw-Hill (2006), überarbeitete und erweiterte Ausgabe

Größer und besser als die meistverkaufte Originalversion, ist es ein virtueller Thesaurus für Werbetexter von einem großartigen Typen, einem begabten (und urkomischen) Schriftsteller. Vollgepackt mit mehr als 6.000 leistungsstarken Wörtern, Phrasen und Slogans. Ausgeklügelte Querverweise auf Kategorien helfen Ihnen, Ihrer kreativen Arbeit neue Impulse zu geben. Ob Sie nun ein Werbeneuling oder ein alter Hase sind, es ist unverzichtbar!

More Words That Sell von Richard Bayan, McGraw-Hill (2003)

Der beliebte Nachfolgetitel, der mit 3.500 leistungsstarken, ideenfördernden Wörtern, Sätzen und Slogans vollgepackt ist, die bequem nach Kategorie und Zweck geordnet sind. Beispielkategorien umfassen: Power-Wörter, Klänge, Technologie und Jugendmarkt. Hilft Ihnen dabei, Ihren Ansatz auf bestimmte Nischen auszurichten und Ihre Copy mithilfe von emotionalen, das Gehirn betreffenden Aktionsverben und mehr auf die gewünschte Wirkung abzustimmen. Eine großartige Möglichkeit, Ihre Copy auf den Weg zu bringen, ganz gleich, was Sie verkaufen.

Positioning: Wie Marken und Unternehmen in übersättigten Märkten überleben von Al Ries und Jack Trout, Verlag Franz Vahlen (2012)
Ein wichtiges Buch, das Ihnen erklärt, wie Sie Ihr Unternehmen auf dem Markt so strukturieren können, dass Sie als anders und besser wahrgenommen werden. Es lehrt Sie, wie man den besten Produktnamen auswählt, wie man die Schwächen der Konkurrenz strategisch ausnutzt und vieles mehr.

The Copywriter's Handbook von Robert W. Bly, Holt Paperbacks (2006)
Ein klassischer Leitfaden, der für jeden, der Texte schreibt oder abnimmt, von unschätzbarem Wert ist. Bly zeigt, wie man prägnante Headlines und Fließtexte für Anzeigen, Broschüren, Verkaufsbriefe, Zeitschriften, Zeitungen, Fernsehen, Radio, E-Mails und Multimedia-Präsentationen schreibt. Er wurde sogar von dem legendären David Ogilvy empfohlen – in der Tat ein großes Lob.

Über Kreativität

Systematic Approach to Advertising Creativity von Stephen Baker, McGraw-Hill (1979)
Ich konnte dieses Buch nicht mehr weglegen. Unmengen von Beispielen, Unmengen von Tipps, Unmengen von Spaß!

A Whack on the Side of the Head von Roger von Oech, Business Plus (1998)

Wenn Sie kreativer sein möchten, sind dieses (und das nächste Buch) ein guter Anfang. Informell und gefüllt mit lustigen Übungen und Illustrationen.

A Kick in the Seat of the Pants von Roger von Oech, Harper Paperbacks (1986)

Zu Layout und Design

How to Design Effective Store Advertising von M. L. Rosenblum, National Retail Merchants Association (1961)

Dieses Buch nimmt der Anzeigengestaltung ihr Geheimnis und erklärt Ihnen das Wie und Warum. (Könnte schwierig zu finden sein.)

Looking Good in Print von Roger C. Parker, Coriolis Group Books (1998)

Von unschätzbarem Wert für jeden, der die Grundlagen des Grafikdesigns erlernen möchte. Vollgepackt und superleicht zu lesen und zu verstehen. Sehr empfehlenswert.

Über den Autor

Die meisten Menschen legen den Grundstein für ihren Karriereweg in der High School oder auf dem College, aber Drew Eric Whitman – auch bekannt als »Dr. Direct!™« – konnte es kaum erwarten, loszulegen. Er begann im Alter von elf Jahren mit der Erstellung von Werbung, indem er Direct-Response-Kataloge mit Witzen, Gags und Neuheiten schrieb und entwarf. Komplett mit Produktabbildungen, Bestellformularen und Portokarten verteilte er sie stapelweise an seine Klassenkameraden in der 5. Klasse und sammelte eben so viele Bargeldbestellungen ein. Obwohl seine Lehrer Drews Unternehmergeist nicht förderten (sie hätten es vorgezogen, dass er seine Hausaufgaben gemacht hätte, anstatt Furzkissen zu verkaufen), markierte dies den Beginn einer aufregenden Karriere in der verrückten und wunderbaren Welt des kreativen Schreibens und der Werbung.

Viele Jahre später, nach dem Sammeln umfassender Erfahrung im persönlichen Verkauf von allem, von Druckerzeugnissen über Kleidung und Schmuck bis hin zu Immobilien, brachte ein Abschluss im Studiengang Werbung an der Temple University den Stein ins Rollen. Heute ist Drew ein offenherziger, humorvoller und philosophischer Werbetrainer und Buchautor. Er arbeitete für die Direct-Response-Abteilung der größten Werbeagentur in Philadelphia. Außerdem war er leitender Direct-Response-Texter für eine der größten Versicherungsgesellschaften der Welt, die Direktwerbung für Endverbraucher anbietet. Er schuf wirkungsvolle Werbung für Unternehmen, von kleinen Einzelhandelsgeschäften bis hin zu riesigen, mehrere Millionen Dollar schweren Konzernen. Seine Arbeit wurde von vielen der größten und erfolgreichsten Unternehmen und Organisationen in den Vereinigten Staaten genutzt, darunter die American Automobile Association und das Advertising Specialty Institute, American Legion, Amoco, Faber-Castell, Texaco, Day-Timers und viele andere.

Drew ist Co-Autor des *The $50,000 Business Makeover Marathon* und Entwickler/Produzent des landesweit gefeierten CA$HVERTISING-Crash-Kurses für Werbung.

Als Einwohner des sonnigen Südkaliforniens ist Drews kreativer Geist frei von den einengenden Grenzen seines früheren Großstadtlebens in Philadelphia. Wenn er nicht schreibt, denkt Drew darüber nach, was er schreiben sollte, oder er versucht, mit seiner wunderbaren Frau Lindsay, seinem Sohn Chase und dem Flatcoated Retriever Joey, dem süßesten vierpfotigen Biest auf dem Planeten Erde, die besten Enchiladas mit Salsa in Südkalifornien zu finden.

Weitere Informationen über Drews Schulungsprogramme und Produkte finden Sie online unter www.cashvertising.com.

Was Organisationen und Teilnehmer über Drew Eric Whitmans CA$HVERTISING-Seminar sagen

Ausgezeichnet! Fantastisch! Eines der besten Seminare, die ich je besucht habe.

John P. Cataldo sen., Geschäftsführer der Handelskammer von Greater Warminster Area (Pa.)

Wie anders Ihre Präsentation doch war. Es war schon die Teilnahmegebühr wert, nur Ihren Auftritt zu sehen!

Steve Galyean, Geschäftsführer der Handelskammer Galax-Carroll-Grayson (Va.)

Nach Ihrem Vortrag kann ich meine Suche nach dem perfekten Seminar beenden.

Linda Harvey, Geschäftsführerin der Handelskammer von Butler County (Pa.)

Ich höre immer wieder von anderen, die nicht teilgenommen haben und nun fragen, wann wir eine »Wiederholung« anbieten können, da ihnen gesagt wurde, sie hätten das Seminar des Jahres verpasst!

Russ Merritt, Geschäftsführerin der Handelskammer von Rocky Mount (VA)

Hervorragende Präsentation. Ihr humorvoller, temporeicher Stil war einfach ein großer Pluspunkt.

Dee Sturgill, Supervisorin, Ausbildung in Wirtschaft und Marketing, Bildungsministerium des Staates Ohio

Die Informationen waren eingängig und der Präsentationsstil war ausgezeichnet. Tatsächlich enthielt es mehr Informationen als einige achtstündige Seminare, die wir bisher hatten.

Diane Schwenke, Präsidentin der Handelskammer von Grand Junction (Colo.)

Ich danke Ihnen, ich danke Ihnen, ich danke Ihnen! Ihr Vortrag war sehr unterhaltsam, aber auch informativ, und ich habe von den Anwesenden nur positive Kommentare gehört.

Kimberly A. Belinsky, Programm-Manager, Handelskammer im Raum Bloomsburg (Pa.)

Zu sagen, er sei enthusiastisch, energisch und kenne sich mit dem Thema Beratung aus, wäre noch untertrieben. Drew hat unsere Erwartungen nicht nur erfüllt, sondern sie sogar übertroffen.

Lee R. Luff, CCE, Präsident der Handelskammer Findlay-Hancock (Ohio)

Sie waren ohne Zweifel der beste Keynote Speaker, den wir auf unserer Jahreskonferenz hatten.

Barbara Cunningham, Spezialistin für Wirtschaft und Industrie, University Extension SBDC, Kansas, City, Mo.

Wenn Sie ein Publikum einmal gefangen genommen haben, wird es nie auch nur für eine Sekunde abgelenkt. Zwei Stunden schienen wie zehn Minuten.

Carole Woodward, Präsidentin der Handelskammer von Lexington Area (N.C.)

Wenn Sie gefragt wurden »Was hat Ihnen am Seminar am besten gefallen?«, sagten Teilnehmer:

Ich habe eine enorme Menge an Wissen erworben. Sehr nützlich … sehr wirkungsvoll!

Janell M. Bauer, The Resource Center, Inc.

Alles, was gesagt wurde, war eine gute Idee.

Andy Raggio, Park Western Leasing

Die Begeisterung!

Kathy Sanders, Mesa Umzug & Lagerung

Drews Enthusiasmus und die Präsentation von Ideen und Fakten.

Kay Albright, Illusions of The Heart

Das alles war unglaublich hilfreich und aufschlussreich. Erstaunlicherweise haben Sie alles abgedeckt. Dank Ihrer Persönlichkeit und Ihrer Leistung hat es Spaß gemacht!

Debra Hesse, Colorado Easter Seal

Die schiere Menge sofort verwertbarer Informationen.

Gina McCullough, Butler Memorial Hospital

Interessanter, anregender Referent. Viele wertvolle Informationen gegeben. Ich begann fast sofort mit Werbetexten zu spielen und hatte Spaß dabei.

Donna Armistead, Superior School of Dance

Schnell – anwendbar auf das, was ich tue.

Kay Weddle, The Framer's Daughter

Auf den Punkt gebracht.

Chet Grochoski, Kalumet Machine

Sehr unterhaltsam. Mir gefielen das schnelle Tempo und der Enthusiasmus des Redners. Meine Gedanken wanderten nie umher … ich blieb ganz bei ihm. Sehr lebhaft!

Melanie B. Ingram,
First National Bank of Ferrum

Viele Informationen in kurzer Zeit.

T. Wayne Cundiff, Cundiff Lumber, Inc.

Gut präsentiert. Sehr informativ.

Linda Burger, Collins-McKee
Bestattungsunternehmen

Direkt – auf den Punkt gebracht – hält Ihre Aufmerksamkeit.

Charles D. Easter, Martin Jewelry

Großartige Präsentation! Ich liebe die Energie!

Mary Etta Clemons, Wythe-Grayson
Regional Library

Interessant von Anfang bis Ende.

David B. Imhof, Imhof Supply, Inc.

Spezifische Informationen. Neuartiger Ansatz. Viele Informationen.

Nancy Montag-Jates, The Unicorn

Ausgezeichneter Redner, nicht langweilig.

Deborah Sizer, WBOB-Radio

Meine Gedanken schweiften nicht ab, wie es bei Seminaren sonst üblich ist!

Jan Lubinski, Best Western Kings Inn
& Franklin Square Inn

Lebhafte Präsentation. Offensichtlich sachkundig.

Jerry D. Johnson,
North Pittsburgh Telephone Co.

Werbung ist einfach, wenn Sie wissen, was ich heute gelernt habe.

Karla Korpela, Evert's Motor Sales, Inc.

Was Werbung wirklich ist und wie man erfolgreich Werbung macht.

Grundsätze, Leitlinien und Werbemedien werden aus der Sicht eines Mannes überzeugend und auch kontrovers geschildert, den das Time-Magazine als »Genie der Werbebranche« bezeichnet. Als erfahrener Werbepraktiker gibt er eine Vielzahl von Ratschlägen und Hinweisen, die er mit zahlreichen Beispielen und Illustrationen belegt.

David Ogilvy schildert die Zusammenhänge, Abläufe und Geheimnisse der Werbung. Deswegen ist dieses Standardwerk noch immer Pflichtlektüre für jeden, der in diesem Bereich erfolgreich sein möchte. Es profitieren sowohl Einsteiger als auch Profis von den bis heute gültigen Prinzipien und richtungsweisenden Ideen eines der wichtigsten Werber unserer Zeit.

Das Medium mag sich ändern (Print- vs. Online-Marketing), die zugrunde liegenden Prinzipien jedoch nie.

ISBN 978-3-98584-400-5

Der »Guru des Direct-Response-Marketing« Brian Kurtz fasst hier sein vier Jahrzehnte umfassendes Know-how zusammen und zeigt, wie man mithilfe des Dialogmarketings die unerschütterliche Basis für ein funktionierendes Geschäft aufbaut.

Die Absatzförderung ist für jedes Unternehmen von entscheidender Bedeutung, egal ob Sie Entrepreneur oder erfahrener Marketingspezialist sind. In diesem Buch lehrt Sie der »Titan des Dialogmarketings« Brian Kurtz, wie Sie Ihre Kunden finden und an sich binden können, indem Sie im Umgang mit ihnen immer den Menschen im Auge behalten und ihnen mit dem Respekt begegnen, den jeder verdient.

OVERDELIVER ist ein lupenreiner Fahrplan, mit dem Sie das Wachstum Ihres Unternehmens steigern, mehr Geld verdienen sowie Ihren Einfluss am Markt maximieren können - und mit dem Sie lernen werden zu lieben, was Sie tun, während Sie es tun.

ISBN 978-3-98584-408-1

Selten hat ein Buch über Werbung solch ein Aufsehen erregt wie diese brillante Darstellung der Prinzipien erfolgreicher Werbung. Heute gilt das Werk als der größte Klassiker über Werbung, wurde mittlerweile in 12 Sprachen übersetzt und in 15 Ländern veröffentlicht. Führende Wirtschaftsmanager und Kenner der Werbebranche bezeichnen es als »das beste Buch für Fachleute, das die Madison Avenue je hervorgebracht hat«.

Für Rosser Reeves gibt es **ein** Hauptkriterium erfolgreicher Werbung: den Verkauf des Produktes. Mit Genauigkeit und Klarheit enthüllt der Autor das Geheimnis der Kreation von Werbung, die diese Verkaufserfolge hervorbringt. Der prägnante, kraftvoll geschriebene Leitfaden, der als »Stein von Rosetta« für das Werbegeschäft bezeichnet wurde, ist eine bedeutende Lektüre für jeden, der in der Werbung arbeitet oder Werbung ausgiebig nutzt. REALITY IN ADVERTISING ist heute als Standardwerk in den Marketingabteilungen hunderter internationaler Großunternehmen und in den weltweit führenden Business Schools Pflichtlektüre.

ISBN 978-3-98584-406-7

Das Anti-Ärger-Buch ist ein konkurrenzloses Feuerwerk kluger Ideen, aber auch ein Leitfaden auf der Entdeckungsreise zu sich selbst und für ein ausgeglicheneres, entspannteres Leben.

Ärger schadet uns und unserem Immunsystem. Deshalb ist es wichtig – auch um unserer Gesundheit willen – zu lernen, bewusst mit ihm umzugehen. In den vier Jahrzehnten ihrer Arbeit hat Vera F. Birkenbihl eine Fülle von alltagstauglichen Anti-Ärger-Strategien entwickelt, von denen sie hier die 59 besten präsentiert. Statt sich jeweils nur auf Theorie oder Praxis zu beschränken, liefert das vorliegende Buch sowohl eine interessante Einführung in die wissenschaftlichen Grundlagen als auch einen umfangreichen Praxisteil. Schon der Blick ins Inhaltsverzeichnis gibt einen Vorgeschmack auf die überraschende Bandbreite der vorgestellten Anregungen und Methoden. Das herausnehmbare »Gefühlsrad« zeigt Ihnen zudem, in welcher Stimmungslage Sie sich gerade befinden – ein spielerischer und zugleich ernsthafter Weg, sich mit seinen Emotionen auseinanderzusetzen.

ISBN 978-3-98584-204-9